高等教育规划教材

Python 语言实用教程

钱雪忠　宋　威　钱　恒　编著

机 械 工 业 出 版 社

本书是编者在20多年计算机教学实践的基础上编著而成的，希望本书能做到：概念清晰、例题精选；把握语言知识点与实用技能；充分体现出语言的实用性与应用价值。

全书内容全面、重点突出，共含12章，主要内容包括Python概述、语言基础、选择与循环、Python序列、函数与模块、面向对象程序设计、文件、异常处理、数据结构与操作、科学计算、数据库应用、网络与爬虫等。

本书既可作为高等院校“Python语言程序设计”类课程的教材，也可作为自学考试人员、应用系统开发设计人员、工程技术人员的参考用书。

本书配有电子教案，需要的教师可登录www.cmpedu.com免费注册，审核通过后下载，或联系编辑索取（QQ：2966938356，电话：010-88379739）。

图书在版编目(CIP)数据

Python语言实用教程/钱雪忠,宋威,钱恒编著.—北京:机械工业出版社,2018.3(2024.8重印)
高等教育规划教材
ISBN 978-7-111-59261-7

Ⅰ.①P… Ⅱ.①钱… ②宋… ③钱… Ⅲ.①软件工具-程序设计-高等学校-教材 Ⅳ.①TP311.561

中国版本图书馆CIP数据核字(2018)第036141号

机械工业出版社(北京市百万庄大街22号 邮政编码 100037)
策划编辑：和庆娣 责任编辑：和庆娣
责任校对：张艳霞 责任印制：郜 敏

北京富资园科技发展有限公司印刷

2024年8月第1版·第4次印刷
184mm×260mm·16.25印张·390千字
标准书号：ISBN 978-7-111-59261-7
定价：59.00元

电话服务
客服电话：010-88361066
010-88379833
010-68326294

网络服务
机 工 官 网：www.cmpbook.com
机 工 官 博：weibo.com/cmp1952
金 书 网：www.golden-book.com
机工教育服务网：www.cmpedu.com

出版说明

当前，我国正处在加快转变经济发展方式、推动产业转型升级的关键时期。为经济转型升级提供高层次人才，是高等院校最重要的历史使命和战略任务之一。高等教育要培养基础性、学术型人才，但更重要的是加大力度培养多规格、多样化的应用型、复合型人才。

为顺应高等教育迅猛发展的趋势，配合高等院校的教学改革，满足高质量高校教材的迫切需求，机械工业出版社邀请了全国多所高等院校的专家、一线教师及教务部门，通过充分的调研和讨论，针对相关课程的特点，总结教学中的实践经验，组织出版了这套“高等教育规划教材”。

本套教材具有以下特点：

1）符合高等院校各专业人才的培养目标及课程体系的设置，注重培养学生的应用能力，加大案例篇幅或实训内容，强调知识、能力与素质的综合训练。

2）针对多数学生的学习特点，采用通俗易懂的方法讲解知识，逻辑性强、层次分明、叙述准确而精炼、图文并茂，使学生可以快速掌握，学以致用。

3）凝结一线骨干教师的课程改革和教学研究成果，融合先进的教学理念，在教学内容和方法上做出创新。

4）为了体现建设“立体化”精品教材的宗旨，本套教材为主干课程配备了电子教案、学习与上机指导、习题解答、源代码或源程序、教学大纲、课程设计和毕业设计指导等资源。

5）注重教材的实用性、通用性，适合各类高等院校、高等职业学校及相关院校的教学，也可作为各类培训班教材和自学用书。

欢迎教育界的专家和老师提出宝贵的意见和建议。衷心感谢广大教育工作者和读者的支持与帮助！

机械工业出版社

前　言

Python 语言是国内外广泛使用的计算机程序设计语言，是高等院校相关专业重要的专业基础语言课程。由于 Python 语言功能丰富、表达能力强、使用灵活方便、应用面广、目标程序效率高、可移植性好等许多特点，20 世纪 90 年代以来，Python 语言迅速在全世界普及推广。目前，Python 仍然是全世界最优秀的程序设计语言之一。

本书是编者在一线教学实践的基础上，为适应当前本科教育教学改革创新的要求，更好地践行语言类课程注重实践教学与创新能力培养的需要，组织编写的教材。本书融合了同类教材的优点，并力求创新，具有以下特点。

1）精选例题，引入了大量趣味性、实用性强的应用实例，注重加强程序阅读、参考、编写和上机调试实践的能力，重在编程思路的培养与训练。

2）从实际操作出发，发现问题，解决问题，举一反三，一题多解，增强实用能力。

3）明晰 Python 语言各语言成分的意义与价值，以“数据+算法”和“面向对象思想”为核心提高编程能力。

4）基本知识学习、典型例题、应用实例、适量习题等多方面相结合，使读者扎实掌握相关知识点。

全书内容共分 12 章，具体如下。

第 1 章 Python 概述，主要概括介绍 Python 语言及其相关知识。

第 2 章 语言基础，主要介绍 Python 语言的基本数据类型、数据运算符和表达式及基本输入/输出功能等。

第 3 章 选择与循环，主要介绍 Python 中的控制语句：选择语句、循环语句及循环控制语句等。

第 4 章 Python 序列，主要介绍 Python 中的列表、元组、字符串、字典与集合等。

第 5 章 函数与模块，主要介绍 Python 函数与模块的创建与使用等相关内容。

第 6 章 面向对象程序设计，主要介绍 Python 语言面向对象程序设计相关的基本概念、类的声明、对象的创建与使用等内容。

第 7 章 文件，主要介绍文件的基本概念、文件的建立与基本操作等。

第 8 章 异常处理，主要介绍异常与断言的概念与基本使用等内容。

第 9 章 数据结构与操作，主要介绍一些传统数据结构（如栈、队列、链表等）的 Python 实现及其表达操作。

第 10 章 科学计算，主要介绍 3 个 Python 科学计算类库 NumPy、SciPy、Matplotlib。

第 11 章 数据库应用，主要包括数据库基本知识、Python 数据库编程技术、多种数据库操作模块的介绍与基本使用等内容。

第 12 章 网络与爬虫，主要介绍 Python 网络应用相关的主要模块、类及其使用方法等。

本书由钱雪忠、宋威、钱恒编写。参与程序调试的有王卫涛、吴进、金辉、姚琳燕、陈宏博、徐凡、程蓉等。编写中还得到江南大学物联网工程学院智能系统与网络计算研究所同仁们的大力协助与支持，使编者获益良多，谨此表示衷心的感谢。

由于时间仓促，编者水平有限，书中难免有疏漏和不妥之处，敬请广大读者与专家批评指正。

编　者

目　录

第1章　Python 概述

Python 语言是一种功能强大的跨平台面向对象的程序设计语言，是目前应用最为广泛的计算机语言之一。它具有简单易学、面向对象、跨平台、交互解释、模块库丰富、应用广泛等特点。本章就 Python 语言相关知识进行简要介绍。

学习重点或难点

- 程序设计语言与 Python 语言简介
- Python 语法概述
- 安装 Python 与常用编辑器
- Python 程序应用实例

学习本章将使读者对 Python 语言及 Python 语言程序有初步认识，并能开展 Python 语言程序的运行实践。整体上认识与把握 Python 语言是学习它的第一步。

1.1　程序设计语言简介

自从第一台计算机诞生以来，程序设计语言和程序设计方法不断发展。

语言是思维的载体。人和计算机打交道，必须要解决一个“语言”沟通的问题。计算机并不能理解和执行人们使用的自然语言，而只能接受和执行二进制的指令。计算机能够直接识别和执行的这种指令，称为机器指令。这种机器指令的集合就是机器语言指令系统，简称为机器语言。为了解决某一特定问题，需要选用指令系统中的某些指令，这些指令按要求选取并组织起来就组成一个“**程序**”。一个程序是完成某一特定任务的一组指令序列，机器世界中真正存在的是二进制程序。

用机器语言编写的程序虽然能够被计算机识别、直接执行，但是机器语言本身是随不同类型的机器而异，所以可移植性差，而且机器语言本身难学、难记、难懂、难修改，给使用者带来极大的不便。于是，为了绕开机器指令，克服机器指令程序的缺陷，人们提出了程序设计语言的构想，即使用人们熟悉的、习惯的语言符号来编写程序，最好是直接使用人们交流的自然语言来编程。在过去的几十年中，人们创造了许多介于自然语言和机器语言之间的程序设计语言。按语言的级别大致可分为：汇编语言（低级）和高级语言（第三代、第四代、……）。

汇编语言的特点是使用一些“助记符号”来替代那些难懂难记的二进制代码，所以汇编语言相对于机器指令便于理解和记忆，但它和机器语言的指令基本上是一一对应，两者都是针对特定的计算机硬件系统的，可移植性差，因此称它们是“面向机器的低级语言”。为了直观地了解汇编语言程序，下面给出一段实现 X、Y 两个 16 位二进制数相加的 8086 汇编程序：

```
;X,Y 分别为 16 位二进制数,程序实现 X=X+Y(不考虑溢出)
DATA SEGMENT                    ;定义数据段开始
X DW 123H                       ;定义一个字变量(16 位)X
Y DW 987H                       ;定义一个字变量(16 位)Y
DATA ENDS                       ;定义数据段结束
CODE SEGMENT                    ;定义代码段开始
ASSUME CS:CODE,DS:DATA          ;建立段寄存器与各段之间的映射关系
START:MOV AX,DATA               ;取 DATA 段地址送 AX 寄存器
MOV DS,AX                       ;将数据段段地址送数据段寄存器 DS
MOV AX,Y                        ;取变量 Y 值送给寄存器 AX
ADD X,AX                        ;将 X 的值与 AX 的内容相加,结果送给 X,实现 X=X+Y
MOV AH,4CH                      ;将 DOS 调用的 4CH 功能号送 8 位寄存器 AH
INT 21H                         ;执行 DOS 功能调用,退出程序,回到 DOS
CODE ENDS                       ;定义代码段结束
END START                       ;源程序结束,主程序从标号 START 开始
```

而高级语言类似自然语言（主要是英语），由专门的符号根据词汇规则构成单词，由单词根据句法规则构成语句，每种语句有确切的语义并能由计算机解释。高级语言包含许多英语单词，有“自然化”的特点；高级语言书写的计算式接近于熟知的数学公式的规则。高级语言与机器指令完全分离，具有通用性，一条高级语言语句常常相当于几条或几十条机器指令。所以高级语言的出现，给程序设计从形式和内容上都带来了重大的变革，大大方便了程序的编写，提高了可读性。例如：BASIC、C、Visual Basic（简称 VB）、Visual C++（简称 VC++）、VB. NET、C#. NET、Java 等都是高级语言。

高级语言一般能细分为第三代高级语言、第四代高级语言、……，分类依据是高级语言的逻辑级别、表达能力、接近自然语言的程度等。如 Turbo C 2. 0（简称 TC）为第三代高级语言，而 VB6. 0、VC++6. 0、C#、VB. NET、Java 等可认为是第四代高级语言。第四代高级语言一般是具有面向对象特性、具有快速或自动生成部分应用程序能力的高级语言，它表达能力强，编写程序效率高，更接近人的使用语言，高一级别的语言一般具有低一级别语言的语言表达能力。如下是输入两个整数并随即显示两整数之和的 Python 语言程序：

```
num1=input("Input integer number1:");          # 提示并输入 num1 的值
num2=input("Input integer number2:");          # 提示并输入 num2 的值
num12=int(num1)+int(num2);                     # 计算两整数之和
print("The sum is %d\n" % num12);              # 屏幕上显示两整数之和
```

显然，高级语言程序要比面向机器的低级语言易懂、明了、简短得多。

应该看到的是：高级语言是不断发展变化的，不断有新的更好的语言产生，同时也有旧且功能差而不再实用的语言逐步被淘汰。Python 语言是比较新的语言，近年来 Python 语言使用者逐年增多，表现出具有强大的生命力与活力，该语言逐渐成为当今最热门、最实用的高级语言之一。

1.2 Python 语言简介

Python 由 Guido van Rossum 于 1989 年底进行开发，经过近 30 年的发展，Python 已经应

用到各行各业。Python 是一种解释型、面向对象、动态数据类型的高级程序设计语言。像 Perl 语言一样，Python 源代码同样遵循 GNU 通用公共许可证（General Public License，GPL）协议。

1.2.1 Python 发展历史

Python 是由 Guido van Rossum 于 20 世纪 80 年代末和 90 年代初，在荷兰国家数学和计算机科学研究所设计出来的。Guido 希望创造一种 C 和 Shell 之间，功能全面，易学易用，可拓展的语言。Python 本身也是由诸多其他语言发展而来的，这包括 ABC、Modula-3、C、C++、Algol-68、SmallTalk、UNIX Shell 和其他的脚本语言等。

1989 年的圣诞节，Guido 开始编写 Python 语言的编译器。

1991 年，第一个 Python 编译器诞生。它是用 C 语言实现的，能够调用 C 语言的库文件。从一出生，Python 已经具有了类、函数、异常处理、包含表和词典在内的核心数据类型，以及以模块为基础的拓展系统。

Python 1.0 到 Python 3.6 的简要发展情况如表 1-1 所示。

表 1-1　Python 1.0 到 Python 3.6 的简要发展情况

时　　间	版 本 号	时　　间	版 本 号
1994 年 1 月	Python 1.0	2009 年 6 月 27 日	Python 3.1
2000 年 10 月 16 日	Python 2.0	2011 年 2 月 20 日	Python 3.2
2004 年 11 月 30 日	Python 2.4	2012 年 9 月 29 日	Python 3.3
2006 年 9 月 19 日	Python 2.5	2014 年 3 月 16 日	Python 3.4
2008 年 10 月 1 日	Python 2.6	2015 年 9 月 13 日	Python 3.5
2010 年 7 月 3 日	Python 2.7	2016 年 12 月 23 日	Python 3.6
2008 年 12 月 3 日	Python 3.0		

Python 1.0 增加了 lambda 表达式，map、filter 和 reduce 函数；1999 年 Python 的 Web 框架之祖——Zope 1 发布；Python 2.0 加入了内存回收机制，构成现在 Python 语言框架的基础；2004 年，在 Python 2.4 中目前最流行的 WEB 框架 Django 诞生。

现在 Python 是由一个核心开发团队在维护，Guido van Rossum 仍然参与其中。

2014 年 11 月，Python 2.7 将在 2020 年停止支持的消息被发布，并且不会再发布 2.8 版本，建议用户尽可能地迁移到 3.4 及后续版本。Python 最初发布时，在设计上有一些缺陷，因 Unicode 标准晚于 Python 出现，所以一直以来对 Unicode 的支持并不完全，且对 ASCII 编码支持的字符也十分有限。所以对中文的支持不是很好。

使用 Python 时，如何获取其具体版本呢？可以使用以下命令：Python -V。

譬如以上命令执行结果为：Python 3.6.0。

也可以在命令窗口（Windows 中开始→运行→输入 cmd）中输入 Python 进入交互式编程模式，查看到版本信息：

```
Python 3.6.0(v3.6.0:41df79263a11, Dec 23 2016, 07:18:10)[MSG v.1900 32 bit(Intel)] on win32
Type "help", "copyright", "credits" or "license" for more information.
>>>
```

在 Ubuntu 等 Linux 环境，输入 python3 启动 Py3 系统。情况类似如下。

```
qxz@ ubuntu:~$ python3
Python 3.5.2 (default, Nov 17 2016, 17:05:23)
[GCC 5.4.0 20160609] on linux
Type "help", "copyright", "credits" or "license" for more information.
>>>
```

说明：“>>>”为 Python 主提示符，表示等待交互输入执行各种命令或语句。

1.2.2 Python 特点

Python 是一种解释型、面向对象、动态数据类型的高级程序设计语言，在计算机程序设计语言的历史演变中具有划时代的意义。Python 作为一种功能强大的通用型语言，其优点如下。

1）简单易学，免费开源：Python 的关键字比较少，语法有明确定义，代码清晰，属于 FLOSS（自由/开放源码软件）之一，具有免费开放性。

2）拥有丰富的库：除了功能强大的标准库外，Python 还拥有诸如 Matplotlib 、Numpy 等第三方库，表现出易学易用的特色。

3）可嵌入性：能轻松地和其他语言联结在一起，称为胶水语言。

4）跨平台，可移植性：Python 能轻松地移植到诸如 Linux、Windows 等平台上。

5）互动模式，解释型语言：互动模式的支持，可以从终端输入并获得结果的语言，互动的测试和调试代码片断。解释型语言，这意味着开发过程中没有了编译这个环节。类似于 PHP 和 Perl 语言。

6）便携式：Python 可以运行在多种硬件平台上，并具有相同的接口。

7）面向对象语言：支持面向对象的编程风格或代码封装在对象的编程技术。

Python 是近年来十分流行的编程语言。作为脚本语言，Python 尽管在速度上比编译语言如 C 和 C++等略有逊色，但其优点突出，仍获得了众多专业和非专业人士的青睐和支持。

1.2.3 Python 应用场合

从动画设计到科学计算，从系统编程到原型开发，从数据库到网络脚本，从机器人系统到美国国家宇航局 NASA 的数据加密，都有 Python 的用武之地。

Python 已经渗透到计算机科学与技术、统计分析、移动终端开发、科学计算可视化、逆向工程与软件分析、图形图像处理、人工智能、游戏设计与策划、网站开发、数据爬取与大数据处理、密码学、系统运维、音乐编程、计算机辅助教育、医药辅助设计、天文信息处理、化学、生物学等众多专业和领域。目前业内几乎所有大中型互联网企业都在使用 Python，如百度、腾讯等。互联网公司广泛使用 Python 来进行的工作一般包括自动化运维、自动化测试、大数据分析、网络爬虫、Web 等。

更多案例可在 Python 官网上查阅到。

另外，Python 还有多种类型的解释器来支持其广泛应用，具体如下。

1）CPython，Python 的官方版本，使用 C 语言实现，使用最为广泛。CPython 会将源文件（py 文件）转换成字节码文件（pyc 文件），然后运行在 Python 虚拟机上。

2）Jython，Python 的 Java 实现，Jython 会将 Python 代码动态编译成 Java 字节码，然后在 JVM 上运行。

3）IronPython，Python 的 C#实现，IronPython 将 Python 代码编译成 C#字节码，然后在 CLR 上运行（与 Jython 类似）。

4）PyPy，Python 实现的 Python，将 Python 的字节码再编译成机器码。此编辑器能够大大加快 Python 程序的运行速度，可能会是 Python 的未来。

Python 的解释器很多，但使用最广泛的是 CPython。如果要和 Java 或 .NET 平台交互，最好的办法不是用 Jython 或 IronPython，而是通过网络调用来交互，确保各程序之间的独立性。

1.3 安装 Python

Python 可应用于多平台，包括 Windows、UNIX、Linux 和 Mac OS X 等。一般的 Linux 发行版本都自带 Python，Mac OS X 最新版也自带 Python，也就是已经安装好了，不需要再配置。用户可以通过终端窗口输入“Python”命令来查看本地是否已经安装 Python 以及 Python 的安装版本。本节主要介绍在 UNIX、Linux 和 Windows 平台安装 Python。

1.3.1 下载 Python

Python 最新源码、二进制文档、新闻资讯等可以在 Python 的官网查看到，也可以在官网下载 Python 的文档，可以下载 HTML、PDF 和 PostScript 等格式的文档。

Python 已经被移植在许多操作系统平台上。用户需要下载适用于自己使用平台的二进制代码，然后安装 Python。

较新的 MAC（苹果）系统都自带有 Python 环境，但是自带的 Python 版本一般为旧版本，可以通过 Python 官网链接查看 MAC 上 Python 的新版功能介绍及安装说明。具体安装略。

1.3.2 UNIX 和 Linux 平台安装 Python

以下为在 UNIX 和 Linux 平台上安装 Python 的简单步骤。

1）打开 Web 浏览器访问 Python 官网相应下载网址。

2）选择适用于 UNIX/Linux 的源码压缩包。

3）下载并解压压缩包。

4）如果需要自定义一些选项，修改 Modules/Setup。

5）执行 ./configure 脚本。

6）执行 make 进行编译和执行 make install 运行安装。

执行以上操作后，Python 会安装在 /usr/local/bin 目录中，Python 库安装在/usr/local/lib/PythonXX，XX 为用户使用的 Python 的版本号。

说明：目前的 Linux 版本一般都默认安装了 Python 2.7 或 Python 3.x。

1.3.3 在 Windows 平台安装 Python

以下为在 Windows 平台上安装 Python 3.6.0 的简单步骤。

1）打开 Web 浏览器访问 Python 官网相应下载网址。

2）在下载列表中选择 Windows 平台安装包，安装包的格式为 Python-XYZ. msi 文件，XYZ 为用户要安装的版本号。

3）要使用安装程序 Python-XYZ. msi，Windows 系统必须支持 Microsoft Installer 2. 0 搭配使用。只要保存安装文件到本地计算机，然后运行它（当然机器要支持 MSI，Windows XP 和更高版本已经有 MSI）。

4）下载后，双击下载包（如 Python-3. 6. 0. exe），进入 Python 安装向导，安装非常简单，只需要使用默认的设置一直单击“Next”按钮，直到安装完成即可。

下面是安装过程图示（见图 1-1～图 1-3）。

图 1-1　开始安装 Python 3. 6. 0

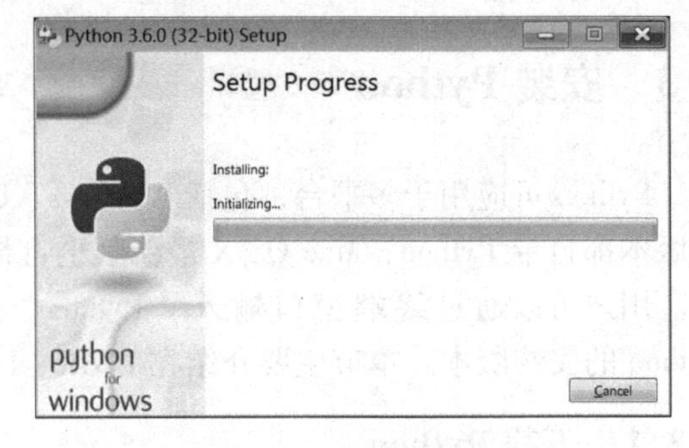

图 1-2　安装进行中

安装完成后开始菜单中有 Python 3. 6 程序组，如图 1-4 所示。

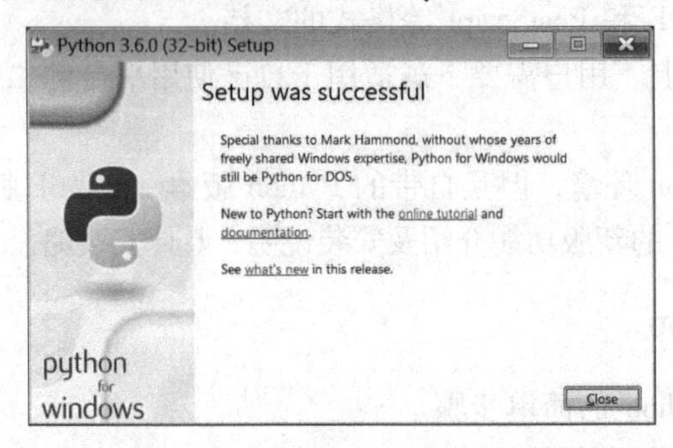

图 1-3　已成功安装 Python 3. 6. 0

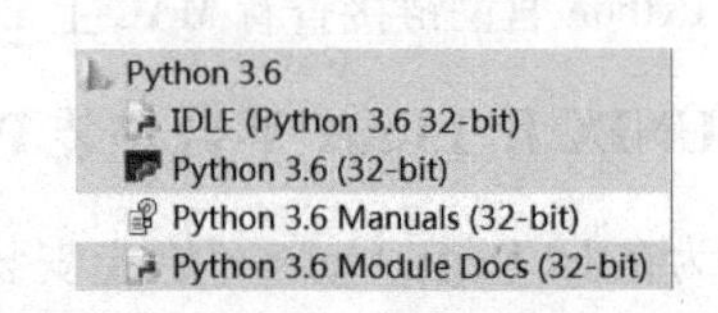

图 1-4　Python 3. 6 程序组

选择“IDLE（Python 3. 6 32-bit）”菜单命令，启动 IDLE（自带 Python GUI）运行界面，如图 1-5 所示。

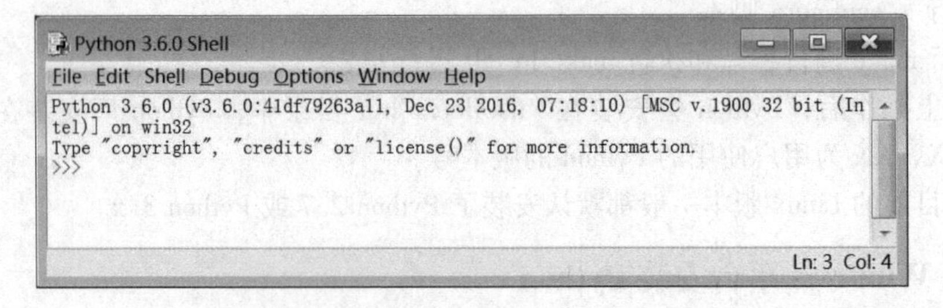

图 1-5　IDLE（Python 3. 6 32-bit）运行界面

选择“Python 3.6（32-bit）”菜单命令，启动如图1-6所示Python命令窗口。

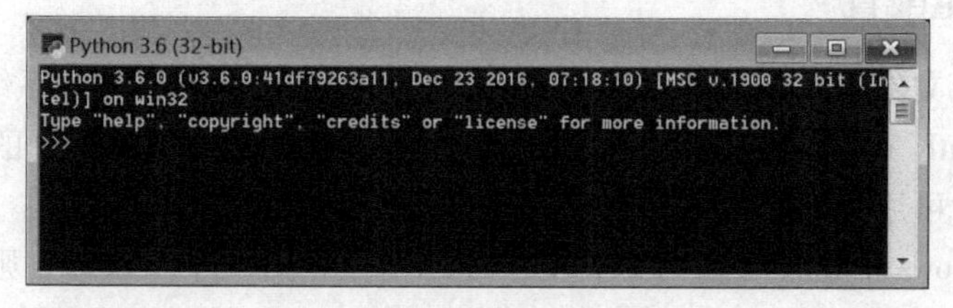

图1-6　Python 3.6命令窗口

选择“Python 3.6 Manuals（32-bit）”菜单命令，启动如图1-7所示Python 3.6.0帮助文档。

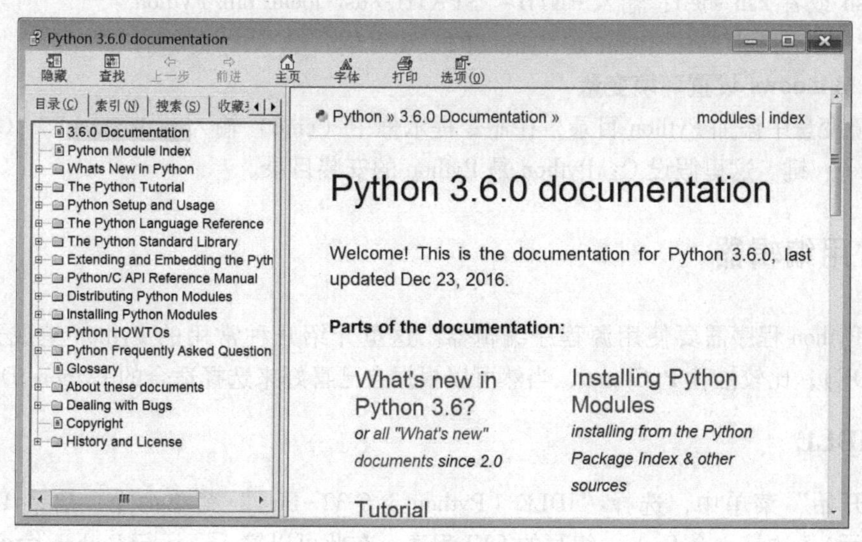

图1-7　Python 3.6.0帮助文档

选择“Python 3.6 Module Docs（32-bit）”菜单命令，启动如图1-8所示Python模块文档。

其他操作系统平台下安装Python后，其运行情况与Windows平台下的情况类似，这里不再赘述。

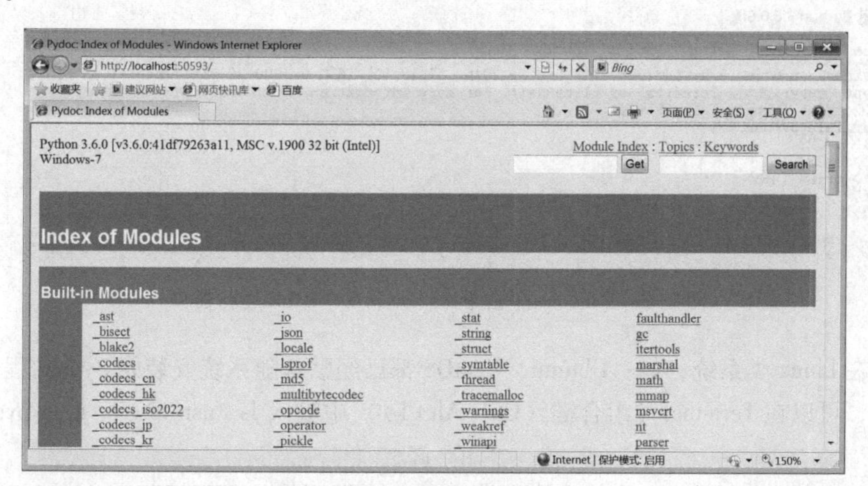

图1-8　Python 3.6模块文档

1.3.4 环境变量配置

程序和可执行文件可以在许多目录中，而这些路径很可能不在操作系统提供可执行文件的搜索路径中。Path（路径）存储在环境变量中，这是由操作系统维护的一个命名的字符串。这些变量包含可用的命令行解释器和其他程序的路径信息。

UNIX 或 Windows 中路径变量为 PATH（UNIX 区分大小写，Windows 则不区分）。

1. 在 UNIX/Linux 设置环境变量

- 在 csh shell：输入 setenv PATH "$PATH:/usr/local/bin/Python"
- 在 bash shell（Linux）：输入 export PATH="$PATH:/usr/local/bin/Python"
- 在 sh 或者 ksh shell：输入 PATH="$PATH:/usr/local/bin/Python"

注意：/usr/local/bin/Python 是 Python 的安装目录。

2. 在 Windows 设置环境变量

在环境变量中添加 Python 目录，在命令提示框中（cmd）输入 path %path%;C:\Python 并按〈Enter〉键。这里假设 C:\Python 是 Python 的安装目录。

1.4 常用编辑器

编写 Python 程序需要使用源程序编辑器。这里介绍几种常用的 Python 集成开发环境（Python IDE），比较推荐 PyCharm，当然可以根据自己喜好来选择适合的 Python IDE。

1.4.1 IDLE

在“开始”菜单中，选择“IDLE（Python 3.6 32-bit）”菜单命令，启动 IDLE（如图 1-5 所示），这是一个 Python 编写的 GUI 程序，在此可以输入、运行 Python 命令或程序，能完成基本的编辑器与解释器功能。下面输出一条 Python 字符串，计算两个变量相加的值，并输出在屏幕上面。

如图 1-9 所示是 Windows 平台下 Python IDLE 运行情况。

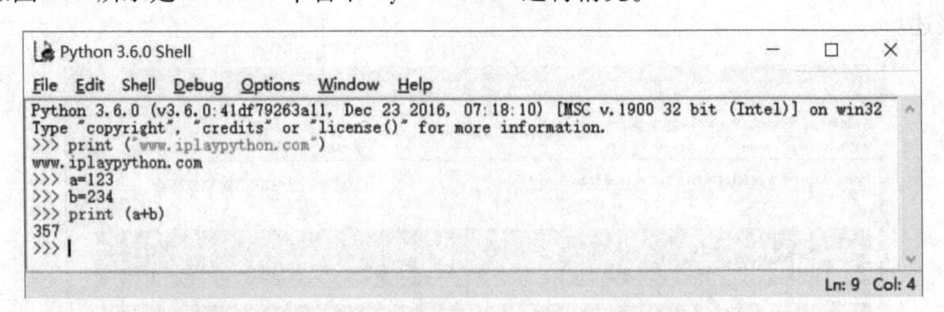

图 1-9 Windows 平台下 Python 3.6.0 IDLE 运行窗口

通常在 Linux 类系统，如：Ubuntu、CentOS 都已经默认随系统安装好 Python 程序。在此类系统中，可以在 Terminal（组合键〈Ctrl+Alt+T〉）中输入 ls /usr/bin | grep python 进行查看。

如果想运行 python 2.7，直接在终端输入 python 即可。如果想运行 python 3.5，直接在终端输入 python3 即可。

Ubuntu 中的 Python 是没有自带 IDLE 的，可以在终端输入：sudo apt-get install idle-python3.5，进行 python 3.5 版本的 IDLE 的安装，安装好之后在/usr/share/applications 就可以找到 IDLE 的图标，将其复制到桌面上，以后直接在桌面双击就可以启动。或者在终端输入：/usr/bin/idle-python3.5 即可启动。如图 1-10 所示。

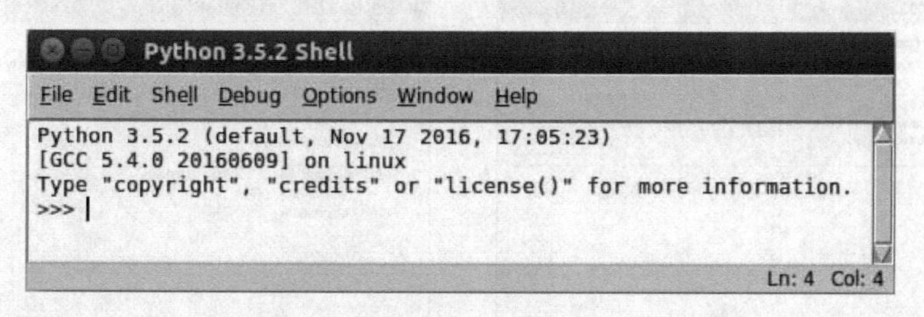

图 1-10　Ubuntu 中的 Python 3.5.2 Shell 运行窗口

这个 IDLE 也称为 Python 解释器。Python 编程就可以从这个 IDLE 编辑器中开始，在入门之后，可以选择更多自己喜欢的 Python 编辑器。

1.4.2　PyCharm

PyCharm 是由 JetBrains 打造的一款 Python IDE。PyCharm 具备一般 Python IDE 的功能，比如调试、语法高亮、项目管理、代码跳转、智能提示、自动完成、单元测试、版本控制等。另外，PyCharm 还提供一些很好的功能用于 Django（一个 Web 应用框架）开发。

请自行在网上搜索，从 PyCharm 官网下载 PyCharm。

PyCharm 针对 Windows、MscOS、Linux 分别有 PyCharm Professional（专业）与 PyCharm Community（社区版，是免费开源的版本）两个版本可选择安装。下面是在 Windows 7 下双击“pycharm-community-2017.1.exe”运行安装 PyCharm Community Edition 的简单过程。

1）进入安装欢迎界面，如图 1-11 所示。单击“Next”按钮。

2）进入安装路径界面，如图 1-12 所示。单击“Browse”按钮可以改变软件的默认安装目录，设置完成后单击“Next”按钮。

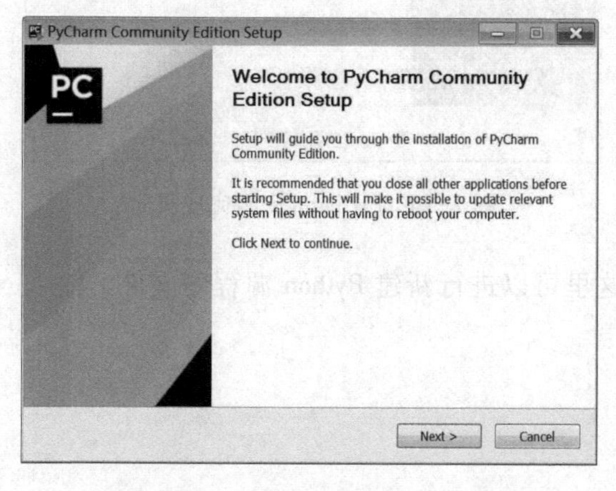

图 1-11　PyCharm 安装欢迎界面

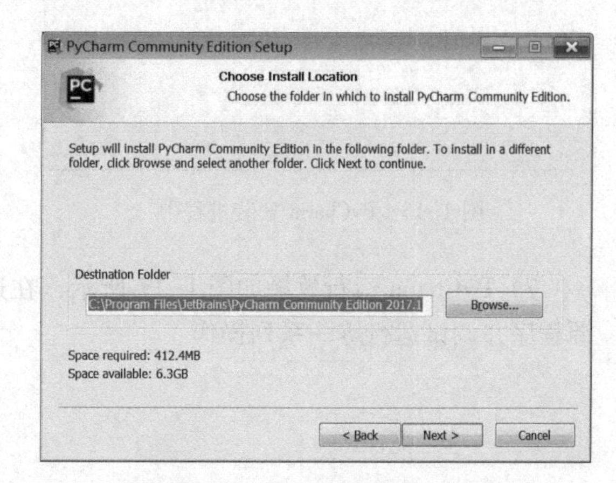

图 1-12　PyCharm 安装目录设定

3）进入安装菜单文件夹界面，如图 1-13 所示。在此界面可以输入新的程序组文件夹名，设置完成后单击“Next”按钮。

4）进入安装选项界面。如图 1-14 所示，这里可以指定是 32 位还是 64 位程序快捷方式，可以指定是否与“.py”文件关联。设置完成后单击“Next”按钮。

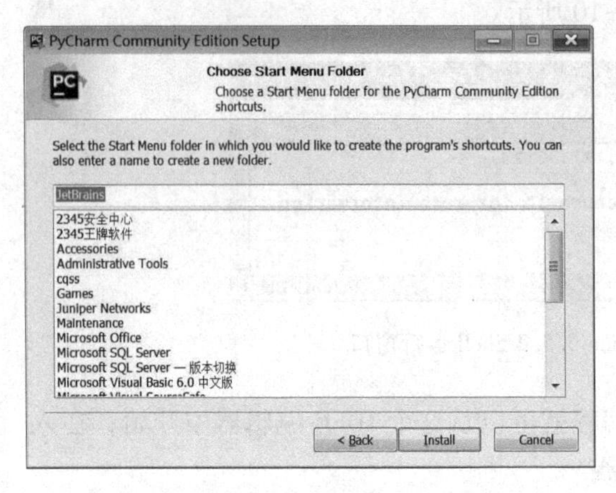

图 1-13　PyCharm 安装菜单文件夹

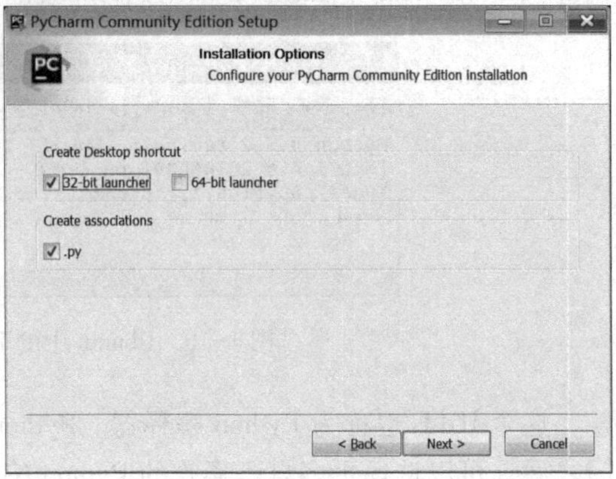

图 1-14　PyCharm 安装选项

5）进入安装进程界面，如图 1-15 所示。完成后单击“Next”按钮。

6）显示 Pycharm 安装完成并可运行，如图 1-16 所示。单击“Finish”按钮则完成安装过程，如果选中“Run PyCharm Community Edition”复选框，则会首次运行 PyCharm。

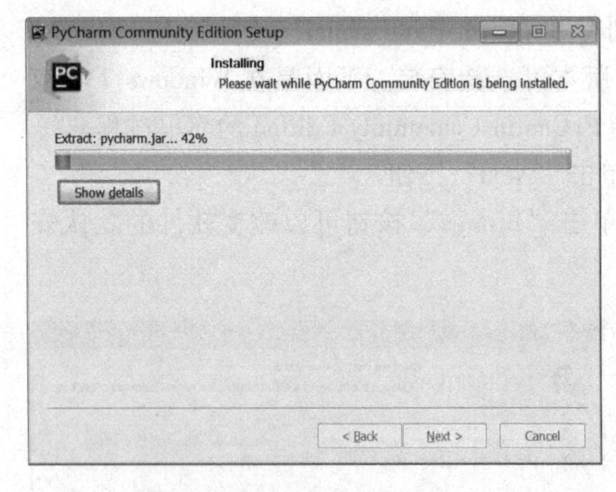

图 1-15　PyCharm 安装进程中

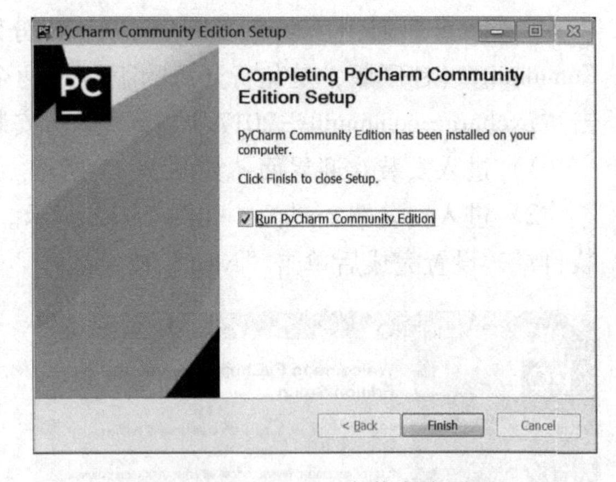

图 1-16　PyCharm 安装完成页面

7）PyCharm 运行效果如图 1-17 所示，在这里可以进行新建 Python 源程序文件，输入源程序并调试运行等一系列操作。

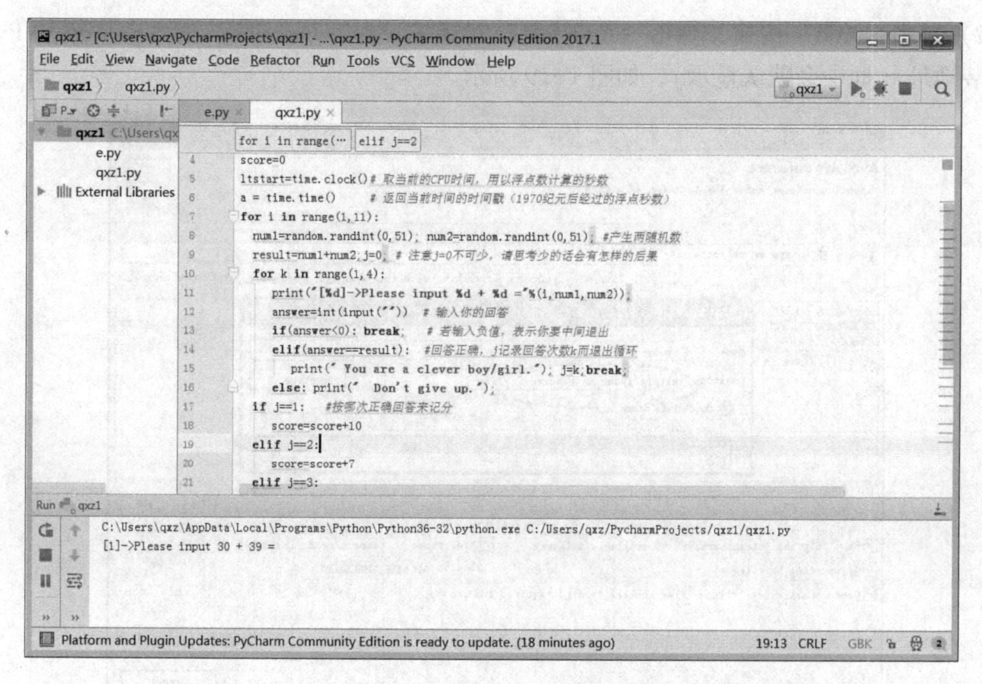

图 1-17　PyCharm 运行效果图

1.4.3　Eclipse+PyDev

Eclipse+PyDev 构成 Python 的 Eclipse 编程环境，下面是安装、设置与使用情况。

1. 安装 Eclipse

Eclipse 可以在它的官方网站 Eclipse.org 找到并下载，通常可以选择适合自己的 Eclipse 版本，比如 Eclipse Classic。下载完成后解压到自己想安装的目录中即可。

当然在执行 Eclipse 之前，用户必须确认安装了 Java 运行环境，即必须安装 JRE 或 JDK，可以到 Java 官网找到 JRE 下载并安装。

2. 安装 PyDev

1）运行 Eclipse 之后，选择 Help→Install New Software 命令，如图 1-18 所示，弹出“Install”对话框。

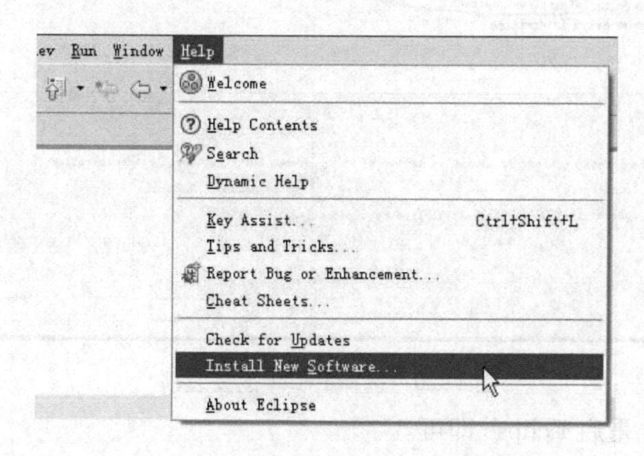

图 1-18　选择 Install New Software 菜单项

2）单击“Add”按钮，弹出“Add Site”对话框，在“Location”文本框中添加 PyDev 的安装地址（框中会默认显示），如图 1-19 所示。

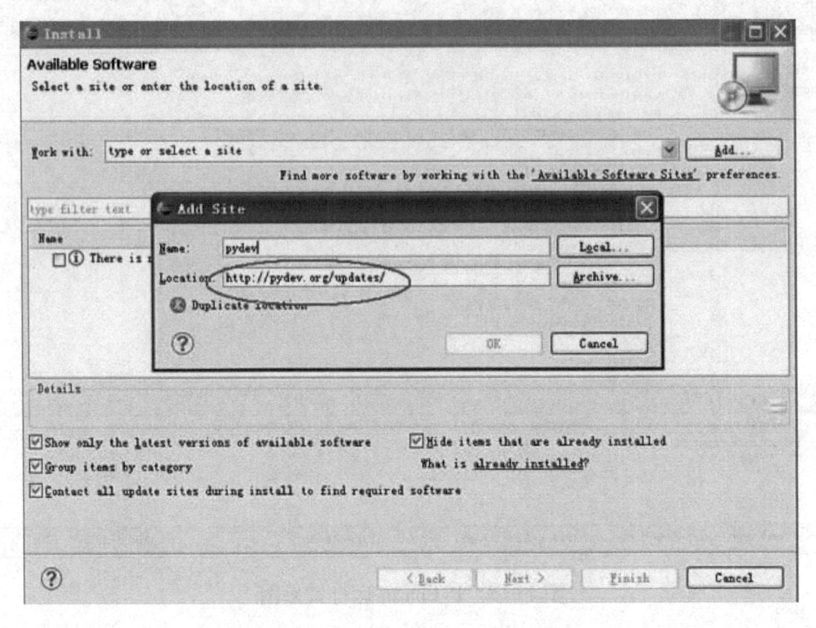

图 1-19　指定 PyDev 的安装网址

3）完成后单击“Add Site”对话框中的“OK”按钮，接着单击 PyDev 的“+”，展开 PyDev 的节点，选择相应的软件包选项，然后单击“Next”按钮进行安装，如图 1-20 所示。

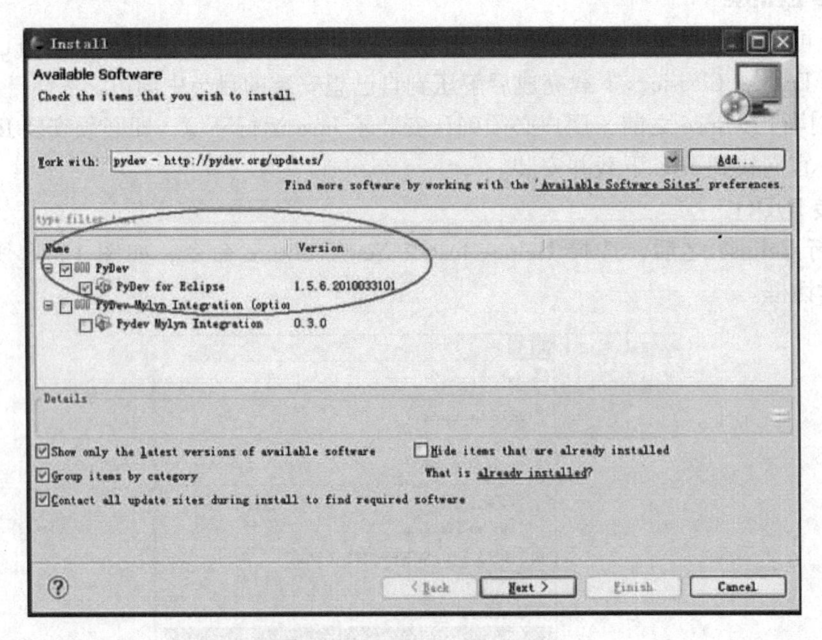

图 1-20　选择 PyDev 的安装项

4）安装完成后，重启 Eclipse 即可。

3. 设置 PyDev

1）安装完成后，还需要对 PyDev 进行设置。选择 Window→Preferences 命令，弹出“Preferences”对话框，如图 1-21 所示。设置 Python 的路径，从 PyDev 的 Interpreter→Python 页面单击“New”按钮，如图 1-21 所示。

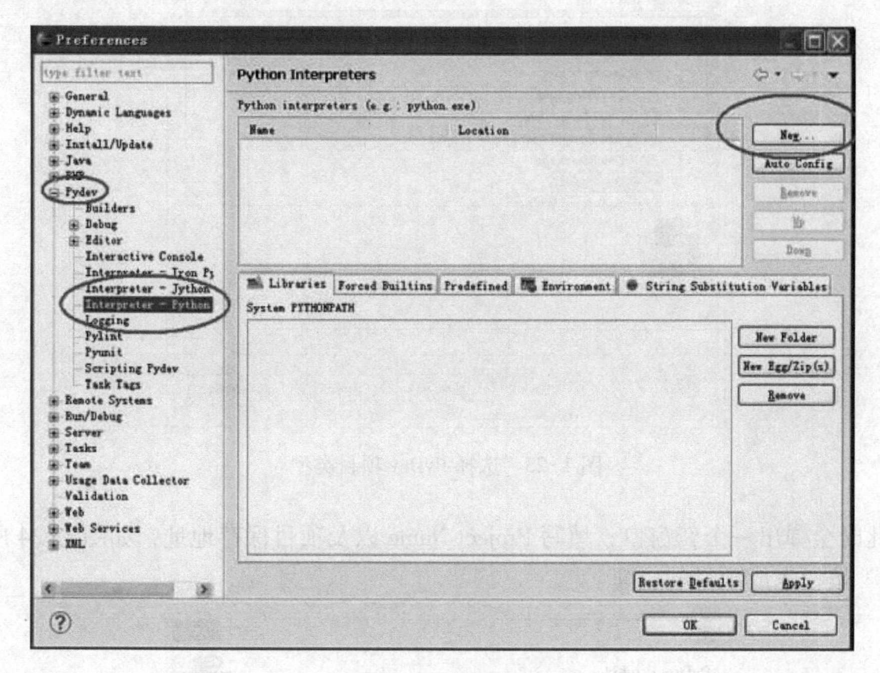

图 1-21　PyDev 安装后的设置

2）此时会弹出“Select interpreter”对话框，在其中设置 Python 的安装位置，如图 1-22 所示。

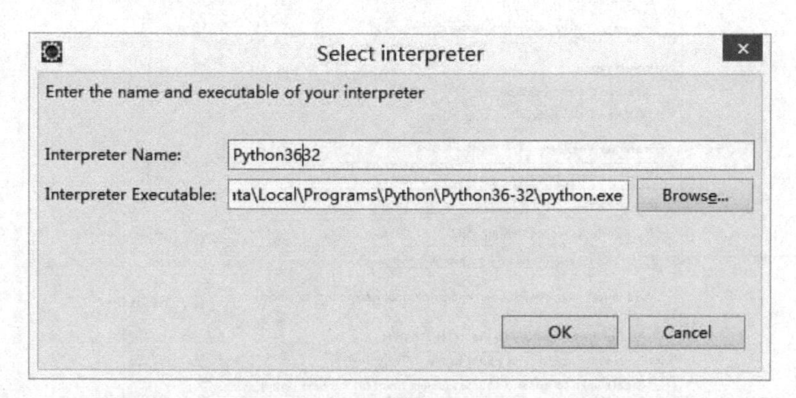

图 1-22　选择 Python 解释器的安装位置

3）完成之后单击“OK”按钮即完成 PyDev 的设置，就可以开始使用。

4. 建立 Python Project

1）要创建一个项目，选择 File→New 菜单命令，弹出“New”对话框，在其中选择 PyDev Project，如图 1-23 所示，然后单击“Next”按钮。

图 1-23　选择 PyDev 项目类型

2）此时会弹出一个新窗口，填写 Project Name 以及项目保存地址，如图 1-24 所示，单击“Next”按钮完成项目的创建。

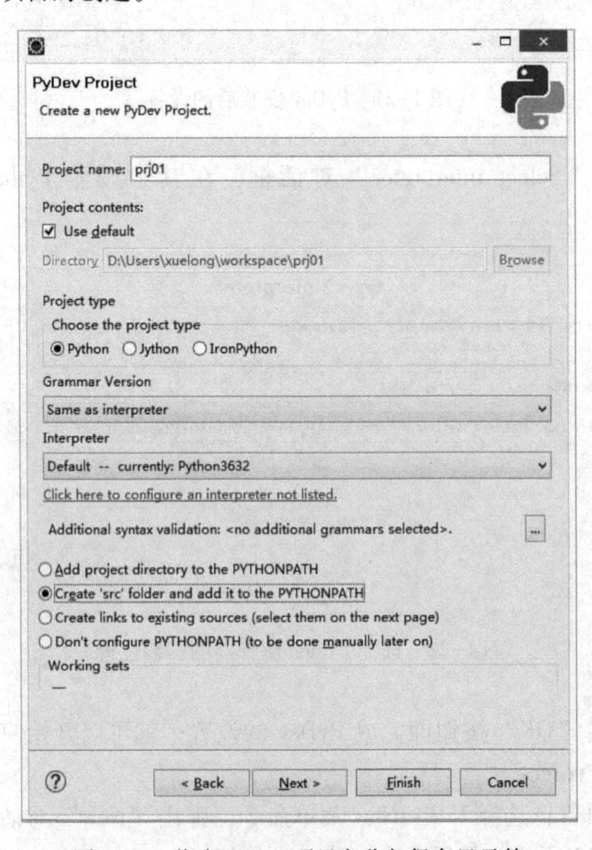

图 1-24　指定 PyDev 项目名称与保存目录等

5. 创建新的 PyDev Module

仅有项目是无法执行的，必须创建新的 PyDev Module。

1）选择 File→New→PyDev Module 菜单命令，如图 1-25 所示。

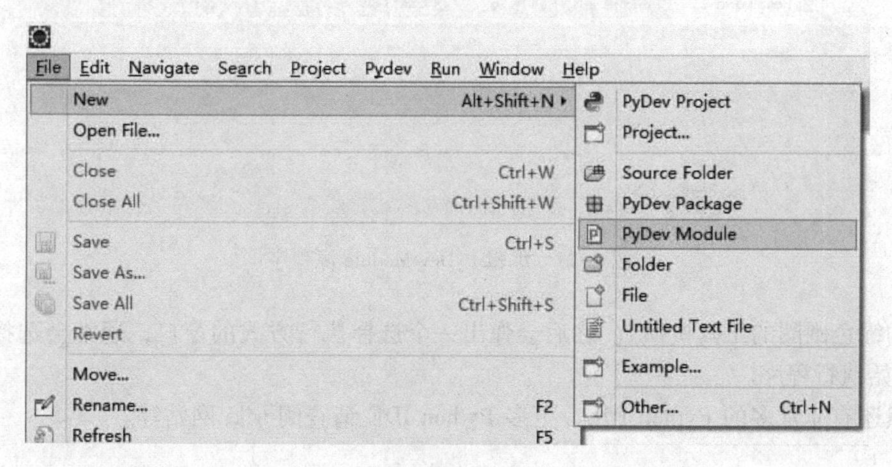

图 1-25　选择创建新的 PyDev Module

2）在弹出的窗口中选择文件存放位置以及 Module Name，注意在“Name”文本框中不用加“. py”，系统会自动添加。然后单击“Finish”按钮完成创建，如图 1-26 所示。

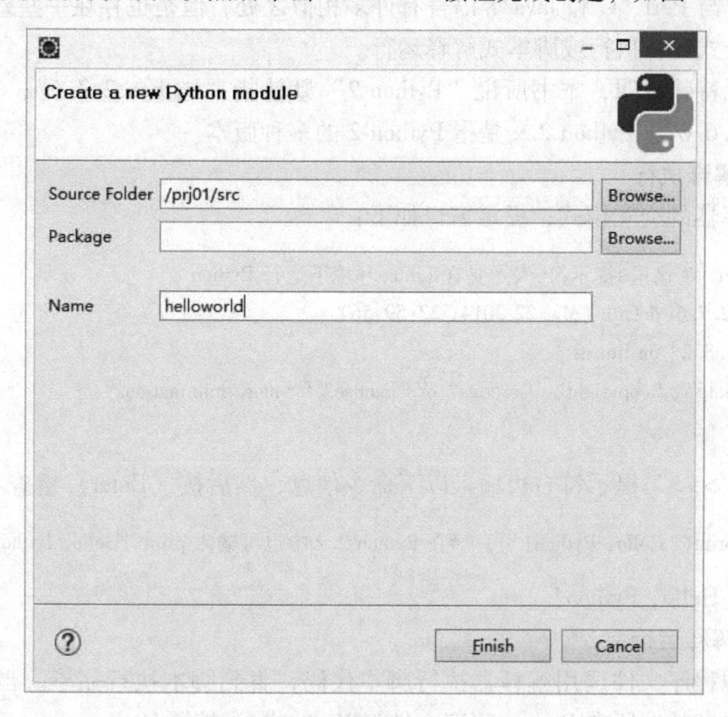

图 1-26　指定要创建的 PyDev Module 名等

输入如图 1-27 所示的代码。

6. 执行程序

程序写完后就可以开始执行程序，在上方的工具栏单击“执行”按钮（内含白色小

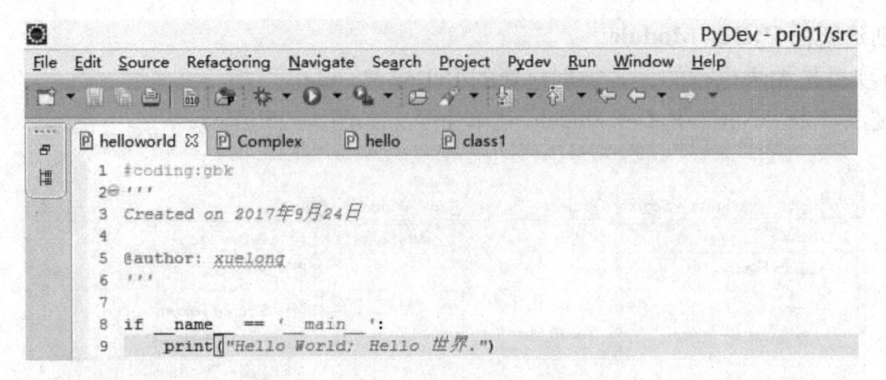

图 1-27 编辑 PyDev Module 源程序

三角形的绿色圆圈的工具按钮)。之后会弹出一个选择执行方式的窗口，通常会选择 Python Run，开始执行程序。

当然还有非常多的 Python IDE，更多 Python IDE 请查阅 wiki 网站等。

1.5 Python 语法概述

Python 语言与 Perl、C 和 Java 等语言有许多相似之处，但是也存在一些差异。Python 程序可以交互命令式解释执行或脚本式解释运行。

说明：如无特殊说明，本书所说“Python 2”默认指“Python 2.7.6”；“Python 3”默认指“Python 3.6.0”。Python 2.x 是指 Python 2 的多种版本。

1. 交互式解释执行

Python 解释器的交互模式，提示窗口如下：

```
$ python   # 这里$提示符,表示是在 Linux 环境下运行 Python
Python 2.7.6(default, Mar 22 2014, 22:59:56)
[GCC 4.8.2] on linux2
Type "help", "copyright", "credits" or "license" for more information.
>>>
```

在 Python “>>>” 提示符右边输入以下命令信息，然后按〈Enter〉键查看运行效果：

```
>>>  print("Hello, Python!");   #在 Python 2.x 中也可输入 print "Hello, Python!";
```

输出结果：Hello，Python!

2. 脚本式解释运行

通过脚本源程序文件调用解释器执行脚本代码，直到脚本执行完毕。当脚本执行完成后，解释器不再有效。所有 Python 程序文件将以“py”为扩展名。

【例 1-1】写一个简单的 Python 脚本程序。将 print("Hello, Python!");源代码复制粘贴或输入到 test.py 文件中。

这里，假设已经设置了 Python 解释器 PATH 变量。使用以下命令运行程序：

```
$ python test.py    # python -h 可获得帮助信息
```

输出结果：Hello，Python！

在 Linux 系统下，用另一种方式来执行 Python 脚本。修改 test. py 文件，增加一条 Python 解释器指示指令“#!/usr/bin/python”，如下所示：

```
#! /usr/bin/python
print("Hello, Python!");
```

这里，假定 Python 解释器在/usr/bin 目录中，使用以下命令执行脚本文件：

```
$ chmod +x test.py      # 为程序文件 test.py 添加可执行权限
$./test.py              # 类似 Linux shell 脚本方式解释执行 Python 源程序
```

输出结果：Hello，Python！

默认情况下，Python 3 源码程序文件以 UTF-8 编码，所有字符串都是 Unicode 字符串。当然也可以为源码文件指定不同的编码：

```
#-*-coding: utf-8-*-
```

用来指定文件编码为 UTF-8。又例如：

```
#-*-coding: gb2312-*-          # 为文件指定 gb2312 编码方式
print("Python 学习中……")       # 命令中可以使用汉字了
```

1.5.1 程序结构特点

Python 的程序由包（对应文件夹）、模块（一个 Python 文件）、函数和类（存在于 Python 文件）等组成。包是由一系列模块组成的集合，模块是处理某一类问题的函数和类等的集合。包的结构如图 1-28 所示。

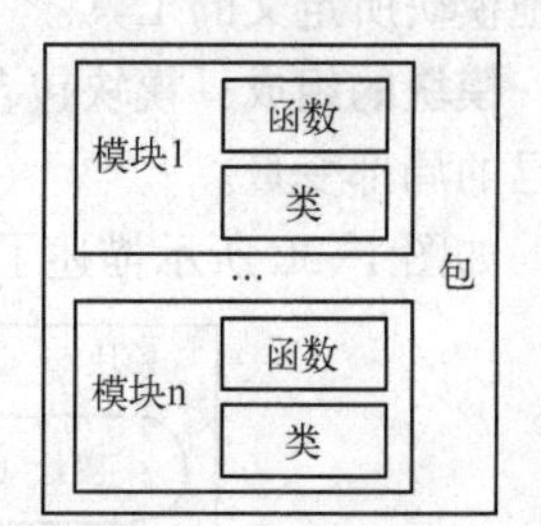

图 1-28　Python 包结构示意图

注意：包中必须至少含有一个__init__. py 文件，该文件的内容可以为空，用于标识当前文件夹是一个包。

1. Python 程序的构架

Python 程序的构架是指将一个程序分割为源代码文件的集合以及将这些部分连接在一起的方法。Python 的程序构架如图 1-29 所示。

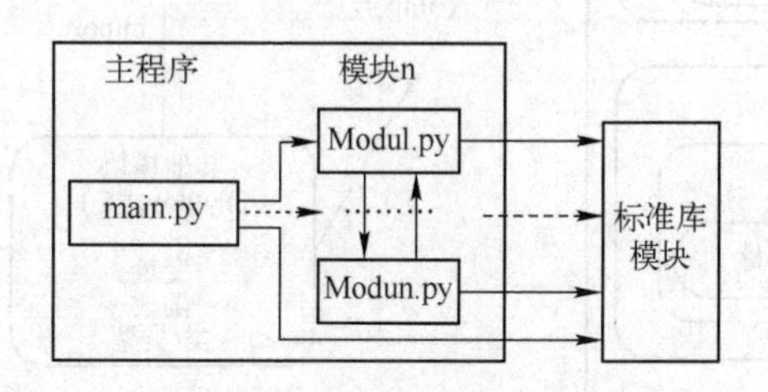

图 1-29　Python 程序的构架示意图

一个 Python 程序就是一个模块的系统。它有一个顶层文件（启动后可运行程序，具体说明见后面“2. 模块”）以及多个模块文件（用来导入工具库）组成。

说明：标准库模块是 Python 中自带的实用模块，也称为标准链接库。Python 大约有 200 多个标准模块，包含与平台不相关的常见程序设计任务，如操作系统接口、对象永久保存、文字匹配模式、网络和 Internet 脚本、GUI 建构等。Python 除了关键字、内置的类型和函数（Builtins），更多的功能是通过模块（Modules）来提供的。

注意：这些模块工具都不算是 Python 语言的组成部分，但可以在任何安装了标准 Python 的情况下，导入适当的模块来使用。

2. 模块

模块是 Python 中最高级别的组织单元，它将程序代码和数据封装起来以便重用。其实，每一个以“py”为扩展名的 Python 文件都是一个模块。**模块的 3 个角色如下。**

1）代码重用。

2）系统命名空间的划分（模块可理解为变量名封装，即模块就是命名空间）。

3）实现共享服务和共享数据。

下面介绍模块的一些相关概念。

程序和模块：Python 中，程序是作为一个主体的、顶层的文件来构造的，配合有零个或多个支持的文件，而后者这些文件都可以称作模块（顶层的文件也可以作为模块使用，但一般情况不作为模块）。

顶层文件：包含了程序主要的控制流程，即需要运行来启动应用的文件。

模块文件：可看作是工具的仓库（即装满了工具），这些工具是用来收集顶层文件（或其他可能的地方）使用的组件。

顶层文件与模块文件：顶层文件使用了在模块文件中定义的工具，而这些模块也使用了其他模块所定义的工具。

模块的组成：模块包含变量、函数、类以及其他的模块（如果导入的话），而函数也有自己的局部变量。

如图 1-30 所示描述了模块内的情况以及与其他模块的交互，即模块的执行环境。

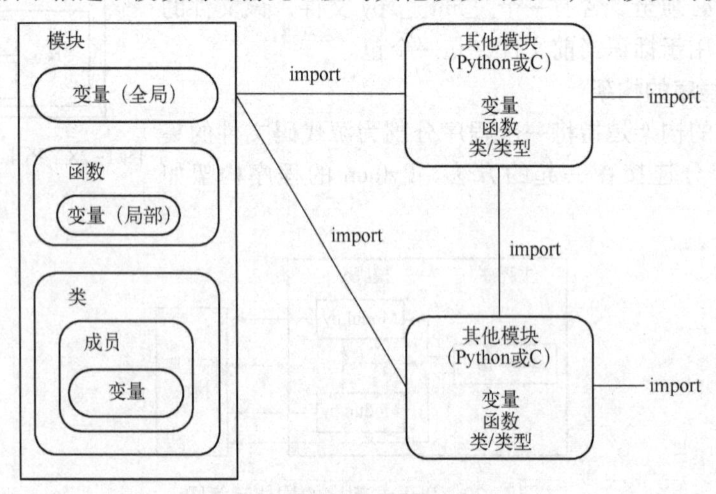

图 1-30　模块及其交互示意

模块可以被导入，模块也会导入和使用其他模块，而这些模块可以是用 Python 或其他语言（如 C 语言）写成的。

3. import（导入）

一个文件可通过导入一个模块（文件）读取这个模块的内容，即导入从本质上讲，就是在一个文件中载入另一个文件，并且能够读取那个文件的内容。一个模块内的内容通过这样的特性（object. attribute）能够被外界使用。**导入是 Python 中程序结构的重点所在。**

（1）import 模块的 4 种方式

1）import X：导入模块 X，并在当前命名空间（Namesapce）**创建该模块的引用**。可以使用 X. name 引用定义在模块 X 中的属性。

2）from X import ＊：导入模块 X，并在当前命名空间，创建该模块中**所有公共对象**（名字不以__开头）的引用。即用户能使用普通名字（直接是 name）去引用模块 X 中的属性，但是因为 X 本身没有定义，所以不能使用 X. name 这种方式。并且如果命名空间中原来有同名的 name 定义时，它将会被新的 name 取代。

3）from X import a，b，c：导入模块 X，并在当前命名空间创建该模块**给定对象**的引用。

4）X=__import__('X')：类似于 import X，区别在于该方式显式指定了 X 为当前命名空间中的变量。使用方法同 import X。

（2）导入 import 模块时，Python 所做的行为

导入 import 模块时，首先，Python 解释器会检查 module registry（sys. modules）部分，查看是否该模块先前就已经导入，如果 sys. modules 中已经存在（即已注册），则使用当前存在的模块对象即可。如果 sys. modules 中还不存在，则：①创建一个新的、空的模块对象（本质上是一个字典）；②在 sys. modules 字典中插入该模块对象；③加载该模块代码所对应的对象（如果需要，可以先编译好（编成位码））。

然后在新的模块命名空间、执行该模块代码对象（Code Object）。所有由该代码指定的变量均可以通过该模块对象引用。

注意：上述步骤只有在模块第一次执行时才会执行。在这之后，导入相同模块时，会跳过这些步骤，而只提取内存中已加载的模块对象。**这是个有意设计的结果**。因为导入（找文件→将其编译成字节码→运行代码）是一个开销很大的操作，以至于每个程序运行不能够重复多于一次。若想要 Python 在同一次会话中再次运行文件（不停止和重新启动会话），需要调用内置的 **reload（重载）** 函数（该函数返回值为一个 Python 模块对象）。

（3）import 搜索路径顺序

import 模块搜索路径顺序如下。

1）程序的主目录：即程序（顶层）文件所在的目录（有时候不同于当前工作目录（指启动程序时所在目录））。

2）PYTHONPATH（环境变量）预设置的目录。

3）标准链接库目录。

4）任何 . pth 文件的内容（如果存在的话）：安装目录下找到该文件，以行的形式加入所需要的目录即可。

以上 4 方面组合起来就变成了 sys. path，其保存了模块搜索路径在计算机上的实际配置，可以通过打印内置的 sys. path 列表来查看这些路径。导入时，Python 会由左至右搜索列表中的每个目录，直到找到对应的模块为止。

其中搜索路径的1）和3）是系统自动定义的，而2）、4）可以用于拓展路径，从而加入自己的源代码目录。另外，也可以使用 sys. path 在 Python 程序运行时临时修改模块搜索路径。如：

```
import sys; sys.path.append('C:\\mydir')
```

注意：以上 sys. path 的设置方法只是在程序运行时临时生效的，一旦程序结束，不会被保留下来。而前面介绍的4种路径配置方式则会在操作系统中永久保存下来。

4. 简单的 Python 程序

【例1-2】简单的 Python 程序（包含 foo. py 和 demo. py 两个文件）。

```
#foo.py 文件
    def add(a, b):        # 定义 add 函数
        return a+b
    # demo.py 文件
    import foo            # 导入模块 foo.py
    a=[1, 'Python']
    a='a string'
    def func():           # 定义 func 函数
        a=1;b=257
        print(a+b)
    print(a)
    if __name__=='__main__':  # 表示当模块(本文件)被直接运行时,本条件成立
                          # 当模块(本文件)被 import 导入时,本条件不成立
        func()  # 函数调用
        foo.add(1, 2) # 注意:这里 add 函数相加和没有被利用到(或被输出)
```

执行这个程序：Python demo. py

输出结果：

```
a string
258
```

Python 将 *. py 文件视为一个模块，这些模块中有一个主模块，也就是程序运行的入口。在本例中，主模块是 demo. py。

1.5.2 程序语法规则

下面先总体介绍 Python 的语法规则。

1. 字符集

Python 2. x 的默认编码是 ASCII，不能识别中文字符，需要显式指定字符编码；Python 3. x 的默认编码为 Unicode，可以识别中文字符。

为表达字符或字符串的需要，Python 程序中常要用到一类字符的特殊表示方法，叫作转义字符或转义符。Python 中的转义符如表1-2 和表1-3 所示。

表 1-2　转义符

转义序列	说　明	注意事项
\newline	反斜线且忽略换行	
\\	反斜线（\）	
\'	单引号（'）	
\"	双引号（"）	
\a	ASCII Bell（BEL）	
\b	ASCII 退格（BS）	
\f	ASCII 换页符（FF）	
\n	ASCII 换行符（LF）	
\r	ASCII 回车符（CR）	
\t	ASCII 水平制表符（TAB）	
\v	ASCII 垂直制表符（VT）	
\ooo	八进制值为 ooo 的字符	至多 3 位，在字节文本（即二进制文件）中，八进制转义字符表示给定值的字节数值。在字符串文本中，这些转义字符表示给定值的 Unicode 字符
\xhh	十六进制值为 hh 的字符	只能 2 位，在字节文本（即二进制文件）中，十六进制转义字符表示给定值的字节数值。在字符串文本中，这些转义字符表示给定值的 Unicode 字符

表 1-3　字符串文本中的转义符

转义序列	意　义	注意事项
\N{name}	Unicode 数据库中以 name 命名的字符	Python 3.6 与 Python 3.3 版本不同之处是增加了对别名的支持
\uxxxx	共 16 位的十六进制字符值：xxxx	可以使用该转义序列为那些构成代理对的单个代码单元编码，只能使用 4 个十六进制数表示
\Uxxxxxxxx	共 32 位的十六进制字符值：xxxxxxxx	任何 Unicode 字符都可以采用这样的编码方式。需要注意的是只能使用 8 个十六进制数表示

下面是输出若干转义符的示例：

```
print('\123')                        # S,大写字母 S
print('\x02')                        # ,ASCII 2 对应的控制符
print("\N{SOLIDUS}")                 # /,斜杠符/
print("\N{BLACK SPADE SUIT}")        # ♠,黑桃符
```

```
print('\u3333')                          # ㌳,某中日韩字符集兼容中的字符
print('\U00004e60')                      # 习,汉字"习"
```

2. Python 标识符

在 Python 语言中，变量名、函数名、对象名等同样是通过标识符来命名的。标识符第一个字符必须是字母表中字母或下画线，标识符的其他的部分有字母、数字和下画线组成。Python 中的标识符是区分大小写的。在 Python 3. x 中，非-ASCII 标识符也是允许的，譬如：data_人数=100 中，"data_人数" 为含汉字的标识符，但一般不推荐这样用。

以下画线开头的标识符是有特殊意义的。以单下画线开头（如：_foo）的标识符表示不能直接访问的类属性，需通过类提供的接口进行访问，不能用"from xxx import *"而导入；以双下画线开头的（如：__foo）标识符表示类的私有成员；以双下画线开头和结尾的（__foo__）标识符表示 Python 中特殊方法专用的标识，如__init__()代表类的构造函数。

3. Python 保留字

保留字即关键字，保留字不能用作常数或变数，也不能用作任何其他标识符名称。

Python 的标准库提供了一个 keyword module，可以输出当前版本的所有关键字：

```
>>>import keyword
>>>keyword. kwlist   # 这里输出的是 Python 3. 5. 2 版本的关键字
['False', 'None', 'True', 'and', 'as', 'assert', 'break', 'class', 'continue', 'def', 'del', '
elif','else', 'except', 'finally', 'for', 'from', 'global', 'if', 'import', 'in', 'is', 'lambda',
'nonlocal', 'not', 'or', 'pass', 'raise', 'return', 'try', 'while', 'with', 'yield']
```

4. 行与缩进

较其他语言，**Python 最具特色的就是使用缩进来表示代码块**（又称代码组），而不使用大括号（{}）来控制类、函数以及其他逻辑判断代码块。

像 if、while、def 和 class 这样的复合语句，首行以关键字开始，以冒号（:）结束，该行之后的一行或多行代码构成代码块。将首行及后面的代码块统称为一个子句（clause）。

代码块缩进的空格数是可变的，**但是同一个代码块的语句必须包含相同的缩进空格数，这个必须严格执行**。如下所示：

```
if expression:
    print("True")
else:
    print("False")
```

以下代码在执行时将会产生错误：

```
if True:
    print("Answer is True.")
else:
    print("Answer is ",end='')
  print("False.")      # 没与上一行缩进相同空格,语法格式出错
```

因此，在 Python 的代码块中必须使用相同数目的行首缩进空格数才行。

5. 多行语句

Python 语句中一般以新行（换行符）作为语句的结束符。

但是用户可以使用反斜杠（\）将一行的语句分为多行显示，如下所示：

```
total = item_one+\
        item_two+\
        item_three
```

语句中包含[ ]，{ } 或( )括号就不需要使用多行连接符（自动判断是多行的）。如：

```
days = [ 'Monday', 'Tuesday', 'Wednesday',
         'Thursday', 'Friday' ]
```

6. 同一行显示多条语句

Python 可以在同一行中使用多条语句，语句之间使用英文分号（;）分割，例如：

```
import sys; x = 'foo';. write( x+'\n');      # 一行有 3 个语句
```

7. 空行

函数之间或类的方法之间用空行分隔，表示一段新的代码的开始。类和函数入口之间也用一行空行分隔，以突出函数入口的开始。空行与代码缩进不同，空行并不是 Python 语法的一部分。书写时不插入空行，Python 解释器运行也不会出错。但是空行的作用在于分隔两段不同功能或含义的代码，便于日后代码的维护或重构。

8. Python 引号

Python 接收单引号（'）、双引号（"）、三引号（'''或"""）来表示字符串，引号的开始与结束必须是相同种类的引号。其中三引号可以由多行组成，是编写多行文本的快捷语法。

```
word = 'word'
sentence = "This is a sentence."
paragraph = """This is a paragraph. It is
made up of multiple lines and sentences."""
```

三引号常用于文档字符串，在文件的特定地点被当作注释。

9. Python 注释

Python 中单行注释采用 # 开头（可以在语句或表达式行末）。块注释（多行注释）也可采用多行# 开头来表示，如：

```
#!/usr/bin/python   #指定 Linux 系统中 Python 解释器位置,后续程序将省略该指令
# First comment
print( "Hello, Python!" );   # second comment
```

输出结果：Hello，Python！

块注释（多行注释）：

```
# This is a comment.
# This is a comment, too.
```

This is a comment, too.
I said that already.

Python 中多行注释，也可用 3 个单引号（'''）或者 3 个双引号（"""）将注释括起来。例如：

```
"""    This is a comment.
       This is a comment, too.
       This is a comment, too.
       I said that already.    """
```

10. Python 的数值类型与字符串

（1）数值类型

Python 中有 4 种数值类型：整数、长整数、浮点数和复数（具体见第 2 章）。

- 整数，如 1。
- 长整数是比较大的整数。
- 浮点数，如 1.23、3e-2。
- 复数，如 1+2j、1.1+2.2j。

（2）字符串

Python 用单引号（'）、双引号（"）或三引号（'''或"""）括起字符序列构成字符串。关于字符串：

- Python 中使用单引号和双引号效果相同。
- 使用三引号（'''或"""）可以指定一个多行字符串。
- '\ '是用于字符串的转义符。
- 自然字符串，通过在字符串前加 r 或 R 来表示，如 r" this is a line with \n" 则\n 会显示，并不再是换行。
- Python 允许处理 Unicode 字符串，只要前面加前缀 u 或 U，如 u" this is an unicode string"。
- 字符串是不可改变的。
- Python 可以按字面意义级联来形成新字符串，如"this " "is " "string"会自动转换为 this is string 字符串。

1.6 应用实例

1. Python 基础模块之 OS 模块的应用实例

【例 1-3】利用 OS 模块在 Linux 或 Windows 环境中当前目录下创建子目录与文件，并由 Python 解释执行。

OS 意即操作系统（Operating System），所以 OS 模块肯定就是操作系统相关的功能，OS 模块可以处理文件和目录这些日常需要做的操作，譬如：显示当前目录下所有文件、删除某个文件、获取文件大小等。

另外，**OS模块不受平台限制**，例如：当用户要在Linux中显示当前命令时就要用到pwd命令，而Windows中cmd命令行下就要用cd命令，这时候使用Python中OS模块的os. path. abspath（name）功能，不管是Linux或者Windows都可以获取当前的绝对路径。

下面是本例分解成7个步骤的解答。

```
>>> import os   # 先导入 os 模块
```

（1）os. name　# 显示当前使用的平台（操作系统）

```
>>> os. name   #若'posix'表示 Linux   或  # 若'nt'表示 Windows
```

（2）os. getcwd( )　# 显示当前Python脚本工作路径

```
>>> os. getcwd( )   # '/home/qxz'或 'c:\\python3632'# 获取当前目录路径
```

（3）os. listdir("dirname")# 以列表方式列出指定目录下的所有文件和子目录

```
>>> os. listdir( ". " )   # 以列表形式列出当前目录里的文件和子目录,". "表示当前目录
```

（4）os. makedirs("dirname1/dirname2")　#可递归地创建多层文件目录

```
>>> os. makedirs( "/home/qxz/py" )或 os. makedirs( "c:\\python3632\\py" )   创建文件夹 py
```

（5）os. chdir("dirname")　#修改当前目录

```
>>> os. chdir( "./py" )或 os. chdir( ". \\py" )   # 修改当前目录为". \py "
```

（6）os. system("bash 或 windows cmd 命令")　# 运行os命令并显示

```
>>> os. system( "vi test. py" )或 os. system( "notepad test. py" )   # 运行系统文本文件编辑器对
                                                               # test. py 源程序创建(不存在时)或编辑
```

（7）运行Python源程序。

```
>>> os. system( "python test. py" )   # 上一步输入、编辑、保存后,运行 test. py 程序
```

2. 例题

【例1-4】 输入数x，计算sin(x)的值并输出（程序的每个语句功能由注释可知）。

```
# coding=utf-8                                # 支持使用 UTF-8 编码
#! /usr/bin/python                            # 使用/usr/bin/python 解释器
import math                                   # 导入 math 模块
snum=input( "Input number:" );                # 提示并输入 x 的值
x=float( snum);                               # 转换为一个实数并赋值给 x
s=math. sin( x);                              # 求 x 的正弦值,并把它赋给变量 s
print( "sin( %lf)= %lf\n" %( x,s) );          # 显示程序运算结果
```

【例 1-5】从键盘输入两个整数，输出这两个整数之积。

```
# coding=utf-8                                    # 支持使用 UTF-8 编码
#! /usr/bin/python                                # 使用/usr/bin/python 解释器
import math                                       # 导入 math 模块
snum=input("Input number x:");                    # 提示并输入 x 的值
x=float(snum);                                    # 转换为一个实数并赋值给 x
y= float(input("Input number y:"));               # 提示输入 y 的值
print("%lf * %lf=%lf \n"%(x,y,x*y));              # 显示程序运算结果
```

1.7 习题

一、选择题

1. Python 语言源程序的扩展名为（　　）。

   A. py　　B. c　　C. cp　　D. cpp

2. 在一行上写多条语句时，每个语句之间用（　　）符号分隔。

   A. .　　B. :　　C. ;　　D. &

二、简答与编程题

1. 程序设计语言经过了哪几个阶段?
2. 简述 Python 的功能和特点。
3. 简述 Python 语言程序的组成。
4. 编写程序，运行输出如下信息：“How are you?”。
5. 编写程序，从键盘输入 3 个整数，输出它们的平均值与立方和。
6. 进一步学习与实践 OS 模块的常用功能。

第2章 语言基础

本章主要介绍 Python 语言的一些基本知识和基本概念，内容包括：Python 语言的基本数据类型、Python 语言的数据运算符及表达式、Python 语言基本输入/输出功能等。它们是学习、理解与编写 Python 语言程序的基础。

学习重点或难点

- Python 语言的数据类型
- 常量和变量
- 运算符和表达式

通过学习本章，读者将对 Python 语言的基本数据及其基本运算有个全面了解与把握。

2.1 数据类型

Python 3.6 中主要的内置类型有 6 大类，具体如下。

1）**数值**（numerics），包括：int（整型）、float（浮点型）、bool（布尔型）、complex（复数型）等。

2）**序列**（sequence），包括：list（列表）、tuple（元组）、range（范围）、str（字符串）、bytes（字节串）、set（集合）等。

3）**映射**（mappings），有 dict（字典）。

4）**类**（class）。

5）**实例**（instance）。

6）**例外**（exception）。

这里主要对数值（numerics）、字符串（str）、列表（list）、元组（tuple）、集合（set）、字典（dict）等数据类型进行介绍。

2.1.1 类型常量

在程序执行过程中，其值不发生改变的量称为常量。下面是常用类型的不同常量情况。

1. 整型常量

Python 3. x 后不再分 long 长整型类型，为此，“51924361L”这样的 Python 2. x 中的长整型常量，在 Python 3. x 中不再有效。Python 3. x 可使用或支持任意大小的整型数。

1）十进制整型常量：十进制整型常量没有前缀，其数码为 0~9。

合法的十进制整型常量，如：237、-568、65535、1627；

不合法的十进制整型常量，如：023（不能有前导 0）、23D（含有非十进制数码）。

2）八进制整型常量：八进制整常数必须以 0o（或 0O）开头，即以 0o（或 0O）作为八进制数的前缀，数码取值为 0~7。八进制数通常是无符号数。

合法的八进制数，如：0o15（十进制为 13）、0o101（十进制为 65）、0o177777（十进制为 65535）。

不合法的八进制数，如：256（无前缀 0）、03A2（包含了非八进制数码）、0127（无前缀 o）。

3）十六进制整型常量：十六进制整常数的前缀为 0X 或 0x，其数码取值为 0-9，A-F 或 a-f（代表 10-15）。

合法的十六进制整常数，如：0X2A（十进制为 42）、0XA0（十进制为 160）、0XFFFF（十进制为 65535）。

不合法的十六进制整常数，如：5A（无前缀 0X）、0X3H（含有非十六进制数码）。

2. 浮点型常量

带小数点的实数，譬如：0.0，15.20，-21.9，32.3+e18，-90.，-32.54e100，70.2-E12 都是正确的浮点数。

不合法的浮点数常量，如：345（无小数点，是整型数了），E7（阶码标志 E 之前无数字），53.-E3（负号位置不对），2.7E（无阶码）等。

Python 3.x 浮点数的表达精度、范围等技术信息，可以从 sys.float_info 获取。譬如：

```
>>> import sys                    # 先要导入 sys 模块
>>> sys.float_info.dig            # 15 # 表示浮点数的最大精度，可提供 15 位有效数位
>>> sys.float_info.epsilon        # 一个浮点刻度（浮点数间的最小间隔值）
2.220446049250313e-16
>>> sys.float_info.max            # 1.7976931348623157e+308   # 最大浮点数
```

说明：命令或语句执行结果，往往会如上一样在注释中给出。

```
>>> sys.float_info.max_10_exp  # 308 # 浮点数最大指数为 308
>>> sys.float_info.min          # 2.2250738585072014e-308 # 最小浮点数
>>> sys.float_info.min_10_exp  # -307   # 浮点数最小指数
```

包含浮点类型的其他信息请在 sys.float_info 结构序列中获取。

3. 复数型常量

复数有实部和虚部，它们都是浮点数。复数的基本形式：a+bj、a+bJ 或者 complex(a, b)表示，这里 a 是复数的实部，b 是复数的虚部。设 z=a+bj，从复数 z 提取它的实部和虚部，可使用 z.real 和 z.imag 方式。

带 j 或 J 的复数，譬如：-5-4.6j，3.14j，45.j，(9.32+2e-36j)，.876j，-.6545+0J，3e+26J，4.5+3e-7j 等都是正确的复数。

不正确的复数常量，如：(-5-4.6)，(-5-4.6)j，(9.32 2e-36j)，4.5 3e-7j 等。

4. 布尔常量

布尔常量只有两个：真（True）和假（False）。注意 True 与 False 的字母大小写要求。

关于布尔值，Python 中规定：任何对象都可以用来判断其真假而用于条件、循环语句或逻辑运算中。对象判断中 None、False、0 值（0、0.0、0j）、空的序列值（''、[ ]、( )）、空的映射值{ }都为假（False）值；其他对象值都为真（True）值。

5. 其他类型可能的常量形式

（1）字符串（str）

''、'P'、'Python 3.6'、"Python 3.6"、"Python'3.6"、…

（2）列表（list）

[]、[1,2,2,3]、[1,2,2,3]、['1','2','3']、['Python 3.6',100,90]、…

（3）元组（tuple）

()、(1,2,3)、('1','2','3')、('Python 3.6',100,90,80)、…

（4）集合（set）

set()（空集合）、{1,2,3}、{'1','2','3'}、{'Python 3.6',100,90,80}、{'Mary','Jim','Tom','Rose','Jack'}、…

（5）字典（dict）

{}或dict()（空字典）、{'Mary':18,'Jim':17,'Tom':18,'Rose:19','Jack':20}、{January:1,Feb:2,Mar:3,Apr:4,May:5}、…

2.1.2 类型变量

常量是一块只读的内存区域，常量一旦初始化就不能被更改。变量是计算机内存中的一块区域，变量可以存储规定范围内的值，而且值可以改变。基于变量的数据类型，解释器会分配指定大小内存，并决定什么数据可以存储在内存中。变量命名应符合标识符命名的规定。

对于Python而言，Python的一切变量都是对象，变量的存储采用引用语义的方式，存储的只是一个变量的值所在的内存地址，而不是这个变量的值本身。

Python中的变量不需要声明，**每个变量在使用前都必须赋值**。变量的赋值操作即是变量的声明和定义的过程。每个变量在内存中的创建都包括变量的唯一标识id、名称和数据值这些信息。变量内部结构示意图如图2-1所示。在Python中，变量就是变量，本质上变量是没有类型的，**所说的“类型”是变量所指的内存中对象的类型。因此，变量可以指定不同的数据类型，这些变量在不同时候可以存储整数、浮点数或字符串等。**

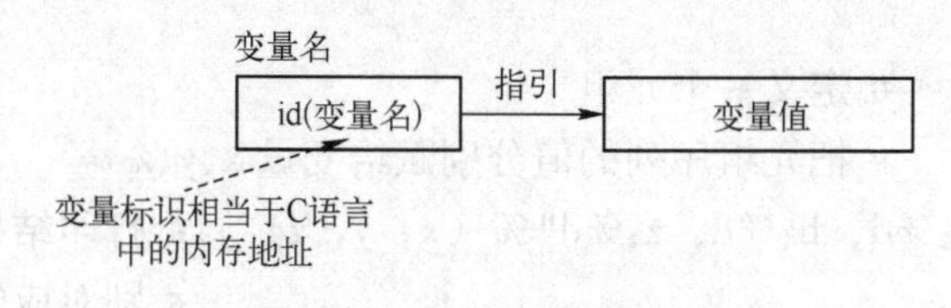

图2-1　变量内部结构示意图

1. 变量赋值

每个变量在内存中的创建，都包括变量的标识、名称和数据值这些信息。每个变量在使用前都必须赋值，变量赋值以后该变量才会被创建。一个变量可以通过赋值指向不同类型的对象。

等号（=）用来给变量赋值。等号（=）运算符左边是一个变量名，右边是存储在变量中的值。例如：

```
counter = 100       # 赋整型值
```

```
miles=1000.0    # 赋浮点型值
name="John"     # 赋字符串值
```

Python 中一次新的赋值，将创建一个新的变量。即使变量的名称相同，变量的标识也不同。例如：

```
x=1                  # 变量赋值定义一个变量 x
print(id(x))         # 打印变量 x 的标识
print(x+5)           # 使用变量
x=2                  # 变量再赋值定义一个新变量 x
print(id(x))         # 此时的变量 x 已经是一个新的变量
print(x+5)           # 名称相同,但是使用的是新的变量 x
x='hello Python'     # 变量继续赋值再定义一个新变量 x
print(id(x));print(x)
```

此时，x 又将成为一个新的变量，而且变量类型也由于所赋值的数据类型改变而发生改变。

此处，id()为 Python 的内置函数，对象的唯一标识整型值。关于 id()内置函数的用法可参阅 Python 的帮助文档。

如果变量没有赋值，Python 将认为该变量不存在。如：

```
>>> print(y)
Traceback (most recent call last):
File"<stdin>",line 1,in<module>
NameError: name 'y' is not defined
```

2. 多个变量同时赋值

Python 可以同时为多个变量赋值，如：a,b,c=1,2,"john"，表示两个整型对象 1 和 2 分配给变量 a 和 b，字符串对象"john"分配给变量 c。

又如：a=b=c=1 语句，创建一个整型对象其值为 1，3 个变量被分配引用到相同的内存空间上。

又如：
```
a=(1,2,3)     # 定义一个元组
x,y,z=a       # 把元组序列的值分别赋给变量 x、y、z
print (" a :%d, b:%d, z:%d" % (x, y, z)) # 打印结果，x, y, z 按顺序分
                                          # 别对应%d
```

【例 2-1】体会变量间的相互赋值。

说明：Python 变量赋值与 C 语言等高级语言的变量赋值不同，Python 变量赋值后变量获得赋值语句右部的常量、变量或表达式值的引用，赋值变量就成为相应类型的变量，并具有相应类型的值。

```
# coding:gbk                # 说明:本指令后续程序往往省略
a=0;b=322;d=0;x=3.14;y=8.88;c1='k';c2='a';
a=y;                        # a 赋值前是整型变量整型值,赋值后是浮点类型浮点值
print("a=%f" % a);          # a=8.880000
```

```
x=b;                    # x 赋值前是浮点型有浮点值,赋值后是整型变量整型值
print("x=%d"% x);       # x=322
d=c1;                   # d 赋值前是整型变量整型值,赋值后是字符串型字符串值
print("d=%s"% d);       # d=k
c2=b;                   # c2 赋值前是字符串型字符串值,赋值后是整型变量整型值
print("c2=%d"% c2);     # c2=322
```

3. 下画线（_）开始的特殊变量

Python 用下画线作为变量前缀和后缀指定特殊变量。

1）_xxx 变量名_xxx 被看作是“私有的”，在模块或类外不可以使用。当变量是私有的时候，用_xxx 来表示变量是很好的习惯。_xxx 变量是不能用'from module import * '导入的。在类中“单下画线”开始（_foo）的成员变量或类属性叫作保护变量，意思是只有类对象和子类对象自已能访问到这些变量。

2）__xxx 类中的私有变量名。“双下画线”开始（__foo）的是私有成员变量，意思是只有类对象自已能访问，连子类对象也不能访问到这个数据。

3）__xxx__ xxx 为系统定义名字。以双下画线开头和结尾的（__foo__）代表 Python 里特殊方法专用的标识，如__init__(self,...)代表类的构造函数。这样的系统特殊方法还有许多，如：__new__(cls[,...])、__del__(self)、__str__(self)、__lt__(self,other)、__getitem__(self,key)、__len__(self)、__repr__(s)、__cmp__(s,o)、__call__(self, *args)等。

注意：避免用下画线作为一般变量名的开始。

2.1.3 数值（numerics）

Python 3 支持 int、float、bool、complex 等数值类型。**数值类型是不可改变的数据类型，这意味着改变数值会分配创建一个新的对象。**

数值类型的赋值和计算都是很直观的，就像大多数语言一样。内置的 type（）函数可以用来查询变量所指的对象类型。

```
>>> a,b,c,d=20,5.5,True,4+3j
>>> print(type(a),type(b),type(c),type(d))
<class 'int'><class 'float'><class 'bool'><class 'complex'>
```

变量赋值可以理解为是对变量数值对象的引用，为此也可以使用 del 语句删除对象的引用，这样变量就因没定义、不存在而不能使用了。

del 语句的语法：**del var1[,var2[,var3[...,varN]]]**

例如：del a,b # 这样 a,b 就不能使用了

下面是基本的数值运算情况：

```
>>> 5+4        # 加法,结果为 9
>>> 4.3-2      # 减法,结果为 2.3
>>> 3 * 7      # 乘法,结果为 21
>>> 2 / 4      # 除法,得到一个浮点数,结果为 0.5
>>> 2 // 4     # 整除法,得到一个整数,结果为 0
```

```
>>> 17 % 3      # 取余,结果为 2
>>> 2 ** 5      # 乘方,结果为 32
```

注意：①数值的除法（/）总是返回一个浮点数，要获取整数须使用整除操作符“//”；②在混合计算时，Python 会把整型数转换为浮点数。

【例 2-2】 浮点数运算会有舍入误差。

```
# coding:gbk
a=123456.789e9;b=a+56;
print("a=%f" % a);          # a=123456789000000.000000
print("b=%f" % b);          # b=123456789000056.000000
a=123456.789e12;b=a+56;
print("a=%f" % a);          # a=123456789000000000.000000
print("b=%f" % b);          # b=123456789000000064.000000 # 产生舍入误差
if 1/3 * 3==0.9999999999999999:
    print("1.0/3 * 3<>1"); # 1./3 * 3<>1 # 说明浮点数运算有误差
```

说明：从运行结果看，数值超出有效数字位数，则会产生误差。

2.1.4 字符串（str）

字符串是一系列的字符序列，Python 中用单引号（''）、双引号（""）、3 个单引号（''''''）或 3 个双引号（""""""）来表示字符串常量。同时可使用反斜杠（\）转义特殊字符（见转义符表 1-1）。

```
>>> s='Yes,he doesn\'t'
>>> print(s,type(s),len(s))          # Yes,he doesn't <class 'str'> 14
>>> "doesn't"                        # "doesn't"
>>> '"Yes,"he said.'                 # '"Yes,"he said.'
>>> "\"Yes,\"he said."               # '"Yes,"he said.'
>>> '"Isn\'t,"she said.'             # '"Isn\'t,"she said.'
```

如果字符串包含单引号但不含双引号，则字符串会用双引号括起来，否则用单引号括起来。对于这样输入的字符串，print() 函数会产生更易读的输出形式。

1. 转义字符的使用

如果不需要反斜杠发生转义，可以在字符串前面添加一个 r，表示原始字符串：

```
>>> print('C:\some\name')
```

其输出如下：

```
C:\some
ame
```

而

```
>>> print(r'C:\some\name')
```

其输出如下：

```
# C:\some\name
```

【例 2-3】转义字符的使用。

```
print("ab   c\tde\rf\n");        # fab   c   de   # 注意\t,\r,\n,\b 的含义
print("hijk\tL\bM\n");           # hijk       M    #\b 退格后删除 L
```

另外，反斜杠可以作为续行符，表示下一行是上一行的延续。还可以使用"""..."""或者'''...'''跨越多行。

```
>>> s='First line. \nSecond line. '       # \n 意味着新行
>>> s                                      # 不使用 print(),\n 包含在输出中
```

其输出如下：

```
'First line. \nSecond line. '
```

而

```
>>> print(s)                               # 使用 print(),\n 输出一个新行
```

其输出如下：

```
First line.
Second line.
```

以下使用反斜线（\）来续行：

```
>>> hello="This is a rather long string containing\n\
... several lines of text just as you would do in C. \n\
...       Note that whitespace at the beginning of the line is\
... significant."
>>> hello                  # 其中的换行符仍然要使用\n 表示,反斜杠后的换行符被丢弃了
```

输出结果：

```
This is a rather long string containing\nseveral lines of text just as you would do in C. \n Note that
whitespace at the beginning of the line is significant.
```

```
>>>print(hello)  # 产生换行效果
```

输出结果：

```
This is a rather long string containing
several lines of text just as you would do in C.
      Note that whitespace at the beginning of the line is significant.
```

使用 3 个双引号时，换行符不需要转义，它们会包含在字符串中。以下的例子只使用了一个转义符（\），避免在最开始产生一个不需要的空行。

```
print("""\
Usage: thingy[OPTIONS]
```

```
    -h      Display this usage message
    -H hostname      Hostname to connect to
""")
```

其输出如下：

```
Usage: thingy[OPTIONS]
    -h      Display this usage message
    -H hostname      Hostname to connect to
```

2. 字符串的连接

字符串可以使用+运算符串连接在一起，或者用*运算符进行重复。

```
>>> print('str'+'ing','my'*3)   # string mymymy
>>> 'str''ing'                  # 'string'#   这样操作正确
>>> 'str'.strip()+'ing'         # 'string'#   这样操作正确
>>> 'str'.strip()'ing'          #  #  这样操作错误
```

3. 字符串的索引

Python 中的字符串有两种索引方式，第一种是从左往右，从 0 开始依次增加；第二种是从右往左，从-1 开始依次减少。

```
 +---+---+---+---+---+
 | H | e | l | l | o |
 +---+---+---+---+---+
 0   1   2   3   4   5
-5  -4  -3  -2  -1
```

第一行的数字 0~5 给出了字符串中索引的位置；第二行给出了相应的负数索引。分切部分从 i 到 j 分别由在边缘被标记为 i 和 j 的全部字符组成。

注意：Python 没有单独的字符类型，一个字符就是长度为 1 的字符串。

```
>>> word='Python'
>>> print(word[0],word[5])    # P n
>>> print(word[-1],word[-6])  # n P
```

还可以对字符串进行分切，获取一段子串。用冒号分隔两个索引，形式：

变量[头下标:尾下标]

截取的范围是前闭后开，并且两个索引都可以省略。默认的第一个索引为 0，第二个索引默认为字符串可以被分切的长度。

```
>>> word='ilovePython'
>>> word[1:5]        # 'love'
>>> word[:]          # 'ilovePython'
>>> word[:2]         # 'il'  #前两个字符
>>> word[5:]         # 'Python'
>>> word[-10:-6]     # 'love'
```

Python 中的字符串不能改变。向一个索引位置赋值，比如 word[0]='m'会导致错误。然而，用组合内容的方法来创建新的字符串是简单高效的：

```
>>> 'I'+word[1:]   # 'IlovePython'
```

在分切操作字符串时，有一个很有用的规律：s[:i]+s[i:]等于 s。

对于有偏差的分切索引的处理方式规定：一个过大的索引将被字符串的实际大小取代，当上限值小于下限值时，将返回一个空字符串。

```
>>> word[1:100]  # 'lovePython'
>>> word[20:]       #  # 返回空字符串
>>> word[2:1]       #  # 返回空字符串
```

在索引中可以使用负数，这将会从右往左计数。例如：

```
>>> word[-1]       # 'n'# 最后一个字符
>>> word[-2]       # 'o'# 倒数第二个字符
>>> word[-2:]      # 'on'# 最后两个字符
```

但要注意，-0 和 0 完全一样，所以 -0 不会从右开始计数。

```
>>> word[-0]   # 'i'   #(因为 -0 等同于 0)
```

超出范围的负数索引会被截去多余负数表示的部分，但不能在一个单元素索引（非分切索引）中使用负数索引：

```
>>> word[-100:]  # 'ilovePython'
>>> word[-10:5]  # 'love'   # 分别由负数索引-10 与正数索引 5 所分切的部分
>>> word[-10]      # 错误
```

对于非负数分切部分，如果索引都在有效范围内，分切部分的长度就是索引的差值。例如，word[1:3]的长度是 2。

内置的函数 len()用于返回一个字符串的长度：

```
>>> len(word)  # 11
```

注意：

1）反斜杠可以用来转义，使用 r 可以让反斜杠不发生转义。

2）字符串可以用+运算符连接在一起，用 * n 运算符重复 n 次。

3）Python 中的字符串有两种索引方式，从左往右以 0 开始，从右往左以-1 开始。

4）Python 中的字符串不能改变。

2.1.5 列表（list）

列表（list）是 Python 中使用最频繁的数据类型。列表是方括号（[ ]）中、用逗号分隔开的元素列表。**列表中元素的类型可以不相同**。列表可以完成大多数集合类的数据结构实现。它支持字符、数字、字符串，甚至可以包含列表（所谓嵌套），是 Python 最通用的复合数据类型。

列表中值的分割（或分片、分切、切片）可以用“**列表变量[头下标:尾下标:步长]**”来截取相应的列表。从左到右索引默认 0 开始，从右到左索引默认-1 开始，下标为空，表示取到头或尾。

```
>>> a=['him',25,100,'her']
>>> print(a)                          #['him',25,100,'her']
```

1）和字符串一样，列表同样可以被索引和切片，列表被切片后返回一个包含所含元素的新列表。首先设列表内容：Array=[2,3,9,1,4,7,6,8]。

这个是一个数字列表　[2,3,9,1,4,7,6,8]

从前面开始的索引号依次为 0,1,2,3,4,5,6,7,称为前面序号。

从后面开始的索引号依次为-8,-7,-6,-5,-4,-3,-2,-1,称为后面序号。

```
>>> Array[0:]          #切片从前面序号“0”开始到结尾,包括“0”位
```

结果为：[2,3,9,1,4,7,6,8]

```
>>> Array[:-1]         #切片从后面序号“-1”到最前,不包括“-1”位
```

结果为：[2,3,9,1,4,7,6]

```
>>> Array[3:-2]        #切从前面序号“3”开始(包括)到从后面序号“-2”结束(不包括)
```

结果为：[1,4,7]

```
>>> Array[3::2]        #从前面序号“3”(包括)到最后,其中分隔为“2”
```

结果为：[1,7,8]

```
>>> Array[::2]         #从整列表中切出,分隔为“2”
```

结果为：[2,9,4,6]

```
>>> Array[3::]         #从前面序号“3”开始到最后,没有分隔
```

结果为：[1,4,7,6,8]

```
>>> Array[3::-2]       #从前面序号“3”开始,往回数第 2 个,因为分隔为“-2”
```

结果为：[1,3]

```
>>> Array[-1]          #8 #此为切出最后一个
>>> Array[::-1]        #此为倒序
```

结果为：[8,6,7,4,1,9,3,2]

2）加号（+）是列表连接运算符，星号（*）是重复操作。

```
>>> a=[1,2,3,4,5]
>>> a+[6,7,8]   #[1,2,3,4,5,6,7,8]
>>> a*2         #[1,2,3,4,5,1,2,3,4,5]
```

3）与 Python 字符串不一样的是，列表中的元素是可以改变的。

```
>>> a=[1,2,3,4,5,6]          # 赋值
>>> a[0]=9                   # 元素赋值改变
>>> a[2:5]=[13,14,15]        # 区段赋值改变
>>> a                        # [9,2,13,14,15,6]
>>> a[2:5]=[]                # 删除
>>> a                        # [9,2,6]
```

list 内置了有很多方法，例如 append()、pop()等，这在后面会讲到。

注意：

1）list 写在方括号之间，元素用逗号隔开。

2）和字符串一样，list 可以被索引和切片。

3）**list 中的元素是可以改变的。**

2.1.6 元组（tuple）

元组（tuple）与列表类似，**不同之处在于元组的元素不能修改**。元组写在小括号"()"中，元素之间用逗号隔开。元组中的元素类型可以不同：

```
>>> a=(1991,2014,'physics','math')
>>> print(a,type(a),len(a))
```

结果为：(1991,2014,'physics','math') <class 'tuple'> 4

元组与字符串类似，可以被索引且下标索引从 0 开始，也可以进行截取/切片。其实，可以把字符串看作一种特殊的元组。

```
>>> tup=(1,2,3,4,5,6)
>>> print(tup[0],tup[1:5])   # 1 (2,3,4,5)
>>> tup[0]=11                # 修改元组元素的操作是非法的
```

虽然 tuple 的元素不可改变，但它可以包含可变的对象，比如 list 列表。

构造包含 0 个或 1 个元素的 tuple 是个特殊的问题，所以有一些额外的语法规则：

```
tup1=()       # 空元组
tup2=(20,)    # 一个元素,需要在元素后添加逗号
```

另外，元组也支持用+操作符：

```
>>> tup1,tup2=(1,2,3),(4,5,6)  # 同时赋值
>>> print(tup1+tup2)           # +操作合并一起
```

结果为：(1,2,3,4,5,6)

注意：

1）与字符串一样，元组的元素不能修改。

2）元组也可以被索引和切片，方法一样。

3）注意构造包含 0 或 1 个元素的元组的特殊语法规则。

4）元组也可以使用+操作符进行合并。

2.1.7 集合（set）

set 是一个无序不重复元素的集合，基本功能是进行成员关系测试和消除重复元素。可以使用大括号 或者 set()函数创建 set 集合。

注意：创建一个空集合必须用 set()，而不是{}，因为{}是用来创建一个空字典的。

```
>>> student={'Tom','Jim','Mary','Tom','Jack','Rose'}
>>> print(student)                          # 重复的元素被自动去掉
```

结果为：{'Mary','Jim','Tom','Rose','Jack'}

```
>>> 'Rose' in student                       # True  # 成员测试
>>> a=set('abracadabra')                    # set 集合运算,先赋值
>>> b=set('alacazam')
```

结果为：a 为{'a','b','c','d','r'}，b 为{'c','z','l','m','a'}，则：

```
>>> a-b  # {'b','d','r'}                    # a 和 b 的差集
>>> a|b  # {'l','m','a','b','c','d','z','r'}  # a 和 b 的并集
>>> a & b  # {'a','c'}                      # a 和 b 的交集
>>> a ^ b  # {'l','m','b','d','z','r'}      # a 和 b 中不同时存在的元素
```

2.1.8 字典（dict）

字典（dictionary，dict）是 Python 中非常有用的内置数据类型。**字典是一种映射类型（mapping type），它是一个无序的“键：值”对集合。键（也称为关键字）必须使用不可变类型**，也就是说 list 和包含可变类型的 tuple 不能作为关键字。在同一个字典中，关键字还必须互不相同。列表是有序的对象集合，字典是无序的对象集合。字典用“{}”来标识。字典中元素是通过键来存取的，而不是通过偏移存取。

```
>>> dic={}                    # 创建空字典
>>> tel={'Jack':1557,'Tom':1320,'Rose':1886}
>>> tel
```

结果为：{'Tom': 1320,'Jack': 1557,'Rose': 1886}

```
>>> tel['Jack']               # 1557 # 主要的操作:通过 key 查询
>>> del tel['Rose']           # 删除一个键值对
>>> tel['Mary']=4127          # 添加一个键值对
>>> tel
```

结果为：{'Tom': 1320,'Jack': 1557,'Mary': 4127}

```
>>> list(tel.keys())          # 返回所有 key 组成的 list
```

结果为：['Tom','Jack','Mary']

```
>>> sorted(tel.keys())        # 按 key 排序
```

结果为：['Jack','Mary','Tom']

```
>>> 'Tom' in tel                  # True # 成员测试
>>> 'Mary' not in tel             # False # 成员测试
```

构造函数 dict()直接从键值对 sequence 中构建字典，当然也可以进行推导，如下：

```
>>> dict([('sape',4139),('guido',4127),('jack',4098)])
```

结果为：{'jack': 4098,'sape': 4139,'guido': 4127}

```
>>> {x: x**2 for x in (2,4,6)}   # {2: 4,4: 16,6: 36}
>>> dict(sape=4139,guido=4127,jack=4098)
```

结果为：{'jack': 4098,'sape': 4139,'guido': 4127}

另外，字典类型也有一些内置的函数，例如 clear()、keys()、values()等。

注意：

1）字典是一种映射类型，它的元素是键值对。

2）字典的关键字必须为不可变类型，且不能重复。

3）创建空字典使用{}。

2.1.9 数据类型转换

有时候，需要对数据类型进行转换。数据类型的转换，只需要将数据类型作为函数名即可。表 2-1 所示的内置函数可以执行数据类型之间的转换。这些函数返回一个新的对象，表示转换的值。

表 2-1 类型转换函数

函数	说明
int(x[,base])	将 x 转换为一个整数
long(x[,base])	将 x 转换为一个长整数
float(x)	将 x 转换到一个浮点数
complex(real[,imag])	创建一个复数
str(x)	将对象 x 转换为字符串
repr(x)	将对象 x 转换为表达式字符串
eval(str)	计算在字符串中的有效表达式并返回一个对象
tuple(s)	将序列 s 转换为一个元组
list(s)	将序列 s 转换为一个列表
set(s)	转换为可变集合
dict(d)	创建一个字典。d 必须是一个序列（key,value）元组
frozenset(s)	转换为不可变集合
chr(x)	将一个整数转换为一个字符
unichr(x)	将一个整数转换为 Unicode 字符
ord(x)	将一个字符转换为它的整数值
hex(x)	将一个整数转换为一个十六进制字符串
oct(x)	将一个整数转换为一个八进制字符串

2.2 运算符与表达式

Python 语言同样有高级语言中常用到的运算符。表达式是将不同类型的数据（常量、变量、函数）用运算符按照一定的规则连接起来的式子。下面分别介绍运算符、表达式及其相关知识。

2.2.1 运算符

Python 语言支持以下类型的运算符：**算术运算符、比较（关系）运算符、赋值运算符、逻辑运算符、位运算符、成员运算符、身份运算符。**

（1）算术运算符

表 2-2 所示的算术运算符中，假设变量 a 为 10，变量 b 为 20。

表 2-2 算术运算符

名称	运算符	说　明	算术表达式	运行结果
加	+	两个对象相加	a + b	30
减	-	得到负数或是一个数减去另一个数	a - b	-10
乘	*	两个数相乘或是返回一个被重复若干次的字符串	a * b	200
除	/	x 除以 y	b / a	2
模	%	返回除法的余数	b % a	0
幂	**	返回 x 的 y 次幂	a**2	100
整除	//	返回商的整数部分	9//2	4
			9.0//2.0	4.0

+，-，* 和/等算术运算符和在许多其他语言（如 Pascal 或 C 语言）里一样；括号可以为运算分组。有了这些运算符，Python 解释器可以作为一个简单的计算器，在其中输入一个表达式，它将输出表达式的值。例如：

```
>>> 2+2             # 4
>>> 50-5*6          # 20
>>> (50-5*6)/4      # 5.0
>>> 8/5             # 1.6  # 总是返回一个浮点数
```

注意：在不同的机器上，浮点运算的结果可能会不一样。

在整数除法中，除法（/）总是返回一个浮点数，如果只想得到整数的结果，丢弃可能的分数部分，可以使用运算符//：

```
>>> 17 / 3     # 5.666666666666667  # 整数除法返回浮点型,15~16 位有效数位
>>> 17 // 3    # 5  #整数除法返回向下取整后的结果
>>> 17 % 3     # 2 # %操作符返回除法的余数
>>> 5*3+2      # 17
```

等号（'='）用于给变量赋值。赋值后给出下一个提示符，解释器不会显示任何结果。

```
>>> width=20
>>> height=5*9
>>> width*height   # 900
```

Python 可以使用**操作来进行幂运算：

```
>>> 5**2   # 25 # 5 的平方
>>> 2**7   # 128 # 2 的 7 次方
```

变量在使用前必须通过“赋值来获得定义”（即赋予变量一个值），否则会出现错误：

```
>>> n # 尝试访问一个未定义的变量
Traceback (most recent call last):
  File"<stdin>",line 1,in <module>
NameError: name 'n' is not defined
```

不同类型的数混合运算时会将整数转换为浮点数：

```
>>> 3*3.75 / 1.5   # 7.5
>>> 7.0 / 2        # 3.5
```

在交互模式中，最后被输出的表达式结果被赋值给变量“_”。这样用户在把 Python 作为一个桌面计算器使用时，可使后续计算更方便，例如：

```
>>> tax=12.5 / 100
>>> price=100.50
>>> price*tax      # 12.5625
>>> price+_        # 113.0625  # 100.50+12.5625 的结果
>>> round(_,2)     # 113.06
```

此处，“_”变量应被用户视为只读变量。不要显式地给它赋值，若显式对“_”变量赋值，将会创建一个具有相同名称的独立的本地“_”变量，并且屏蔽了这个内置变量的功能。

【例 2-4】整数整除与求余示例。

```
print("%d,%d,%d,%d"%(20//7,-20//7,20//-7,-20//-7));    # 2,-3,-3,2 # 整除
print("%d,%d,%d,%d"%(20%7,-20%7,20%-7,-20%-7));        # 6,1,-1,-6 # 求余
print("%f,%f,%f,%f"%(20.0/7,-20.0/7,20./-7,-20./-7));  # 浮点相除
```

最后输出的结果：2.857143，-2.857143，-2.857143，2.857143

（2）关系运算符

表 2-3 所列的关系（比较）运算符中，假设变量 a 为 10，变量 b 为 20。

表 2-3 关系运算符

名称	运算符	说明	关系表达式	运行结果
等于	==	比较对象是否相等	a==b	False
不等于	!=	比较两个对象是否不相等	a!=b	True
不等于	<>	比较两个对象是否不相等，这个运算符类似！= 说明：在 Python 2.x 版本才可用	a<>b	True

（续）

名称	运算符	说　明	关系表达式	运行结果
大于	>	返回 x 是否大于 y	a>b	False
小于	<	返回 x 是否小于 y	a<b)	True
大于或等于	>=	-返回 x 是否大于或等于 y	a>=b)	False
小于或等于	<=	返回 x 是否小于或等于 y	a <=b	True

注意：所有关系运算符返回 1 表示真，返回 0 表示假。这与特殊的变量 True 和 False 等价。还需要注意 True 和 False 的字母大小写。

以下演示 Python 中等于关系运算符的操作：

```
a=21;b=10;
if (a==b):
    print("a is equal to b")
else:
    print("a is not equal to b")
```

输出结果：a is not equal to b

（3）赋值运算符

表 2-4 所列的赋值运算符中，假设变量 a 为 10，变量 b 为 20。

表 2-4　赋值运算符

运算符	说　明	复合赋值语句及其等效性
=	简单的赋值运算符	c=a+b 将 a+b 的运算结果赋值为 c
+=	加法赋值运算符	c+=a 等效于 c=c+a
-=	减法赋值运算符	c-=a 等效于 c=c-a
*=	乘法赋值运算符	c*=a 等效于 c=c*a
/=	除法赋值运算符	c/=a 等效于 c=c/a
%=	取模赋值运算符	c%=a 等效于 c=c%a
**=	幂赋值运算符	c**=a 等效于 c=c**a
//=	取整除赋值运算符	c//=a 等效于 c=c//a

以下示例演示 Python 中赋值运算符的操作：

```
a=21;b=10;c=0;
c=a+b; print("Value of c is",c)      # Value of c is 31
c+=a;  print("Value of c is",c)      # Value of c is 52
c*=a; print("Value of c is",c)       # Value of c is 1092
c/=a;  print("Value of c is",c)      # Value of c is 52
c=2;c %=a;print("Value of c is",c)   # Value of c is 2
c**=a;print("Value of c is",c)       # Value of c is 2097152
c//=a;   print("Value of c is",c)    # Value of c is 99864
```

【例 2-5】复合赋值举例。

```
a=2;a%=4-1;          print("a=%d"%a,end=',');          # a=2,
a*=3;a-=a;a*=a;a+=a;print("a=%d"%a,end=',');  # a=0,
a=12;a-=a*a;a+=a;    print("a=%d\n"%a);               # a=-264
```

（4）位运算符

按位运算符是把整数转成二进制数来进行计算。按位运算法则如表 2-5 所示。

表 2-5　位运算符

名　称	运算符	位运算表达式	十进制结果	二进制结果（设 a 为 0011 1100，b 为 0000 1101）
按位与	&	a & b	12	0000 1100
按位或	|	a | b	61	0011 1101
按位异或	^	a ^ b	49	0011 0001
按位取反	~	~a	-61	100 0011，一个有符号二进制数的补码形式
左移动	<<	a << 2	240	1111 0000
右移动	>>	a >> 2	15	0000 1111

（5）逻辑运算符

表 2-6 所列的逻辑运算符中，假设变量 a 为 10，变量 b 为 20。

表 2-6　逻辑运算符

名称	运算符	说　明	逻辑表达式	运行结果
布尔与	and	如果 x 为 False，x and y 返回 False，否则它返回 y 的计算值	a and b	True
布尔或	or	如果 x 是 True，它返回 True，否则它返回 y 的计算值	a or b	True
布尔非	not	如果 x 为 True，返回 False。如果 x 为 False，它返回 True	not(a and b)	False

以下示例演示 Python 中逻辑运算符的操作：

```
a=10;b=20;c=0;
if (a and b):
  print("a and b are True")   # a and b are True
else:
  print("Either a is not True or b is not True")
if (a or b): print("Either a is True or b is True or both are True")   # a or b are True
else: print("Neither a is True nor b is True")
a=0
if (a and b): print("a and b are True")   # a and b are False
else: print("Either a is not True or b is not True")
if (a or b):print("Either a is True or b is True or both are True")   # a or b are True
else: print("Neither a is True nor b is True")
if not(a and b): print("a and b are False")   # not(a and b)are True
else: print("a and b are True")
```

（6）成员运算符

除了以上的一些运算符之外，Python 还支持表 2-7 中所列的成员运算符，表示成员是否在某序列中。

以下示例演示 Python 中成员运算符的操作：

```
a=10;b=20;list=[1,2,3,4,5];
```

```
a in list          # False
b not in list  # True
a=2;a in list   # True
```

表 2-7　成员运算符

运算符	说　明	表达式	运行结果
in	如果在指定的序列中找到值返回 True，否则返回 False	x in y	x 在 y 序列中，如果 x 在 y 序列中返回 True
not in	如果在指定的序列中没有找到值返回 True，否则返回 False	x not in y	x 不在 y 序列中，如果 x 不在 y 序列中返回 True

(7) 身份运算符

身份运算符用于比较两个对象的存储单元是否相同，见表 2-8。

表 2-8　身份运算符

运算符	说　明	表达式	运 行 结 果
is	is 是判断两个标识符是否引用自同一个对象	x is y	如果 id(x)等于 id(y)，返回结果 True，否则为 False
is not	is not 是判断两个标识符是否引用自不同对象	x is not y	如果 id(x)不等于 id(y). 返回结果 True，否则为 True

以下示例演示 Python 中身份运算符的操作：

```
a=20;b=20;
if (a is b): print("a and b have same identity")               # a is b is True
else: print("a and b do not have same identity")
if (id(a)==id(b)): print("a and b have same identity")        # id(a)==id(b)is True
else: print("a and b do not have same identity")
b=30
if (a is b): print("a and b have same identity")
else: print("a and b do not have same identity")               # a is b is False
if (a is not b): print("a and b do not have same identity")   # a is not b is True
else: print("a and b have same identity")
```

2.2.2　优先级

表 2-9 给出 Python 的运算符优先级，从最低的优先级（最松散地结合）到最高的优先级（最紧密地结合）。这意味着在一个表达式中，Python 会首先计算表中较下面的运算符，然后再计算列在表上部的运算符。

另外，小括号可以改变优先级，有括号的情况优先计算括号中的表达式。

表 2-9　运算符优先级（由低到高）

运 算 符	描　　述
lambda	Lambda 表达式
or	布尔“或”
and	布尔“与”
not x	布尔“非”（右结合）

（续）

运 算 符	描 述
in、not in	成员测试
is、is not	同一性测试
=、%=、/=、//=、-=、+=、*=、**=	赋值运算符（=右结合）
<、<=、>、>=、!=、==、<>	比较
|	按位或
^	按位异或
&	按位与
<<、>>	移位
+、-	加法与减法
*、/、%、//	乘法、除法、取余与取整除
+x、-x	正负号（右结合）
~x	按位翻转（右结合）
**	指数（右结合）
x. attribute	属性参考
x[index]	下标
x[index:index]	寻址段
f(arguments...)	函数调用
(experession,...)	绑定或元组显示
[expression,...]	列表显示
{key:datum,...}	字典显示
{expression,...}	集合显示

其中还没有接触过的运算符将在后面的章节中介绍。在表中列在同一行的运算符具有相同优先级。例如，+和-有相同的优先级。以下示例演示运算符优先级的操作：

```
a=20;b=10;c=15;d=5;e=0;e=(a+b) * c / d
print("Value of (a+b) * c / d is",e)                    #(30 * 15)/ 5=90.0
print("Value of ((a+b) * c)/ d is",((a+b) * c)/ d)      #(30 * 15)/ 5=90.0
print("Value of (a+b) * (c / d)is",(a+b) * (c / d))     #(30) * (15/5)= 90.0
print("Value of a+(b * c)/ d is",a+(b * c)/ d)          #20+(150/5)= 50.0
```

2.2.3 表达式与结合性

表达式是将不同类型的数据（常量、变量、函数）用运算符按照一定的规则连接起来的式子。因此，表达式由值、变量和运算符等组成。

Python 运算符通常由左向右结合，即具有相同优先级的运算符按照从左向右的顺序计算。例如，2+3+4 被计算成(2+3)+4。

一些运算符（如赋值运算符）是由右向左结合的，即 a=b=c 被处理为 a=(b=c)。

2.2.4 常用内置函数

Python 解释器有如表 2-10 所示的有效可用的内置函数。函数的具体含义与使用参考等参考 Python 官网帮助文档（**注意**：Python 2. x 与 Python 3. x 内置函数稍有不同）。

表 2-10　Python 3. x 内置函数

Built-in Functions（系统内置函数）				
abs()	dict()	help()	min()	setattr()
all()	dir()	hex()	next()	slice()
any()	divmod()	id()	object()	sorted()
ascii()	enumerate()	input()	oct()	staticmethod()
bin()	eval()	int()	open()	str()
bool()	exec()	isinstance()	ord()	sum()
bytearray()	filter()	issubclass()	pow()	super()
bytes()	float()	iter()	print()	tuple()
callable()	format()	len()	property()	type()
chr()	frozenset()	list()	range()	vars()
classmethod()	getattr()	locals()	repr()	zip()
compile()	globals()	map()	reversed()	__import__()
complex()	hasattr()	max()	round()	
delattr()	hash()	memoryview()	set()	

系统内置函数的基本使用示例如下：

```
abs(-3);abs(-3.14);abs(complex(1,-2));          # 3 3.14 2.23606797749979
bin(3);bin(-10);                                # '0b11' '-0b1010'转换为二进制
chr(32);chr(97);chr(22909);                     #' ' 'a' '好'
```

Unicode 码转成 Unicode 字符（串）。另外，**ord()是与 chr()对应相反的函数。**

```
x=100;y=200;
eval('x+y**2')                                  # 40100
```

eval()是字符串内表达式计算。

```
float('+1.23');float('   -12345\n');float('1e-003');
```

结果分别为：1.23　-12345.0　0.001。
类似的类型转换函数有：int(),str(),complex()等。

```
s=input('-->')
-->Monty Python's Flying Circus
```

s 为"Monty Python's Flying Circus"

```
len('12345');len([1,2,3,4,5]);len((1,2,3,4,5));len(range(1,6));
len({1,2,3,4,5});len({1:'a',2:'b',3:'c',4:'d',5:'e'});
```

结果都是 5。

```
oct(8);oct(-56);# '0o10' '-0o70'
```

oct()转为八进制数，hex()转为十六进制数。

```
a=[5,2,3,1,4]
a.sort()
```

排序后 a 为[1,2,3,4,5]。

2.3 基本输入与输出

完整的程序一般都要用到输入和输出功能。

1. 输出到屏幕

(1) print

用 print 加上字符串，就可以向屏幕上输出指定的文字。比如输出'hello,world'的代码：

```
>>> print('hello,world')
```

print 语句也可以跟上多个字符串或表达式，用逗号“,”隔开，就可以连成一串一起输出：

```
>>> print('The quick brown fox','jumps over','the lazy dog')
```

输出结果如下：

```
The quick brown fox jumps over the lazy dog
```

print 会依次打印每个字符串，遇到逗号“,”会输出一个空格。

print 也可以打印输出整数或者表达式计算结果：

```
>>> print(300)          # 300
>>> print(100+200)      # 300
```

还可以把计算 100+200 的结果打印得更清晰易读些：

```
>>> print('100+200=',100+200)          # 100+200=300
```

或如下：

```
>>> print('100+200=%d' % 100+200)     # 100+200=300
```

注意：对于 100+200，Python 解释器自动计算出结果 300，但是，'100+200='是字符串而非数学公式，Python 把它视为字符串，将其原样打印输出。

(2) 格式化输出值

如果希望输出的形式更加多样，可以使用 str.format()函数来格式化输出值。

str.format()的基本使用如下：

```
>>> print('We are the {} who say"{}!"'.format('knights','Ni'))
We are the knights who say"Ni!"
```

在括号中的数字用于指向传入对象在 format()中的位置，如下所示：

```
>>> print('{0} and {1}'.format('spam','eggs'))   # spam and eggs
>>> print('{1} and {0}'.format('spam','eggs'))   # eggs and spam
```

位置及关键字参数可以任意的结合：

```
>>> print('The story of {0},{1},and {other}.'.format('Bill','Manfred',
other='Georg'))
```

```
The story of Bill,Manfred,and Georg.
```

如果希望将输出的值转成字符串，可以使用 repr()或 str()函数来实现。

可以使用 rjust()—右对齐、ljust()—左对齐和 center()—居中，来控制输出对齐。方法 zfill()会在数字的左边填充 0，如：

```
>>> '12'.zfill(5)   # '00012'
```

'! a'(使用 ascii())、'! s'(使用 str())和 '! r'(使用 repr())可以在格式化某个值之前对其进行转化：

```
>>> import math
>>> print('The value of PI is approximately {}.'.format(math.pi))
The value of PI is approximately 3.14159265359.
```

则输出：

```
>>> print('The value of PI is approximately {!r}.'.format(math.pi))
```

则输出：

```
The value of PI is approximately 3.141592653589793.
```

% 操作符也可以实现字符串格式化。它将左边的参数作为类似 sprintf()的格式化字符串，而将右边的代入，然后返回格式化后的字符串。例如：

```
>>> import math
>>> print('The value of PI is approximately %5.3f.' % math.pi)
```

则输出：

```
The value of PI is approximately 3.142.
```

2. 键盘输入

现在已经可以用 print 输出程序运行结果了。但是，如果要让用户从计算机输入一些字符或数字怎么办？Python 提供了 **raw_input（仅用于 Python 2.x）**、input 两个内置函数，可以从标准输入设备（如键盘）进行输入或读取。用户可以输入数值或字符串，并存放到相应的变量中。

（1）raw_input 函数

raw_input([prompt])函数从标准输入读取一个行，并返回一个字符串（不含换行符）：

```
str=raw_input("请你输入:");  # 注意 Python 3.6 中已不用 raw_input()了
print("你输入的内容是:",str)
```

在屏幕上显示提示字符串“请你输入：”时，输入"Hello Python!"，它的输出如下：

```
你输入的内容是：Hello Python!
```

（2）input 函数

input([prompt])函数和 raw_input([prompt])函数格式基本相同。

比如输入用户的名字：

```
>>> name=input()
Michael
```

当输入 name=input()并按〈Enter〉键后，Python 交互式命令行就在等待用户的输入了。这时，可以输入任意字符，然后按〈Enter〉键后完成输入。

输入完成后，不会有任何提示，Python 交互式命令行又回到>>> 状态了。那刚才输入的内容就存放到 name 变量了。用户可以直接输入 name 或 print()查看变量内容：

```
>>> name                # 'Michael'
>>> print(name)         # Michael
```

有了输入和输出，就可以把上次打印'hello,world'的程序改成如下的程序：

```
name=input('输入你的姓名:');print('hello,',name)
```

运行上面的程序，第一行代码会让用户输入任意字符作为自己的名字，然后存入 name 变量中；第二行代码会根据用户输入的名字向用户说 hello，比如输入 Michael：

```
C:\Python36>Python hello.py
输入你的姓名:Michael
hello,Michael
```

每次运行该程序，根据用户输入的不同姓名，输出结果也会不同。

还有注意，input()函数在 Python 2.x 与 Python 3.x 中是有所不同的。例如：

```
str=input("Input data:");print("Data is:",str);
```

运行时如下：

```
Input data: 100+200
('Data is: ',300)   # 在 Python 2.x 中,读取,经计算表达式后,得到 300
Data is: 100+200    # 在 Python 3.x 中,读取后得到 100+200,要用 eval(str)再求值
Input data:[x*5 for x in range(2,10,2)]  # 本输入格式含义见后
('Data is: ',[10,20,30,40])              # 在 Python 2.x 中的输出结果
Data is:[x*5 for x in range(2,10,2)]     # 在 Python 3.x 中的输出结果
```

2.4 应用实例

1. math 数学标准模块

下面是 math 数学标准模块中的函数及其举例。

（1）Python 数学函数（见表 2-11）

表 2-11 Python 数学函数

函　数	返回值（描述）	示　例
abs(x)	返回数字的绝对值	abs(-10)返回 10
ceil(x)	返回数字的上入整数	math.ceil(4.1) 返回 5
cmp(x, y)	返回-1, 0, 1 值	如果 x < y 返回 -1, 如果 x==y 返回 0, 如果 x > y 返回 1

（续）

函　　数	返回值（描述）	示　　例
exp(x)	返回 e 的 x 次幂（ex）	math. exp(1) 返回 2. 718281828459045
fabs(x)	返回数字的绝对值	math. fabs(-10) 返回 10. 0
floor(x)	返回数字的下舍整数	math. floor(4. 9)返回 4
log(x)	返回自然对数值	math. log(math. e)返回 1. 0
log(x,y)	返回以 y 为基数的 x 的对数值	math. log(100,10)返回 2. 0
log10(x)	返回以 10 为基数的 x 的对数	math. log10(100)返回 2. 0
max(x1, x2,...)	返回给定参数的最大值，参数可以为序列	
min(x1, x2,...)	返回给定参数的最小值，参数可以为序列	
modf(x)	返回 x 的整数部分与小数部分，两部分的数值符号与 x 相同，整数部分以浮点型表示	
pow(x, y)	x＊＊y（x 的 y 次方）运算后的值	
round(x[,n])	返回浮点数 x 的四舍五入值，n 则代表舍入到小数点后的位数	
sqrt(x)	返回数字 x 的平方根，数字可以为负数，返回类型为实数	math. sqrt(4)返回 2+0j

使用示例：

```
import math    #导入 math 模块
print("math. fabs(-45. 17):",math. fabs(-45. 17))    # math. fabs(-45. 17): 45. 17
print("math. pow(100,-2):",math. pow(100,-2))    # math. pow(100,-2): 0. 0001
print("math. sqrt(math. pi):",math. sqrt(math. pi))    # math. sqrt(math. pi):1. 77245385091
```

（2）Python 三角函数（见表 2-12）

表 2-12　Python 三角函数

函　　数	说　　明
acos(x)	返回 x 的反余弦弧度值
asin(x)	返回 x 的反正弦弧度值
atan(x)	返回 x 的反正切弧度值
atan2(y,x)	返回给定的 X 及 Y 坐标值的反正切值
cos(x)	返回 x 的弧度的余弦值
hypot(x,y)	返回欧几里得范数 sqrt(x＊x+y＊y)
sin(x)	返回的 x 弧度的正弦值
tan(x)	返回 x 弧度的正切值
degrees(x)	将弧度转换为角度,如 math. degrees(math. tan(1. 0)),返回 30. 0
radians(x)	将角度转换为弧度

（3）Python 数学常量（见表 2-13）

表 2-13　Python 数学常量

常　　量	说　　明
pi	数学常量 pi（圆周率，一般以 π 来表示）
e	数学常量 e（e 即自然常数）

使用示例：

```
import math;
```

```
print("pi :",math.pi)                              # pi : 3.141592653589793
print("e :",math.e)                                # e : 2.718281828459045
print("sin(math.pi):",math.sin(math.pi))           # sin(math.pi): 1.2246467991473532e-16
print("radians(30):",math.radians(30))             # radians(30): 0.5235987755982988
```

2. random 随机数标准模块

随机数可以用于数学、游戏、安全等领域中，还经常被嵌入到算法中，用以提高算法效率，并提高程序的安全性。Python 包含表 2-14 中所列的常用随机数函数。

表 2-14 Python 常用随机数函数

函　数	说　明
choice(seq)	从序列的元素中随机挑选一个元素，比如 random.choice(range(10))，0~9 中随机挑选一个整数
randrange ([start,]stop[,step])	从指定范围内，按指定基数递增的集合中获取一个随机数，基数默认值为 1
randint(a,b)	返回[a,b]范围（包括 a，b）的一个随机整数，等价于 randrange(a,b+1)
random()	随机生成下一个实数，它在[0,1)范围内
sample(population,k)	在种群序列或集合 population 中，返回随机选取 k 个元素的列表
seed([x])	改变随机数生成器的种子 seed。如果不了解其原理，不必特别去设定 seed，Python 会帮用户选择 seed
shuffle(lst)	将序列的所有元素随机排序
uniform(x,y)	随机生成下一个实数，它在[x,y]范围内

使用示例：

```
import random
print("choice([1,2,3,5]):",random.choice([1,2,3,5]))   # choice([1,2,3,5]):5
print("choice('String'):",random.choice('String'))       # choice('String'):n
print("[0,1)间随机数为:",random.random())
```

结果为：[0,1)间随机数为：0.05701773692696488

```
list=[20,16,10,5];random.shuffle(list);
print("重新洗牌的列表:",list)
```

结果为：重新洗牌的列表:",[16,10,5,20]

```
print("随机浮点数 uniform(7,14):",random.uniform(7,14))
```

结果为：随机浮点数 uniform(7,14)：11.978279154880667

```
print(random.sample(range(10),6))                  #[4,0,6,9,5,8]  #可能的一组值
```

【例 2-6】用 random 模块来编程生成一个随机验证码。

一般随机验证码由大小写字母、数学组成，下面是生成一个随机验证码的程序。

```
import random
#生成一个 65~90(大写字母),97~122(小写字母),48~57(数字)的序列
numbers=list(range(65,91))+list(range(97,123))+list(range(48,58))
```

```
random.shuffle(numbers)                          # 把序列进行打乱
random_strs=random.sample(numbers,6)             # 得到随机取 6 个数形成的列表
code=''
for random_str in random_strs:
    code+=chr(random_str)                        # 用 for 循环转成字符串,for 循环详见下章
print(code)                                      # ov6WS3#一个随机验证码
```

3. 实践本章例题及下列应用实例

【例 2-7】给出下列关于：字符串、列表、元组、字典等的相关输出结果。

```
str="Hello World!"
print(str,str[0],str[2:5],str[2:],str*2,str+"TEST")
```

输出结果：

```
Hello World! H llo llo World! Hello World! Hello World! Hello World! TEST
List=["abcd",786,2.23,"john",70.2]
tinylist=[123,"john"]
print(List,List[0],List[1:3],List[2:],tinylist*2,List+tinylist)
Tuple=("abcd",786,2.23,"john",70.2)
tinytuple=(123,"john")
print(Tuple,Tuple[0],Tuple[1:3],Tuple[2:],tinytuple*2,Tuple+tinytuple)
```

输出结果：

```
['abcd', 786, 2.23, 'john',70.2] abcd [786,2.23] [2.23, 'john', 70.2] [123,'john', 123, '
john'] ['abcd', 786, 2.23, 'john', 70.2, 123, 'john']
Tuple=("abcd",786,2.23,"john",70.2);List=["abcd",786,2.23,"john",70.2];
Tuple[2]=1000  # 错误！元组元素不可更新
List[2]=1000   # 正确！列表元素可更新
dict={};dict["one"]="This is one";dict[2]="This is two"
tinydict={"name":"john","code":6734,"dept":"sales"}
print(dict["one"],dict[2],tinydict,tinydict.keys(),tinydict.values())
```

输出结果（分两行）：

```
This is one {'name': 'john', 'code': 6734, 'dept': 'sales'} dict_keys(['name', 'code', 'dept'])
dict_values(['john', 6734, 'sales'])
```

【例 2-8】已知 A=23456，B=56789，C=A+B，打印一个求 A、B 两数和 C 的竖式。

```
a=23456;b=56789;
print("%8d\n"%a);
print("%2c%6d\n"%('+',b));
print("%8s\n"%"--------");
c=a+b;print("%8d\n"%c);
```

运行结果：

```
   23456
+  56789
--------
   80245
```

【例 2-9】混合运算示例。

```
x=5;y=6;a=7.89;b=8.9;
c=x+a;   d=y+b;                              # 混合运算
print(c);print(d);                           # 12.89   14.9
print("x+a=%f,y+b=%f\n"%(c,d));             # x+a=12.890000,y+b=14.900000
```

【例 2-10】不借助第三个变量，通过计算的方法交换两个变量的值。

```
a=10;b=20;
print("a=%d,b=%d\n"%(a,b));                 # a=10,b=20
a+=b;                                        # 此时,a 是 a+b 的值 30
b=a-b;                                       # 此时,b 是 30-20 的值 10,即原来的 a
a-=b;                                        # 此时,a 是 30-10 的值 20,即原来的 b
print("a=%d,b=%d\n"%(a,b));                 # a=20,b=10
```

2.5 习题

一、选择题

1. 下面属于合法变量名的是（　　）。

   A. y_XYZ　　B. 234BCD　　C. and　　D. x-y

2. 下面属于合法的整常数的是（　　）。

   A. 100　　B. &O100　　C. &H100　　D. %100

3. 表达式 16/4-2**5*8/4%5//2 的值是（　　）。

   A. 14.0　　B. 4.0　　C. 20.0　　D. 2.0

4. 一条语句要在下一行继续写，用（　　）符号作为续行符。

   A. +　　B. \　　C. _　　D. ;

二、简答与编程题

1. 将数学公式 $\frac{\sin(\sqrt{x^2})}{ab}$ 转换成 Python 语言表达式。

2. 求表达式“3.5+(8/2*(3.5+6.7)/2)%4”的值。

3. 设整型变量 x，y，z 均为 3，则执行“x-=y-x”后，x 等于多少？执行“x%=y+z”后，x 等于多少？

4. 若有 x=32，y=3；求表达式 ~x&y 的值。

5. 已知 a=37，b=28；求解如下各输出结果。

```
print("%d"%(a&b)); print("%d"%(a|b)); print("%d"%(a^b));
print("%d"%(a>>2)); print("%d"%(b<<2));
```

6. 编程序从键盘输入一个字符，然后输出该字符及其 ASCII 码值。

7. 输入一个华氏温度，输出摄氏温度。公式：C=5/9(F-32)，结果取两位小数。

8. 编程计算 $e^{3.1415926}$ 的值，精确到 6 位小数（e^x 的库函数为 exp()）。

第3章　选择与循环

Python 中的控制语句有以下几类：选择语句、循环语句、循环控制语句等。选择语句使得程序在执行时可以根据条件表达式的值，有选择地执行某些语句或不执行另一些语句。循环控制是程序中一种很重要的控制结构，它充分发挥了计算机擅长自动重复运算的特点，使计算机能反复执行一组语句，直到满足某个特定的条件为止，循环结构程序最能体现程序功能魅力。能正确、灵活、熟练、巧妙地掌握和运用它们是程序设计的基本要求。

学习重点或难点

- 条件表达式
- 选择结构语句
- 循环结构语句
- 循环嵌套与循环控制
- 控制语句的应用

学习本章后，读者将掌握按条件选择不同功能处理程序的编写能力；也将会领略到循环结构程序的复杂与强大功能魅力，学习后也将有能力编写更复杂功能的程序。

3.1　结构化程序设计

结构化程序设计是由迪克斯特拉（E. W. Dijkstra）在 1969 年提出的，它以**模块化**设计为中心，将待开发的软件系统划分为若干个相互独立的模块，这样使完成每一个模块的工作变得单纯而明确，为设计一些较大的软件打下良好的基础。

结构化程序设计的基本要点如下。

1. 采用自顶向下，逐步细化的程序设计方法

在需求分析、概要设计中，都采用了自顶向下、逐层细化的方法。

2. 使用 3 种基本控制结构构造程序

任何程序都可由顺序、选择、循环 3 种基本控制结构构造。具体如下。

1）用顺序方式对过程分解，确定各个部分的执行顺序。

2）用选择方式对过程分解，确定某个部分的执行条件。

3）用循环方式对过程分解，确定某个部分进行重复的开始和结束条件。

4）对处理过程仍然模糊的部分反复使用以上分解方法，最终可将所有细节确定下来。

3.1.1　算法与流程图

所谓**程序设计**就是使用某种计算机语言，按照某种算法编写程序的活动。如何进行程序设计呢？一般说来，包括以下步骤：①问题定义；②算法设计；③算法表示（如流程图设计）；④程序编制；⑤程序调试、测试及资料编制。

一个程序应包括如下内容。

1）对数据的描述。在程序中要指定数据的类型和数据的组织形式，即数据结构（Data Structure）。

2）对操作的描述。即操作步骤，也就是算法（Algorithm）。

做任何事情都有一定的步骤，而**算法**就是解决某个问题或处理某件事的方法和步骤，在这里所讲的**算法**是专指用计算机解决某一问题的方法和步骤。不管所采用的编程语言如何变化，算法是其核心内容，有了解决问题的算法，就不愁编不出能解决问题的语言程序。

算法应具有有穷性、确定性、有零个或多个输入、有一个或多个输出、有效性 5 个特征。为了描述一个算法，可以采用许多不同的方法，常用的有**自然语言、流程图、N-S 流程图、伪代码、计算机语言**等。这里只简单介绍传统流程图。

算法的传统流程图表示法一直是算法表示的主流之一，相对于其他算法表示方法，流程图表示法直观形象、易于理解。首先通过表 3-1 认识一下常用的流程图符号。

表 3-1　流程图符号

图形符号	名　　称	代表的操作
	输入/输出	数据的输入与输出
	处理	各种形式的数据处理
	判断	判断选择，根据条件满足与否选择不同路径
	起止	流程的起点与终点
	特定过程	一个定义过的过程或函数
	流程线	连接各个图框，表示执行顺序
	连接点	与流程图其他部分相连接

根据这些图符，可以将自然语言描述的算法用流程图表示。

【例 3-1】 A 和 B 数据互换的算法，如图 3-1 所示。

【例 3-2】 求两个数 A、B 中的最大数的算法，如图 3-2 所示。

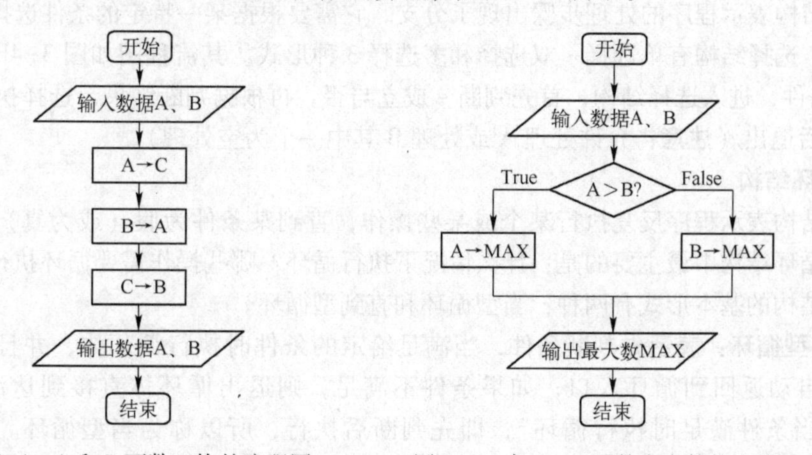

图 3-1　A 和 B 两数互换的流程图　　　图 3-2　求 A、B 两数中大数的流程图

【例 3-3】 求 n!（n≥1）的算法流程图，如图 3-3 所示。

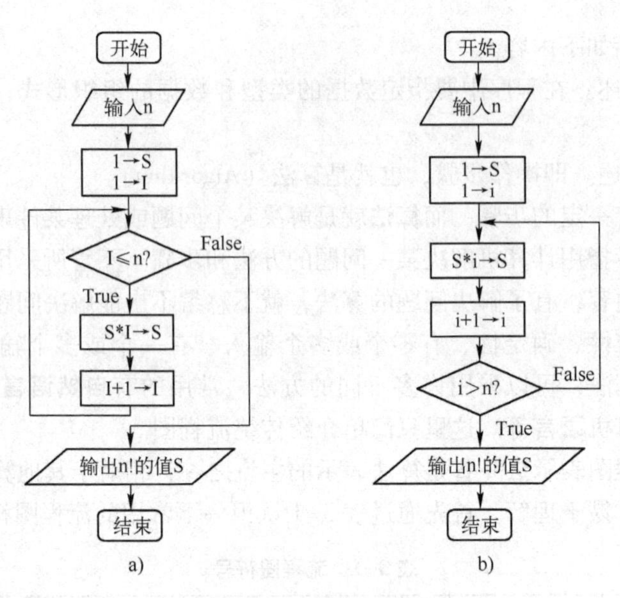

图 3-3　n！算法流程图

3.1.2　3 种基本结构

结构化程序设计方法使用的顺序、选择、循环 3 种基本控制结构（其流程图表示见图 3-4），理论上已证明，无论多么复杂的问题，其算法都可表示为这 3 种基本结构的组合。依照结构化的算法编写的程序或程序单元（如函数或过程），其结构清晰、易于理解、易于验证其正确性，也易于查错和排错。具体介绍如下。

1. 顺序结构

顺序结构表示程序中的各操作是按照它们出现的先后顺序执行的。其流程图如图 3-4a 所示，其中的每个处理（A 和 B）是顺序执行的。

2. 选择结构

选择结构表示程序的处理步骤出现了分支，它需要根据某一特定的条件选择其中的一个分支执行。选择结构有单选择、双选择和多选择 3 种形式。其流程图如图 3-4b 所示，其中 e 为判决条件，进入选择结构，首先判断 e 成立与否，再根据判断结果，选择执行处理 A 或者处理 B 后退出（**注意**：允许处理 A 或处理 B 其中一个为空处理）。

3. 循环结构

循环结构表示程序反复执行某个或某些操作，直到某条件为假（或为真）时才可终止循环。在循环结构中最主要的是：什么情况下执行循环？哪些操作需要循环执行？

循环结构的基本形式有两种：当型循环和直到型循环。

1）当型循环：表示先判断条件，当满足给定的条件时执行循环体，并且在循环体末端处流程自动返回到循环入口；如果条件不满足，则退出循环体直接到达流程出口处。因为是“当条件满足时执行循环”，即先判断后执行，所以称为当型循环。其流程图如图 3-4c 所示。

2）直到型循环：表示从结构入口处直接执行循环体，在循环体末端处判断条件，如果条件不满足，返回入口处继续执行循环体，直到条件为真时再退出循环到达流程出口处，是先执行后判断。因为是“直到条件为真时为止”，所以称为直到型循环。其流程图如图 3-4d 所示。

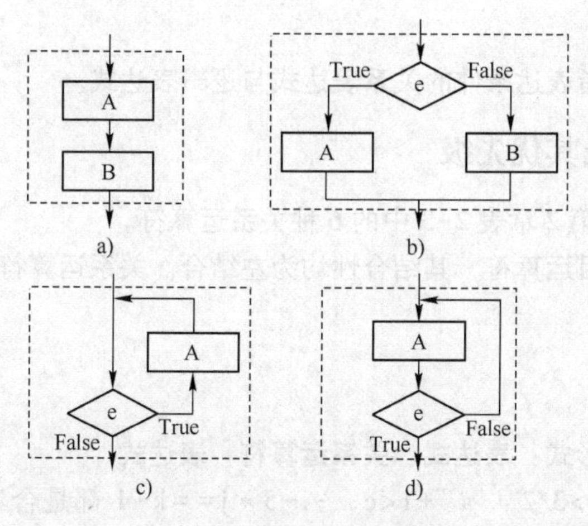

图 3-4 算法基本结构图

a）顺序结构 b）选择结构 c）当型循环结构 d）直到型循环结构

循环结构中的处理 A 是要重复执行的操作，叫作“循环体”；e 是控制循环执行的条件。当型循环是“当”条件 e 成立（即为 True），就继续执行 A；否则（即条件为 False）就结束循环；而“直到型循环”是重复执行 A，“直到”条件 e 成立（即为 True），循环结束。

由图中可以看出，3 种基本结构的共同特点：①只有单一的入口和单一的出口；②结构中的每个部分都有执行到的可能；③结构内不存在永不终止的死循环。

结构化程序设计的基本思想是采用“自顶向下，逐步求精”的程序设计方法和“单入口单出口”的控制结构。

结构化编码的程序的静态形式与动态执行流程之间具有良好的对应关系。Python 语言完全支持结构化的程序设计方法，并提供了相应的语言成分。

【例 3-4】 输入三角形的三边长，求三角形面积。

分析：已知三角形的三边长 a，b，c，可用海伦公式 $S=\sqrt{p(p-a)(p-b)(p-c)}$ 来求三角形的面积，其中半周长 $p=(a+b+c)/2$。如图 3-5 所示是本题程序流程图。

```
import math
# 空格分隔,若改为 split(','),则逗号分隔
a,b,c=map(float,input("Input a,b,c:").split())
p=1.0/2*(a+b+c);   # 或 p=(a+b+c)/2;
area=math.sqrt(p*(p-a)*(p-b)*(p-c));
print("a=%7.2f,b=%7.2f,c=%7.2f,p=%7.2f"%(a,b,c,p));
print("area=%7.2f\n"%area);
```

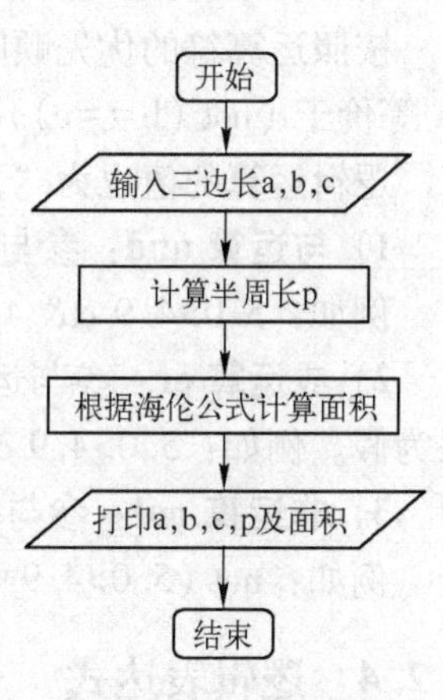

图 3-5 程序流程图

3.2 条件表达式

条件表达式主要是指表达条件的关系表达式与逻辑表达式。

3.2.1 关系运算符及其优先级

在 Python 语言中有第 2 章表 2-3 中的 6 种关系运算符。

关系运算符都是双目运算符，其结合性均为左结合。关系运算符的优先级低于算术运算符，高于赋值运算符。

3.2.2 关系表达式

关系表达式的一般形式：**表达式　关系运算符　表达式**

例如：a+b>c-d　x>3/2　'a'+1<c　-i-5*j==k+1 都是合法的关系表达式。由于“表达式”也可以是关系表达式，因此也允许出现嵌套的情况。例如：a>(b>c)　a!=(c==d) 等。关系表达式的值是“真”和“假”，用 True 和 False 表示，如：5>0 的值为真，即为 True。

关系表达式是条件表达式的一种。组合多种条件构成复合或复杂条件时，需要用到逻辑运算与逻辑表达式。

另外，Python 语言指定任何非 0 和非空（Null）值为 True，0 或者 Null 为 False，这样条件表达式还可以是任意一个表达式。

3.2.3 逻辑运算符及其优先级

Python 语言中提供了 3 种逻辑运算符：①and 与运算，如：x and y（说明：x，y 为变量、常量、关系表达式等）；②or 或运算，如：x or y；③not 非运算，如：not x。

与运算符 and 和或运算符 or 均为双目运算符，具有左结合性。非运算符 not 为单目运算符，具有右结合性。逻辑运算符优先级由高到低：not（非）→and（与）→or（或）。

按照运算符的优先顺序可以得出：a>b and c>d 等价于（a>b）and（c>d）；not b==c or d<a 等价于（not（b==c））or（d<a）。

逻辑运算的值也为“真”和“假”两种，用 True 和 False 来表示。其求值规则如下。

1）与运算 and：参与运算的两个量都为真时，结果才为真，否则为假。

例如：5.0>4.9 && 4>3，由于 5.0>4.9 为真，4>3 也为真，相与的结果也为真。

2）或运算 or：参与运算的两个量只要有一个为真，结果就为真。两个量都为假时，结果为假。例如：5.0>4.9 or 5>8，由于 5.0>4.9 为真，相或的结果也就为真。

3）非运算 not：参与的运算量为真时，结果为假；参与的运算量为假时，结果为真。

例如：not (5.0>4.9) 的结果为假，即为 False。

3.2.4 逻辑表达式

逻辑表达式的一般形式：**表达式　逻辑运算符　表达式**

其中的“表达式”可以又是逻辑表达式，从而形成了嵌套的情形。

例如：(a and b) and c，根据逻辑运算符的左结合性，也可写为：a and b and c

逻辑表达式的值是式中各种运算的最后值，其值为 True 或为 False。

逻辑表达式是条件表达式的另一种，往往是用于构建复杂条件的表达式。

3.3 选择结构

用 if 语句可以构成选择结构。它根据给定的条件进行判断，以决定执行某个分支程序段。Python 语言的 if 语句有 3 种基本形式。

3.3.1 if 语句的 3 种形式

1. 基本形式（单分支）

```
if 条件表达式:
    语句或语句块[;]
```

其语义：如果条件表达式的值为真，则执行其后的语句块（可以是单个语句，当单个语句时可直接放冒号（:）后成一行，下同），否则不执行该语句块，其执行的逻辑过程如图 3-6 所示。

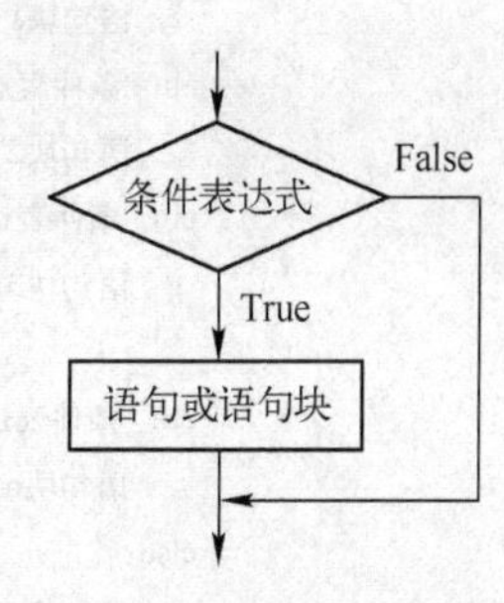

图 3-6 if 语句执行的逻辑过程

【例 3-5】输入两整数，输出其最大者（方法 1）。

```
print("input two numbers: \n")
a=int(input("a:"));b=int(input("b:"))
max=a                      # 意思是先假设 a 为最大(这种做法常用)
if max<b:                  # 然后用当前的最大值 max 与 b 作比较。单语句可以放冒号后成一行
    max=b;
print("max=",max);         # 输出两者中的最大值
```

将以上脚本保存在 maxab. py 文件中，并执行该脚本，运行结果如下。

```
python maxab.py
input two numbers:
a:100
b:200
max=200
```

2. 二分支形式：if-else

```
if 条件表达式:
    语句块 1[;]
else:
    语句块 2[;]
```

其语义：如果表达式的值为真，则执行语句块 1，否则执行语句块 2。其执行的逻辑过程如图 3-7 所示。

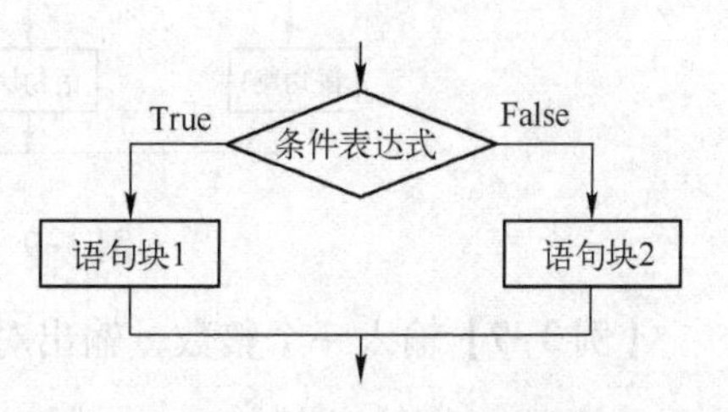

图 3-7 if-else 语句执行的逻辑过程

【例 3-6】输入两整数，输出其最大者（方法 2）。

```
print("input two numbers:\n")
a=int(input("a:"));b=int(input("b:"))
if a>b:                    # 直接比较,根据比较情况得到最大值
    max=a;
else:
    max=b;
print("max=",max); # 输出两者中的最大值
```

3. if-elif-else 形式（多分支形式）

当有多个分支选择时，可采用 if-elif-else 语句，其一般形式如图 3-8 所示。

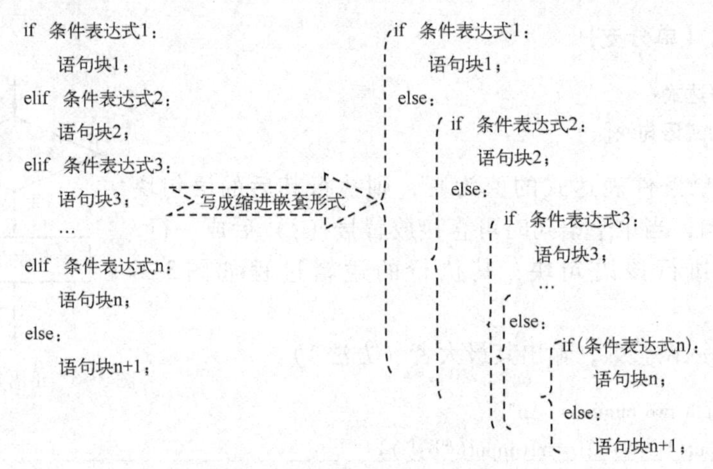

图 3-8 if-elif-else 语句的语法格式

其语义：依次判断条件表达式的值，当出现某个值为真时，则执行其对应的语句块，然后跳到整个 if 语句之后继续执行程序。如果所有的表达式均为假，则执行语句块 n+1，然后继续执行后续程序。if-elif-else 语句的执行过程如图 3-9 所示。

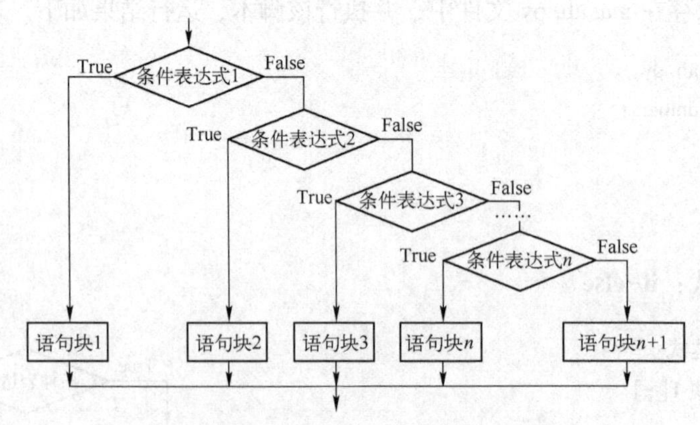

图 3-9 if-elif-else 语句的执行过程

【例 3-7】输入一个整数，输出对应的职业。

```
num=int(input("Input num:"))
if num==3:                 # 判断 num 的值
```

```
    print('boss ')
elif num==2:
    print('user')
elif num==1:
    print('worker')
elif num<0:
    print('error')      # 值小于零时输出
else:
    print('roadman')  # 条件均不成立时输出
```

3.3.2 if 语句的嵌套

当 if 语句中的语句或语句块又是 if 语句时，则构成了 if 语句嵌套的情形。

其一般形式可表示如下：

```
if 条件表达式:
    if 语句[;]
```

或者为

```
if 条件表达式:
    if 语句[;]
else:
    if 语句[;]
```

在嵌套内的“if 语句”可能又是 if-else 型，这将会出现多个 if 和多个 else 重叠的情况，这时要特别注意通过统一缩进来体现 if 和 else 的配对。

【例 3-8】 比较并显示两数的大小关系（if-else 形式实现）。

```
print("input two numbers: \n")
a=int(input("a:"));b=int(input("b:"))
if a!=b:
  if a>b:
    print("A>B\n");
  else:
    print("A<B\n");
else:
    print("A=B\n");
```

本例中用了 if 语句的嵌套结构。采用嵌套结构实质上是为了进行多分支选择，实际上有 3 种选择，即 A>B、A<B 或 A=B。这种问题用 if-elif-else 语句也可以完成，而且程序更加清晰。

【例 3-9】 比较并显示两数的大小关系（if-elif-else 形式实现）。

```
print("input two numbers: \n")
a=int(input("a:"));b=int(input("b:"))
```

```
if a==b: print("A=B\n");
elif a>b: print("A>B\n");
else: print("A<B\n");
```

思考：还有其他方法实现本例题，请读者自行练习。

由于 Python 并不支持 switch 语句，所以多个条件判断，只能用 elif 来实现，如果需要多个条件同时判断时，可以使用逻辑表达式来表示复杂条件。

3.4 循环结构

循环结构是程序中一种很重要的结构。其特点是，在给定条件成立时，反复执行某程序段，直到条件不成立为止。给定的条件称为**循环条件**，反复执行的程序段称为**循环体**。Python 语言提供了两种循环语句：while 循环语句和 for 循环语句。

3.4.1 while 循环语句

while 语句用于在满足某条件下循环执行某段程序，以处理需要重复的任务。

while 循环语句的一般形式：

```
while 条件表达式:
    语句块[;]
[else:
    语句块2[;]]
```

条件表达式是循环条件，一般是关系表达式或逻辑表达式，除此外任何非零或非空（Null）的值均为 True；语句块（包括单个语句）为循环体。

while 语句（无 else 子句时）的语义：计算条件表达式的值，当值为真（非 0 或非空）时，执行循环体语句，一旦循环体语句执行完毕，条件表达式中的值将会重新计算，如果还是为 True，循环体将会再次执行，这样一直重复下去，直至条件表达式中的值为假 False（或为 0 或为空）为止。其执行过程如图 3-10 所示。

while 语句有 else 子句时，while 语句部分含义同上，else 中的语句块 2 会在循环正常执行结束（即 while 不是通过 break 跳出而中断的）的情况下执行。

【例 3-10】用 while 语句计算从 1+2+3+…+100 的值。用传统流程图表示算法，如图 3-11 所示。

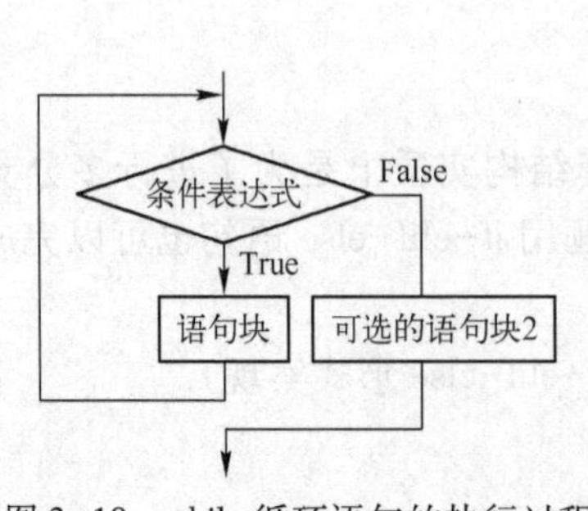

图 3-10　while 循环语句的执行过程

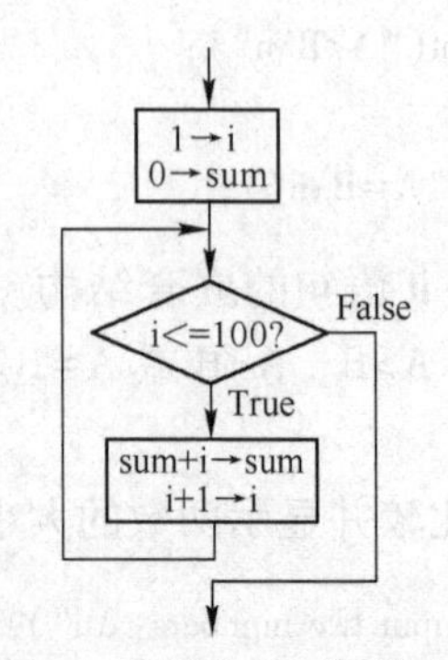

图 3-11　【例 3-10】流程图

程序如下：

```
n=100  # 变量初始化
sum=0;i=1
while i<=n:
  sum=sum+i;
  i+=1
print("Sum of 1 until %d: %d" % (n,sum))
```

输出结果：Sum of 1 until 100：5050

1. 无限循环

如果条件判断语句永远为 True，循环将会无限地执行下去，如下：

```
var=1
while var==1 :  # 该条件永远为 True,循环将无限地执行下去
  num=raw_input("Enter a number :")   # raw_input()用于 Python 2.x
  print("You entered:",num)
print("Good bye!")
```

输出结果：

```
Enter a number :22
You entered:  22
Enter a number  :39
You entered:  39
------  # 按〈Ctrl+C〉键
Enter a number between :Traceback (most recent call last):
  File"test.py",line 3,in <module>
    num=raw_input("Enter a number :")
KeyboardInterrupt
```

注意：以上的无限循环可以按〈Ctrl+C〉键来中断循环。

2. 使用 else 语句

【例 3-11】 使用到 else 子句的 while 循环语句。

```
count=0
while count<5:
    print(count,"is  less than 5")
    count=count+1
else: print(count,"is not less than 5")
```

输出结果：

```
0 is less than 5
1 is less than 5
---------# 省略
4 is less than 5
5 is not less than 5
```

3. 循环体为单语句

类似 if 语句的语法，如果 while 循环体中只有一条语句，则可以将该语句与 while 写在同一行中，如下所示：

```
flag=1
while (flag):print('Given flag is really True! ')   # 无限循环使用〈Ctrl+C〉键来中断
print("Good bye!")
```

3.4.2 for 循环语句

Python 中的 for 循环语句可以遍历任何序列中的项目，如一个列表或者一个字符串等，来控制循环体的执行。for 循环语句的语法格式如下，for 循环语句的执行过程如图 3-12 所示。

```
for <variable> in <sequence>:
    语句块[;]
[else:
    语句块2[;]]
```

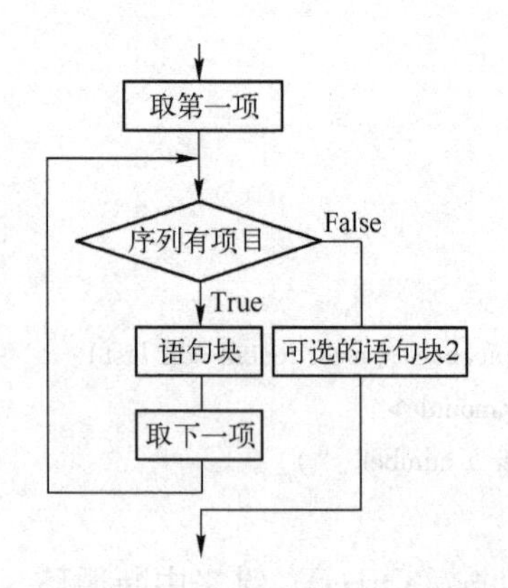

图 3-12 for 循环语句的执行过程

【例 3-12】用 for 循环控制显示字符串及列表中的元素。

```
for letter in 'Python':print(letter,end=' ')
fruits=['banana','apple','mango']
print('\nCurrent fruit:',end='')
for fruit in fruits:print(fruit,end=' ')
```

输出结果：

```
P y t h o n
Current fruit:banana apple mango
```

1. 通过序列索引迭代

另外一种执行循环的遍历方式是通过索引，例如：

```
for index in range(len(fruits)):          # fruits 同上
```

```
print(fruits[index],end=' ')      # banana apple mango
```

以上程序使用了内置函数 len()和 range()，函数 len()返回列表的长度，即元素的个数。range()返回一个序列的数。

2. 使用 else 语句

循环语句可以有 else 子句。它在穷尽列表（以 for 循环）或条件变为假（以 while 循环）循环终止时被执行，但循环被 break 终止时则不执行。例如：

【例 3-13】使用 else 子句的 for 循环语句。

```
for num in range(10,20):          # 10~19 循环
    for i in range(2,num):        # 2~num-1 循环
        if num%i == 0:            # 找到第一个因子
            j=num/i               # 计算第二个因子
            print('%d equals %d * %d'% (num,i,j))
            break                 # 退出内循环,到外 for 循环
    else:                         # for 循环的 else 部分
      print(num,'是素数。')
```

输出结果：

```
10 equals 2 * 5
11 是素数。
…                                 # 省略
18 equals 2 * 9
19 是素数。
```

3.4.3 循环嵌套

Python 语言允许在一个循环体中嵌入另一个循环。

1. for 循环嵌套语法

```
for <variable1> in <sequence1>:
    语句块 1[;]
    for <variable> in <sequence>:
      语句块 2[;]
    语句块 3[;]
```

2. while 循环嵌套语法

```
while 条件表达式 1:
    语句块 1[;]
    while 条件表达式 2:
      语句块 2[;]
    语句块 3[;]
```

可以在循环体内嵌入其他的循环体，如在 while 循环中可以嵌入 for 循环，反之，可以在 for 循环中嵌入 while 循环。

3. 举例

1）从第一个列表中每次取出一个，从第二个列表中也每次取出一个，组合成一个新的列表，新列表中包含所有组合。

```
List1=['zi','qiang','xue','tang'];List2=[1,2];new_list=[]
    for m in List1:
        for n in List2:
            new_list.append([m,n])
print(new_list)
```

输出结果：

```
[['zi',1],['zi',2],['qiang',1],['qiang',2],['xue',1],['xue',2],['tang',1],['tang',2]]
```

2）从一个列表中每次取出两个，找出所有组合方式。

```
List=[1,2,3,4,5];length=len(List)
for x in range(0,length-1):
    for y in range(x+1,length):
        print(List[x],List[y])  # 会输出 10 种组合情况
```

【例 3-14】使用嵌套循环找出 2~20 的所有素数。

分析：对于一个数 n，如果从 2~$\sqrt{n}$的数都不能整除，那么 n 这个数就是素数。

1）用 for 来实现嵌套循环输出 2~20 的素数。

```
n=20
for i in range(2,n):
    for j in range(2,int(i**0.5)+1):
        if i % j == 0:
            break
    else:print(i,'是素数')  # 会输出 2 是素数 3 是素数 ……19 是素数
```

2）用 while 来实现嵌套循环输出 2~20 的素数。

```
i=2
while(i<20):
    j=2
    while(j <= (i/j)):        # 对 i 来说,因数 j 从 2,3,... 判断到 j>i/j 就可以了
        if not(i%j):break     # 或者写 if i % j == 0:break
        j=j+1
    if (j>i/j):
        print(i," 是素数") # 会输出 2 是素数 3 是素数 ……19 是素数
    i=i+1
```

说明：i % j 的意思是 i 除以 j 后的余数。对于数字，0 对应的布尔值为 False，其他值都是 True，not（i % j）的意思是当 i % j 为 0 时条件才能成立，即能整除。

【例 3-15】显示 3 位二进制数的各种可能值的情况。

```
print("i j k");
for i in range(0,2):
  for j in range(0,2):
    for k in range(0,2):
      print("%d %d %d" % (i,j,k));
```

输出结果：

```
i j k
0 0 0
0 0 1
0 1 0
0 1 1
1 0 0
1 0 1
1 1 0
1 1 1
```

3.4.4 循环控制语句

循环控制语句可以更改语句执行的顺序。Python 支持以下循环控制语句。

1）break 语句，在语句块执行过程中终止循环，并且跳出整个循环。

2）continue 语句，在语句块执行过程中终止当前循环，跳出该次循环，执行下一次循环。

3）pass 语句，pass 是空语句，只是起到保持程序结构的完整性作用。

1. break 语句

break 语句用来终止循环语句，即循环条件没有 False 条件或者序列还没被完全递归完，用来控制提前结束循环语句。break 语句可用在 while 和 for 循环中。

如果使用嵌套循环，break 语句将只停止它所处层的循环，并开始执行该循环后语句。

break 语句语法：**break**

break 应用示例：

```
for letter in 'Python':                # for 循环中使用 break
    if letter == 'h':break
    print(letter,end=',')              # P,y,t,
var=10                                 # while 循环中使用 break
while var>0:
    print(var,end='')                  # 10 9 8 7 6
    var=var -1
    if var == 5:break
```

2. continue 语句

continue 语句是跳出本次循环，而 break 语句是跳出整个循环。continue 语句用来告诉 Python 跳过当前循环的剩余语句，然后继续进行下一轮循环。continue 语句用在 while 和 for 循环中。

continue 语句语法格式：**continue**

continue 应用示例：

```
for letter in 'Python':                    # for 循环中使用 continue
    if letter == 'h':
        continue
    print(letter,end=',')                  # P,y,t,o,n,
var=10                                     # while 循环中使用 continue
while var>0:
    print(var,end='') # 10 9 8 7 6 5 4 3 2 1
    var=var -1
    if var == 5:continue
```

3. pass 语句

pass 是空语句，是为了保持程序结构的完整性。

pass 语句语法格式：**pass**

```
>>> while True:
...     pass  # 死循环可以通过按〈Ctrl+C〉键中断
```

最小的类：

```
>>> classMyEmptyClass:  # 类的定义见后续章节
...     pass
```

pass 应用示例：

```
for letter in 'Python':
    if letter == 'h':
        pass
        print('pass block',end=':')
    print(letter,end='')
```

程序输出结果：P y t pass block：h o n

3.4.5 迭代器

迭代器（Iterator）又称游标（Cursor），是程序设计的软件设计模式，可在容器（Container，例如链表或阵列）上遍访的界面，设计人员无须关心容器内存分配的实现细节。也就是说迭代器类似于一个游标，可以通过这个来访问某个可迭代对象的元素。

1. 可迭代对象（Iterable）

Python 中经常使用 for 语句来对某个对象进行遍历，此时被遍历的这个对象就是可迭代对象，像常见的 list、tuple。如果给一个准确定义的话，就是只要它定义了可以返回一个迭代器的__iter__方法，或者定义了可以支持下标索引的__getitem__方法（这些双下画线方法会在 6.4.3 节作解释），那么它就是一个可迭代对象。

2. 迭代器（Iterator）

迭代器是通过 next()来实现的，每调用一次它就返回下一个元素，没有下一个元素时则返回一个 StopIteration 异常，所以实际上定义了这个方法的类的对象都算是迭代器。

对序列（列表、元组）、字典和文件都可以用 iter( )方法生成迭代对象，然后用 next( )方法访问。**Python 3. x 中，迭代器对象实现的是__next__( )方法，不是 next( )**。

可以通过下面例子来体验一下迭代器：

```
s='ab';it=iter(s)
it                                # <str_iterator object at 0x02C209B0>
print(it)                         # <str_iterator object at 0x02C209B0>
it. __next__( ) # 'a'             # Python2. 7 为:it. next( )
it. __next__( )                   # 'b'
it. __next__( )
```

上面最后语句运行情况：

```
Traceback (most recent call last):
  File "<stdin>",line 1,in <module>
StopIteration
```

为此，一般通过 for 循环来控制使用迭代器：

```
s='ab';it=iter(s);for x in it:print(x)      # 输出 a b
```

3.5 应用实例

1. Time 时间模块与 Calendar 日历模块的使用

（1）Time 时间模块

Time 模块包含了表 3-2 中所列的内置函数，既有与时间处理相关的，也有转换时间格式的。

表 3-2　Time 模块中的内置函数

函　　数	说　　明
time. altzone	返回格林威治西部的夏令时地区的偏移秒数。如果该地区在格林威治东部则返回负值（如西欧，包括英国）。对夏令时启用地区才能使用此函数
time. asctime([tupletime])	接收时间元组并返回可读形式为"Tue Dec 11 18:07:14 2008"（2008 年 12 月 11 日周二 18 时 07 分 14 秒）24 个字符的字符串
time. clock( )	以浮点数计算的秒数返回当前的 CPU 时间，用来衡量不同程序的耗时
time. ctime([secs])	作用相当于 asctime(localtime(secs))，未给参数相当于 asctime( )
time. gmtime([secs])	接收时间戳（1970 纪元后经过的浮点秒数）并返回格林威治时间下的时间元组 t。注：t. tm_isdst 始终为 0
time. localtime([secs])	接收时间戳（1970 纪元后经过的浮点秒数）并返回当地时间下的时间元组 t（t. tm_isdst 可取 0 或 1，取决于当地时间是不是夏令时）
time. mktime(tupletime)	接收时间元组并返回时间戳（1970 纪元后经过的浮点秒数）
time. sleep(secs)	推迟调用线程的运行，secs 指秒数
time. strftime(fmt[,tupletime])	接收时间元组，并返回以可读字符串表示的当地时间，格式由 fmt 决定

（续）

函　　数	说　　明
time. strptime(str,fmt='%a %b %d %H:%M:%S %Y')	根据 fmt 的格式把一个时间字符串解析为时间元组
time. time( )	返回当前时间的时间戳（1970 纪元后经过的浮点秒数）
time. tzset()	根据环境变量 TZ 重新初始化时间相关设置

Python 中有多种方式处理日期和时间。转换日期格式等可以使用 time、calendar 等模块。Python 中时间间隔是以秒为单位的浮点小数。每个时间戳都以自 1970 年 1 月 1 日午夜（历元）经过了多长时间（秒数）来表示。time 模块下的函数 time. time( ) 返回从 12:00am, January 1,1970(Epoch) 开始记录当前操作系统时间（秒数），即时间戳，例如：

```
import time;                    # 导入时间模块
ticks=time. time( )             # ticks 适合于日期运算
print("Number of ticks since 12:00am,January 1,1970:",ticks)
```

输出结果：

```
Number of ticks since 12:00am,January 1,1970:1505180641. 377757
```

1）是时间元组的概念。

时间元组是一个 9 组数字组合起来的 struct_time 元组，时间函数用它来处理时间，这种时间元组具有表 3-3 中所列的属性。

表 3-3　struct_time 时间元组

属　　性	值
tm_year	2018
tm_mon	1~12
tm_mday	1~31
tm_hour	0~23
tm_min	0~59
tm_sec	0~61（60 或 61 是闰秒）
tm_wday	0~6（0 是周一）
tm_yday	1~366（儒略历）
tm_isdst	-1，0，1（-1 是决定是否为夏令时的旗帜）

2）获取当前时间。

从返回浮点数的时间戳方式向时间元组转换，只要将浮点数传递给如 localtime 之类的函数。

```
import time;
localtime=time. localtime(time. time())
print("Local current time:",localtime)
```

输出结果：

```
Local current time:time. struct_time(tm_year=2017,tm_mon=9,tm_mday=12,tm_hour=10,tm_min=
22,tm_sec=38,tm_wday=1,tm_yday=255,tm_isdst=0)
```

3）获取格式化的时间。

可以根据需求选取各种格式，最简单的获取可读的时间模式的函数是 asctime()：

```
import time;
localtime=time. asctime( time. localtime( time. time() ) )
print("当前时间:",localtime)
print("当前时间:",time. ctime( time. time()))
print("当前时间:",time. asctime( time. gmtime( time. time())))
```

输出结果：

```
当前时间:Tue Sep 12 11:06:18 2017
当前时间:Tue Sep 12 11:06:18 2017
当前时间:Tue Sep 12 03:06:18 2017
```

（2）Calendar 日历模块

日历模块的函数如表 3-4 所示，其中，星期一是默认每周的第一天，星期天是默认每周的最后一天，更改设置调用 calendar. setfirstweekday()函数。

表 3-4　Calendar 日历模块中的内置函数

函　数	说　明
calendar. calendar(year,w=2,l=1,c=6)	返回一个多行字符串格式的 year 年年历，3 个月一行，间隔距离为 c。每日宽度间隔为 w 字符。每行长度为 21 * w+18+2 * c。l 是每星期行数
calendar. firstweekday()	返回当前每周起始日期的设置。默认情况下，首次载入 caendar 模块时返回 0，即星期一
calendar. isleap(year)	是闰年返回 True，否则为 False
calendar. leapdays(y1,y2)	返回在 y1，y2 两年之间的闰年总数
calendar. month(year,month,w=2,l=1)	返回一个多行字符串格式的 year 年 month 月日历，两行标题，一周一行。每日宽度间隔为 w 字符。每行的长度为 7 * w+6。l 是每星期的行数
calendar. monthcalendar(year,month)	返回一个整数的单层嵌套列表。每个子列表装载代表一个星期的整数。year 年 month 月外的日期都设为 0；范围内的日子都由该月第几日表示，从 1 开始
calendar. monthrange(year,month)	返回两个整数。第一个是该月的星期几的日期码，第二个是该月的日期码。日从 0（星期一）到 6（星期日）；月从 1 到 12
calendar. prcal(year,w=2,l=1,c=6)	相当于 print(calendar. calendar(year,w,l,c))
calendar. prmonth(year,month,w=2,l=1)	相当于 print(calendar. calendar(year,w,l,c))
calendar. setfirstweekday(weekday)	设置每周的起始日期码。0（星期一）到 6（星期日）
calendar. timegm(tupletime)	和 time. gmtime 相反：接收一个时间元组形式，返回该时刻的时间戳（1970 纪元后经过的浮点秒数）
calendar. weekday(year,month,day)	返回给定日期的日期码。0（星期一）到 6（星期日），月份为 1（一月）到 12（12 月）

Calendar 日历模块有很多的方法用来处理年历和月历，例如打印某月的月历：

```
import calendar
cal=calendar. month(2018,1)
print("The calendar of January 2018:");print(cal);
```

输出结果：

```
The calendar of January 2018:
      January 2018
Mo  Tu  We  Th  Fr  Sa  Su
 1   2   3   4   5   6   7
 8   9  10  11  12  13  14
15  16  17  18  19  20  21
22  23  24  25  26  27  28
29  30  31
```

2. 例题

【例 3-16】整数的拆分。从键盘输入任一个 3 位正整数 x，输出此数的百位、十位和个位数字。

分析：可知个位数字等于 x%10，x/10 为截掉个位数字后变成的两位数，为此，原整数的十位数字等于 x/10%10（或 ix%100/10），百位数字等于 x/100。

```
ix=int(input("Please input integer ix:"))#从键盘读取数据
ig=ix%10;
ishi=ix//10%10;  #或 ishi= ix%100//10;
ib=ix//100;
print("%d 的百位数字是%d,十位数字是%d,个位数字是%d。"%(ix,ib,ishi,ig));
```

【例 3-17】求 $ax^2+bx+c=0$ 方程的根，a，b，c 由键盘输入，设 $b^2-4ac>0$。

```
import math
a,b,c=map(float,input("Input a,b,c:").split(','))  #注意输入格式逗号分隔
disc=b*b-4*a*c;p=-b/(2*a);
q=math.sqrt(disc)/(2*a);   # disc 是否能保证大于或等于 0？小于 0 会如何？
x1=p+q;x2=p-q;
print("x1=%5.2f\nx2=%5.2f"%(x1,x2));
```

【例 3-18】冒泡排序法实现对列表中数的小到大排序（排序思路参照“9.2.2 排序”）。

```
li=[2,1,5,3,9,7,8,6]
for j in range(1,len(li)):
    for i in range(len(li) -j):
        if li[i]>li[i+1]:
            temp=li[i];li[i]=li[i+1];li[i+1]=temp
print(li)
```

【例 3-19】模拟用户登录系统，至多有 3 次输入账号与密码的机会。

```
username="oldbody";password=10086;count=1
print("请输入账号密码共三次尝试机会!")
while count <= 3 :
    name=input("请输入账号:")
    pswd=int(input("请输入密码:"))
    if name == username and pswd == password :
```

```
            print("输入正确!");break
        else:
            print("第",count,"次输入错误请重新输入!")
        count += 1
```

【例 3-20】判断某年是否为闰年。闰年的条件：能被 4 整除、但不能被 100 整除，或者能被 400 整除（说明：x 能被 y 整除，则余数为 0，即 x%y==0）。

方法 1：用嵌套分支语句实现闰年问题。

分析：为了程序简洁，引入闰年指示标志变量 leap，leap 取值 1 为闰年，0 为非闰年，最后再根据 leap 的值输出该年是否是闰年的情况。

```
year=int(input("Please input the year:"));
if year % 4 == 0:                          # 被 4 整除
    if year%100 == 0:                      # 被 100 整除  内嵌 2 层 if
        if year%400 == 0:                  # 被 400 整除  内嵌 3 层 if
            leap=1
        else:leap=0
    else:leap=1
else:leap=0                                # 不能被 4 整除
if leap==1:print("%d is a leap year" % year)
else:  print("%d is not a leap year" % year)
```

输出结果：

```
Please input the year:2018
2018 is not a leap year
```

方法 2：用合并的逻辑表达式来表达闰年条件，简洁解决问题。

```
y=int(input("Please input the year:"));
if y%4==0 and y%100! =0 or y%400==0:  # 或 if not(y%4 and y%100) or not y%400:
    print("%d is a leap year" % y)
else:print("%d is not a leap year" % y)
```

注意：Python 语言有“非零为真（True）”的规则。

【例 3-21】求 100~200 的全部素数。

分析：只需对 101 开始的奇数进行判断，某数 n 是否是素数，只要检查 $2\sim\sqrt{n}$ 的整数是否有数能整除它。

```
from math import sqrt
n=0
for i in range(101,201,2):
    flag=1
    k=int(sqrt(i))                      # 取整赋给 k
    for j in range(2,k+1):
        if i%j == 0:                    # 有一个能整除就不是素数
```

```
            flag=0;break
    if flag == 1:
        n+=1;print('%5d'%(i),end='') # 有 end 参数,输出不换行,end 符结束
        if (n%10==0):print('')
# 可以编写判断某数是否是素数的函数,主程序调用函数并控制输出素数
from math import sqrt
def isss(i):  # 定义 isss 函数。函数的定义与使用,详见第 5 章
    flag=1
    k=int(sqrt(i))
    for j in range(2,k+1):
        if i%j == 0:
            flag=0;break
    if flag == 1:return i
    else:return -1
n=0
for i in range(101,201,2):
    k=isss(i)
    if (k!=-1):
        n+=1;print('%5d'%(k),end='')
        if (n%10==0):print('')
```

【例 3-22】求出所有水仙花数。

在数论中，水仙花数（Narcissistic Number）是指一个 N 位数，其各个位数的 N 次方之和等于该数。这里取 N 为 3，即一个 3 位数其各位数字的立方和等于该数本身。例如 153 是一个水仙花数，因为有 $153=1^3+5^3+3^3$。

分析：本题采用穷举法。**穷举法**的基本思想是假设各种可能的解，让计算机进行测试，如果测试结果满足条件，则假设的解就是所要求的解。如果所要求的解是多值的，则假设的解也应是多值的，在程序设计中，实现多值解的假设往往使用多重循环进行组合。本题采用穷举法，对 100~999 的各数进行各数位拆分，再按照水仙花数的性质计算并判断，满足条件的输出，否则进行下一个数的循环判断。

```
for i in range(100,1000):
    a=i%10;b=i//100;c=(int(i/10))%10
    if i == a**3+b**3+c**3:print("%5d"%(i),end='')
```

思考：类似地，能求出 N 不是 3 的其他水仙花吗?

【例 3-23】求斐波那契（Fibonacci）数列的前 40 个元素。该数列的特点是第 1、2 两个数为 1、1。从第 3 个数开始，每数是其前两个数之和。其公式如下：

$$f(n)=\begin{cases}1 & n=1,2\\ f(n-1)+f(n-2) & n\geqslant 3\end{cases}$$

```
f1=1;f2=1;                                   # 数列中的前两项赋初值为 1
print("%10ld%10ld" % (f1,f2),end='');        # 输出数列中前两项
for i in range(3,41):
```

```
        f3=f1+f2;                                    # 数列中从第 3 项开始每一项等于前两项之和
        f1=f2;f2=f3;                                 # 刷新 f1,f2
        print("%10ld" % f3,end='');                  # 输出新产生的元素
        if (i % 5 == 0):print("");                   # 每 5 个元素换行一次
```

输出结果：

```
         1         1         2         3         5
         8        13        21        34        55
        89       144       233       377       610
       987      1597      2584      4181      6765
     10946     17711     28657     46368     75025
    121393    196418    317811    514229    832040
   1346269   2178309   3524578   5702887   9227465
  14930352  24157817  39088169  63245986 102334155
```

【例 3-24】求任意两个正整数的最大公约数和最小公倍数。

分析：两个数的最大公约数（或称最大公因子）是能够同时整除两个数的最大数，解法有 3 种：①试除法，即用较小数（不断减 1）去除两数，直到都能整除为止；②辗转相除法，又称欧几里得算法。设两数为 a、b(b<a)，用 gcd(a,b)表示 a，b 的最大公约数，r=a mod b 为 a 除以 b 以后的余数，k 为 a 除以 b 的商，即 a÷b=k……r。辗转相除法即是说 gcd(a,b)=gcd(b,r)（证明略）；③是两数各分解质因子，然后取出公有项乘起来（本法略）。

两个数最小公倍数是两个数公有的最小倍数，解法是两数相乘再除以最大公约数。

1）试除法，程序如下：

```
gcd=1;
n1,n2=map(int,input("请输入两个数,求其最大公约数和最小公倍数!").split())
if(n1<n2):small=n1;
else:small=n2;
for small in range(small,1,-1):
    if(n1%small==0 and n2%small==0):
        gcd=small;break;
print("%d 和%d 的最大公约数是%d"%(n1,n2,gcd));
print("%d 和%d 的最小公倍数是%d"%(n1,n2,n1*n2/gcd));
```

2）辗转相除法：根据辗转相除法的意思，用较小数除较大数，然后用出现的余数（第一余数）去除除数，再用出现的余数（第二余数）去除第一余数，如此反复，直到最后余数是 0 为止，那么最后的除数就是这两个数的最大公约数。程序如下：

```
n1,n2=map(int,input("请输入两个数,求其最大公约数和最小公倍数!").split())
if(n1>n2):iys=n1;n1=n2;n2=iys;
ibcs=n2;ics=n1;  # ibcs 被除数,ics 除数,余 iys 数
while(ics! =0):
    iys=ibcs%ics;
    ibcs=ics;
```

```
    ics=iys;
print("%d 和%d 的最大公约数是%d"%(n1,n2,ibcs));
print("%d 和%d 的最小公倍数是%d"%(n1,n2,n1*n2/ibcs));
```

【例 3-25】 百钱买百鸡。已知公鸡每只 5 元，母鸡每只 3 元，小鸡 1 元 3 只。要求用 100 元钱正好买 100 只鸡，问公鸡、母鸡、小鸡各多少只?

分析： 此问题也可以用穷举法求解。公鸡、母鸡、小鸡数分别为 x、y、z，则根据题意能列出方程组：

$$\begin{cases}x+y+z=100\\5x+3y+z/3=100\end{cases}$$

使用多重循环组合出各种可能的 x、y 和 z 值，然后进行测试。

```
for x in range(1,21):
  for y in range(1,34):
    z=100-x-y;
    if (5*x+3*y+z//3==100 and z%3==0):
      print("公鸡=%d,母鸡=%d,小鸡=%d"%(x,y,z));
```

【例 3-26】 设有红、黄、绿 3 种颜色的球，其中红球 3 个、黄球 3 个、绿球 6 个，现将这 12 个球混放在一个盒子里，从中任意取出 8 个球，计算取出球的颜色搭配。

分析： 三色球问题最简单直接的方法是穷举法，列出所有可能的组合，然后根据条件对其进行筛选，筛选出符合条件的颜色组合。经过分析各种球被取到的可能情况：

红球：0，1，2，3；

黄球：0，1，2，3；

绿球：2，3，4，5，6。

为此，有 4*4*5=80 种可能，其中需要把符合条件的搭配选出来。

```
k=0;print("red   yellow   green");
for r in range(0,4):      #红球的可能个数
  for y in range(0,4):
    for g in range(2,7):
      if(r+y+g==8):   #满足条件红黄绿三色球之和为 8
        print("%d\t%d\t%d\t"%(r,y,g));k+=1;   #累加可能的种类个数 k
print("\n 总共有%d 中可能!"%k);                #共 13 种可能,具体略
```

【例 3-27】 用二分法求方程 $2x^3-4x^2+3x-6=0$ 在(-10,10)的根。

分析： 用二分法求方程 f(x)=0 的根的示意图如图 3-13 所示，其算法如下。

1） 估计根的范围，在真实根的附近任选两个近似根 x1，x2。

2） 如果满足 f(x1)*f(x2)<0，则转 3)；否则，继续执行 1)。

3） 找到 x1 与 x2 的中点，如 x0，这时 x0=(x1+x2)/2，并求出 f(x0)。

4） 如果 f(x0)*f(x1)<0，则替换 x2，赋值 x2=x0，f(x2)=f(x0)；否则，替换 x1，赋值 x1=x0，f(x1)=f(x0)。

5） 如果 f(x0)的绝对值小于指定的误差值，则 x0 即为所求方程的根；否则转 3)。

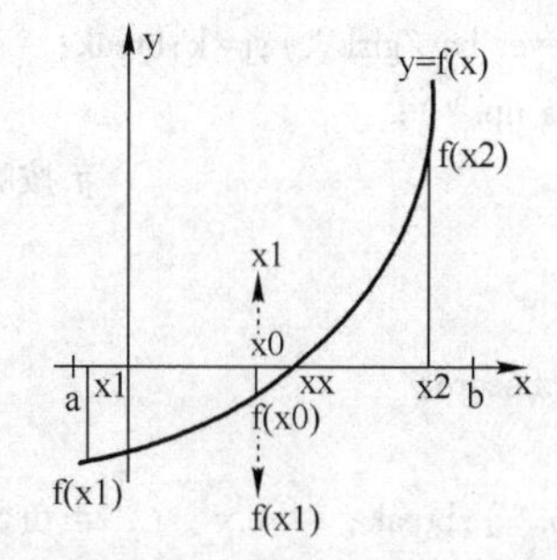

图 3-13　二分法求方程根示意图

6）打印方程的根 x0。

```
import math
fx1=1.0;fx2=1.0;
while(fx1*fx2>0):
    x1,x2=map(float,input("Input x1 and x2(逗号分隔):").split(','))
    fx1=x1*((2*x1-4)*x1+3)-6;fx2=x2*((2*x2-4)*x2+3)-6;
x0=(x1+x2)/2;fx0=x0*((2*x0-4)*x0+3)-6;
while(math.fabs(fx0)>=1e-5):
    if ((fx0*fx1)<0):
        x2=x0;fx2=fx0;
    else:
        x1=x0;fx1=fx0;
    x0=(x1+x2)/2;fx0=x0*((2*x0-4)*x0+3)-6;
print("The root of the equation is:%6.2f" % x0);
```

输出结果：

```
Input x1 and x2(逗号分隔):-12.0,12.0
The root of the equation is:  2.00
```

【例 3-28】 小游戏：看谁算得准与快。

要求： 计算机随机出 50 以内两个正整数求和题，共 10 题，每道题有 3 次计算机会，第 1 次就正确得 10 分，第 2 次正确得 7 分，第 3 次正确得 5 分。最后打印总分、总耗时等。

```
import time,random
score=0;ltstart=time.clock()  # 取当前的 CPU 时间,用以浮点数计算的秒数
a=time.time()  # 返回当前时间的时间戳(1970 纪元后经过的浮点秒数)
for i in range(1,11):
    num1=random.randint(0,51);num2=random.randint(0,51); # 产生两随机数
    result=num1+num2;j=0;          # 注意 j=0 不可少,请思考少的话会有怎样的后果
    for k in range(1,4):
        print("[%d]->Please input %d+%d ="%(i,num1,num2));
        answer=int(input(""))                          # 输入你的回答
        if(answer<0):break;                            # 若输入负值,表示你要中间退出
        elif(answer==result):                          # 回答正确,j 记录回答次数 k 而退出循环
```

```
            print(" You are a clever boy/girl. ");j=k;break;
        else:print("   Don 't give up. ");
    if j==1:score=score+10                              # 按哪次正确回答来记分
    elif j==2:score=score+7
    elif j==3:score=score+5
    print(" Your score is %d. "%score)
    if (answer<0):
        print(" You has given up. ");break;             # 负数提前退出
ltend=time.clock();b=time.time()
timeuse=((float)(ltend-ltstart))                        # 计算游戏间隔用时(秒)
print('It took you %10.6f seconds'% float(b-a))         # 通过时间戳差计算用时(秒)
print("The total time you used is %10.6fmillsecond(%f second).%5.2f 分/秒."%(timeuse*1000,
timeuse,score/timeuse))
```

说明：程序通过二重循环完成，外循环控制题数，内循环控制 3 次回答。**注意程序中 break 的使用**，程序利用 time.clock()来计时，输入负数可提前结束游戏，请多次运行来领略游戏程序对算得准与快的要求。

3.6 习题

一、选择题

1. 以下程序的输出结果是（　　）。

```
x=2;y=-1;z=2;
if (x<y):
    if (y<0):z=0;
else:z+=1;
print("%d"%z);
```

A. 3　　B. 2　　C. 1　　D. 0

2. 下列运算符中优先级最低的是（　　），优先级最高的是（　　）。

A. //　　B. and　　C. +　　D. !=

3. 下面能正确表示变量 x 在[-4,4]或(10,20)范围内的表达式是（　　）。

A. -4<=x or x<=4 or 10<x or x<20　　B. -4<=x and x<=4 or 10<x and x<20

C. (-4<=x or x<=4)&&(10<x or x<20)　　D. -4<=x and x<=4 and 10<x and x<20

4. 下述循环的循环次数是（　　）。

```
k=2;
while(k):print("%d",k);
k-=1;print("\n");
```

A. 无限次　　B. 0 次　　C. 1 次　　D. 2 次

5. 执行下面的程序后，a 的值为（　　）。

```
b=1;
```

```
for a in range(1,101):
    if(b>=20):break;
    if (b%3==1):
        b+=3;continue;
    b-=5;
```

A. 7　　　　B. 8　　　　C. 9　　　　D. 10

二、编程题

1. 如何逐个取出并输出数列元素。

2. 编写程序，判断用户输入的字符是数字、字母还是其他字符。

3. 计算 1~100 所有含 8 的数之和。

4. 求 1~100 的所有素数，并统计素数个数。

5. 求 200 以内能被 7 整除，但不能被 5 整除的所有整数。

6. 编写一个程序实现如下功能，输入一元二次方程 $ax^2+bx+c=0$ 的系数 a，b，c 后求方程的根。要求：运行该程序时，输入 a，b，c 的值，分别使 $b^2-4ac>0$、$b^2-4ac=0$ 和 $b^2-4ac<0$，观察并分析运行结果。

7. 有一分段函数如下，要求用 input 函数输入 x 的值，求 y 值并在屏幕上输出。

$$y=\begin{cases}1-x^3 & x<5\\ x-1 & 5\leqslant x<15\\ 2x^2-1 & x\geqslant 15\end{cases}$$

8. 编写程序，利用下列近似公式计算 e 值，误差应小于 10^{-5}。

$$e=1+\frac{1}{1!}+\frac{1}{2!}+\cdots+\frac{1}{n!}$$

9. 编程求出 1000 之内的所有完数。“完数”是指一个数恰好等于它的因子之和，如 6 的因子为 1，2，3，而 6=1+2+3，因而 6 就是完数。

10. 猴子吃桃问题。小猴一天摘了若干个桃子，它很贪吃，当天就吃掉了一半还多一个；第二天接着吃了剩下的桃子的一半多一个；以后每天都是如此，到了第 7 天要吃时，却只剩下了一个。问小猴那天共摘了多少只桃子？

11. 计算表达式：$s=-x+\frac{2x^2}{3!}-\frac{4x^4}{5!}+\frac{6x^6}{7!}-\cdots$，$x\in[1,2]$，要求计算精度为第 n 项值小于 10^{-5}。

12. 将一个正整数分解质因数。例如：输入 90，打印出 90=2*3*3*5。

13. 输入一行字符，分别统计出其中英文字母、空格、数字和其他字符的个数。

14. 求 s=a+aa+aaa+aaaa+aa⋯a 的值，其中 a 是一个数字。例如 2+22+222+2222+22222（此时共有 5 个数相加），几个数相加由键盘控制。

15. 有一分数序列：$\frac{2}{1}$，$\frac{3}{2}$，$\frac{5}{3}$，$\frac{8}{5}$，$\frac{13}{8}$，$\frac{21}{13}$，⋯求出这个数列的前 20 项之和。

16. 求 1+2!+3!+⋯+20! 的和。

17. 一个 5 位数，判断它是不是回文数。要求：个位数与万位数相同，十位数与千位数相同。

第4章　Python 序列

序列（Sequence）是指成员有序排列，并且可以通过下标偏移量访问到其成员的类型统称。序列是 Python 语言特有的一类非常有用的数据类型，它可以简单看成是其他语言中数组、结构体、字符串等类型构建出的复合类型，它的类型层次要高于其他语言的基本类型。为此，使用序列类型数据会非常便捷与实用。

Python 序列可以包含大量复合数据类型，用于组织形成其他数据结构。

学习重点或难点

- 序列的基本概念
- 序列的通用操作
- 列表的基本使用
- 元组的基本使用
- 字符串的基本使用
- 字典与集合的基本使用

学习本章后，读者将可以方便地处理大量序列类型的数据，程序处理数据的能力将大大提高。

4.1　序列

序列是 Python 中基本的数据结构，也是 Python 的一类内置类型（Built-in Type），内置类型就是构建在 Python 解释器里面的类型，序列还可以理解为是 Python 解释器里定义的某个类（class）。列表（包括范围（range））和元组这两种数据类型是最常用到的序列。Python 内建序列共有 6 种，除了列表和元组之外，还有字符串、Unicode 字符串、buffer 对象和 xrange 对象，只是后 3 种不常使用而已。

4.1.1　序列的概念

数据结构是通过某种方式（例如对元素进行编号）组织在一起的数据元素的集合，这些数据元素可以是数字或者字符，甚至可以是其他数据结构。序列中的每个元素被分配一个序号：即元素的位置，也称为索引。第一个索引是 0，第二个则是 1，以此类推。序列中的最后一个元素标记为 -1，倒数第二个元素为 -2，以此类推。

本章主要讨论列表、元组、范围（range）和字符串，其中列表是可以修改的，元组、范围和字符串是不可修改的。

4.1.2　序列通用操作

序列通用操作有索引、分片、序列相加、乘法、成员资格、长度、最小值和最大值。

1. 索引

序列中所有的元素都是有编号的，从 0 开始递增。可以通过编号分别对序列的元素进行访问。Python 的序列也可以从右边开始索引，最右边的一个元素的索引为-1，向左开始递减。

```
>>> greeting='Hello'
>>> greeting[2]              # 'l'为输出结果,下同
>>> greeting[-1]             # 'o'
>>> 'stringtesting'[3]       # 可以对任何一个字符串进行索引,该字符串第 3 个索引为'i'字符
>>> fourth=raw_input('Year:')[3]     # 可以对输入的字符串进行索引,本例表示输入的字符串索
                                     # 引为 3 的信息
Year:2014
>>> fourth                   # '4'
```

2. 分片

索引用来对单个元素进行访问，用分片可以对一定范围内的元素进行访问，分片通过冒号相隔的两个索引来实现。分片操作的实现需要提供两个索引作为边界，**第一个索引的元素是包含在分片内的，第二个则不包含在分片内。**

```
>>> number=[1,2,3,4,5,6,7,8,9,10]
>>> number[2:4] # [3,4]           # 取索引为第二和第三的元素
>>> number[-4:-1] # [7,8,9]       # 负数表明是从右开始计数
>>> number[4:-4] # [5,6]          # 正负数同时出现来框定分片范围
>>> number[-4:] # [7,8,9,10]      # 把第二个索引置空,表明包括到序列结尾的元素
>>> number[:3] # [1,2,3]          # 同上,把第一个索引置空表明包含序列开始的元素
>>> number[0:10:1]                # 在分片的时候,默认步长为 1,这里指定步长为 1
[1,2,3,4,5,6,7,8,9,10]
>>> number[0:10:2]                # 这里指定步长为 2,这样就会跳过某些序列元素
[1,3,5,7,9]
>>> number[10:0:-1]               # 步长也可以是负数,但是第一个索引一定要大于第二个索引
[10,9,8,7,6,5,4,3,2]              # 这里 number[10:0:-1]等价于 number[9:0:-1]
>>> number[10:0:-2]   # [10,8,6,4,2] # 这里 number[10:0:-2]等价于 number[9:0:-2]
```

对于一个正数步长，Python 会从序列的头部开始向右提取元素，直到最后一个元素，而对于负数步长，则是从序列的尾部开始向左提取元素，直到第一个元素。

3. 序列相加

```
>>> [1,2,3]+[4,5,6]   # [1,2,3,4,5,6]        # 列表类型序列相加
>>> 'Hello'+'World!'   # 'Hello World!'       # 字符串类型序列相加
>>> (1,2,3)+(4,5,6)   # (1,2,3,4,5,6)        # 元组类型序列相加
>>> [1,2,3]+'Hello'                          # 出错了
Traceback (most recent call last):
File "<stdin>",line 1,in <module>
TypeError:can only concatenate list (not "str") to list
```

最后一个例子，试图将列表和字符串进行相加，但是出错了，虽然它们都是序列，但是不同数据类型，是不能相加的。

4. 乘法

用数字 x 乘以一个序列会生成新的序列，而在新的序列中，序列将会被重复 x 次。

```
>>> 'Python' * 4   # 'PythonPythonPythonPython'
>>> [None] * 4 # None 为 Python 的内建值,这里创建长度为 4 的元素空间,但是什么元素也不包含:[None,None,None,None]
```

5. 成员资格

可以使用 in 运算符来检查一个值是否在序列中，如果在其中，则返回 True；如果不在，则返回 False。

```
>>> permission='rw'
>>> 'r' in permission   # True
>>> 'x' in permission   # False
```

6. 长度、最小值和最大值

内建函数 len、min 和 max 分别返回序列所包含的元素的数量、序列中的最小元素和序列中的最大元素。

```
>>> number=[2,3,4,5,6,7,8,9,10]
>>> len(number)       # 9
>>> min(number)       # 2
>>> max(number)       # 10
>>> min(4,3,5)        # 3 # 函数的参数不用一定是序列,也可以是多个数字
```

4.2 列表

列表（List）是最常用的 Python 数据类型，列表可以使用所有适用于序列的标准操作。列表的各个元素（或数据项）通过逗号分隔写在方括号内，列表的元素不需要具有相同的类型，其中列表元素本身也可以是列表。

创建一个列表，只要把逗号分隔的不同元素使用方括号括起来即可。如下所示：

```
>>> name=['Clef','luo']
>>> name[0]           # 'Clef'
>>> test=[name,10]    # 列表元素本身也是一个列表
>>> test              # [['Clef','luo'],10]
```

4.2.1 列表操作符与内置函数

对列表可使用+和 * 操作符。+用于组合列表，* 用于重复列表。

对列表的函数有：①cmp(list1,list2)比较两个列表的元素（仅 Python 2. x 可用）；②len(list)列表元素个数；③max(list)返回列表元素最大值；④min(list)返回列表元素最小值；

⑤list(seq)将元组转换为列表。其中，len、min 和 max 前面已统一介绍。

操作符、函数在表达式或语句中的使用情况如下所示：

```
[1,2,3]+[4,5,6]            # +操作,列表组合作用,结果:[1,2,3,4,5,6]
['Hi!'] * 4                # *操作,列表重复作用,结果:['Hi!','Hi!','Hi!','Hi!']
len([1,2,3])               # 取元素个数,结果:3
3 in [1,2,3]               # 判断元素是否存在于列表中,结果:True
for x in [1,2,3]:print(x)  # 迭代结果:1 2 3
list((1,2,3))              # 转换结果:[1,2,3]
 list('123')               # 转换结果:['1','2','3']
```

4.2.2 列表的基本操作

列表元素使用下标索引来访问，索引号从 0 开始，还可以通过冒号（:）分隔的索引段来分片截取列表中连续的一段元素。

（1）更新列表：元素赋值

```
>>> x=[1,2,3]
>>> x              # [1,2,3]
>>> x[1]=4         # 使用索引来标记某个特定位置,然后对位置明确的元素赋值
>>> x              # [1,4,3]
```

（2）删除元素：使用 del 语句

```
>>> name=['Clef','luo']
>>> del name[1]         # 直接删除列表的'luo'元素
>>> name                # ['Clef']
>>> del name[:]         # 清空列表
>>> name                # []
```

也可以用 del 删除实体变量：

```
>>> del name
```

（3）分片赋值

```
>>> name=list('Perl')
>>> name                        # ['P','e','r','l']
>>> name[2:]=list('ar')         # 对 name 指定序号为 2 的元素和以后的元素进行赋值
>>> name                        # ['P','e','a','r']
>>> numbers=[1,5]
>>> numbers[1:1]=[2,3,4]        # 直接插入新的列表元素
>>> numbers                     # [1,2,3,4,5]
>>> numbers[1:4]=[]             # 指定删除相应的列表元素,和上面 del 语句效果一样
>>> numbers                     # [1,5]
>>> name=list('Perl')           # 初始化列表 name
>>> name1=name                  # 直接赋值,表明 name 和 name1 同时引用一个列表
```

```
>>> name2=name[:]              # 把整个列表切片后再赋值,将会得到一个列表的副本,name2
                                # 和name 并不是指向同一个列表
>>> name[2]='x'                # 修改列表 name 的值,2 索引值直接指定第 3 个元素
>>> name # ['P','e','x','l']
>>> name1 # ['P','e','x','l']  # name1 同时一起被修改了
>>> name2 # ['P','e','r','l']  # 但 name2 并没有同时一起被修改
```

4.2.3 列表方法

列表方法的调用格式：**列表对象．方法（参数）**

（1）append 方法

list. append(obj)：用于在列表末尾追加新的对象。

```
>>> numbers=[1,2,3]
>>> numbers.append(4)       # 直接追加新的列表元素
>>> numbers                 # [1,2,3,4]
```

（2）count 方法

```
list.count(obj):            # 统计某个元素在列表中出现的次数。
>>> numbers=[1,2,1,2,3,4,2]
>>> numbers.count(2)        # 统计列表元素'2'出现的次数,这里结果为 3
```

（3）extend 方法

list. extend(seq)：可以在列表的末尾一次性追加另一个序列中的多个值，这个方法很像序列相加，但是，extend 方法会改变列表的原始值，而序列相加不会。

```
>>> a=[1,2,3]
>>> b=[4,5,6]
>>> a.extend(b)
>>> a   # [1,2,3,4,5,6]
```

（4）index 方法

list. index(obj)：从列表中找出某个值第一个匹配项的索引位置。

```
>>> numbers                 # [1,2,1,2,3,4,2]
>>> numbers.index(2)        # 1
```

（5）insert 方法

list. insert(index,obj)：将对象插入到指定序号的列表中。

```
>>> numbers                           # [1,2,1,2,3,4,2]
>>> numbers.insert(2,'inserting')     # 指定序号为 2 的地方插入'inserting'
>>> numbers                           # [1,2,'inserting',1,2,3,4,2]
```

（6）pop 方法

list. pop([index])：移除列表中的一个元素（默认是最后一个），并且返回该元素的值，该方法是唯一一个既能修改列表又返回元素值（除 None）的列表方法。

```
>>> x=[1,2,3]
>>> x.append(x.pop())  # 移除最后一个元素,并返回该元素的值,然后用 append 方法追加到列
                       # 表的末尾
>>> x                  # [1,2,3]
```

（7）remove 方法

list.remove(obj)：移除列表中某个值的第一个匹配项。

```
>>> x=[1,2,3,2,4,5]
>>> x.remove(2)        # 只移除了列表中的第一个匹配到'2'的元素
>>> x                  # [1,3,2,4,5]
```

（8）reverse 方法

list.reverse()：将列表中元素顺序全部反向。

```
>>> x=[1,2,3,4,5]
>>> x.reverse()
>>> x                  # [5,4,3,2,1]
```

（9）sort 方法

list.sort([func])：对原列表进行排序，并返回空值。

```
>>> x=[4,2,3,5,1]
>>> y=x.sort()     # 对列表 x 进行排序,并把返回值赋给 y
>>> x              # [1,2,3,4,5] x 列表已经排序
>>> y              # y 为空,印证了上面说法,sort 方法返回空值
>>>                # 空白,没有任何内容
```

（10）高级排序

如果不想按照 sort 方法默认的方式进行排序，可以通过 compare(x,y)的形式自定义比较函数，compare(x,y)函数会在 x<y 时返回负数，在 x>y 时返回正数，如果 x=y，则返回 0，定义好该函数之后，就可以提供给 sort 方法作为参数了。同样，key、reverse 还是可以作为 sort 方法的参数。

```
>>> cmp(1,2)         # -1  # Python 2.x 才支持
>>> cmp(2,1)         # 1
>>> cmp(1,1)         # 0
>>> x=[5,2,9,7]
>>> x.sort(cmp)      # Python 2.x 才支持
>>> x                # [2,5,7,9]
>>> x=['abc','ab','abcd','a']
>>> x.sort(key=len)
>>> x                # ['a','ab','abc','abcd']
>>> x=[5,2,9,7]
>>> x.sort(reverse=True)
>>> x                # [9,7,5,2]  # reversed(x)也具有倒序的功能
```

（11）多维列表

Python 支持使用多维列表，就是列表的数据元素本身也是列表。

可以像创建普通列表一样创建多维列表，例如：

```
list33=[[1,2,3],[4,5,6],[7,8,9]]
print(list33)
```

输出：[[1,2,3],[4,5,6],[7,8,9]]

为了引用多维列表中的一个数据值，需要两个索引号，一个是外层列表的，另外一个是元素列表的。例如：

```
print(list33[0][0])   #1   #相当于二维数组表达的矩阵的第1行第1列
print(list33[1][2])   #6   #相当于二维数组表达的矩阵的第2行第3列
print(list33[2][1])   #8   #相当于二维数组表达的矩阵的第3行第2列
```

同样可以定义出三维列表，例如：

```
list333=[[[1,2,3],[4,5,6],[7,8,9]],[[11,12,13],[14,15,16],[17,18,19]],[[21,22,23],
[24,25,26],[27,28,29]]]
print(list333[1][2][1])   #18   #是其中的一个元素
```

【例 4-1】 随机产生 20 个 100 以内的整数，存放在数组（即列表）中，找出其中的最大数并指出其所在的位置。

分析： 利用 random. randint(0,100)随机产生 100 以内的大于或等于 0 的整数。本题先用传统数组元素比较查找的方法实现；再用列表内置函数来非常便捷实现本例功能。

```
import random
print("随机产生的20个数为:");a=[]
for i in range(0,20):                    #产生20个随机数
    a.append(random.randint(0,100));
for i in range(0,20):
    if(i%10==0):print("");               #每输出10个数换行
    print("%5d"%a[i],end='');
print("");max=a[0];j=0;
for i in range(0,20):                    #求最大数及其位置
    if(max<a[i]):
        max=a[i];j=i;
print("最大数为:%d,位置为数列中第 %d 个。"%(max,j+1));
del max #把当前变量名删除,这样下面max(a)调用不会与变量名冲突了
```

下面利用列表内置函数与方法来实现。

```
print("最大数为:%d,位置为数列中第 %d 个。"%(max(a),a.index(max(a))+1));
```

4.3 元组

元组（tuple）与列表一样，也是一种序列，唯一的不同就是元组不能修改。创建元组

很简单，用逗号隔开一些值，就自动创建了元组，元组大部分的时候是通过圆括号括起来的。元组的基本操作可以参考 Python 序列的通用操作。

```
>>> 1,2,3            # (1,2,3)
>>> (4,5,6)          # (4,5,6)
```

4.3.1 元组的创建与访问

创建元组很简单，只需要在括号中添加元素，并使用逗号隔开即可。例如：

```
tup1=('physics','chemistry',1997,2000);
tup2=(1,2,3,4,5 );
tup3="a","b","c","d";
```

创建元组需注意以下问题。

1）创建空元组，tup1=()； #空元组,不包含任何元素

2）元组中只包含一个元素时，需要在元素后面添加逗号，tup1=(50,)；

3）元组与列表、字符串等都类似，下标索引从 0 开始，可以进行截取、组合等操作。

4）无关闭分隔符的对象，以逗号隔开，默认为元组，如下实例：

```
x='abc',-4.24e93,18+6.6j,'xyz';
pint(x);  #('abc',-4.24e93,18+6.6j,'xyz')
x,y=1,2;
print("Value of x ,y :",x,y);  # Value of x ,y :1 2
```

tuple 函数功能与 list 函数基本上是一样的，以一个序列作为参数并把它转换为元组，如果参数是元组，那么就会原样返回该元组。

```
>>> tuple([1,2,3])           # (1,2,3)           # 参数是列表,就转换为元组
>>> tuple('abc')             # ('a','b','c')     # 与 list 函数用法一样
>>> tuple(('a','b','c'))     # ('a','b','c')     # 参数为元组,就返回原元组,字符要加引号
```

元组可以使用下标索引来访问元组中的值，如下实例：

```
tup1=('physics','chemistry',1997,2000);
tup2=(1,2,3,4,5,6,7 );
print("tup1[0]:",tup1[0])            # tup1[0]:physics
print("tup2[1:5]:",tup2[1:5])        # tup2[1:5]:(2,3,4,5)
```

4.3.2 元组操作符与函数

元组与列表一样，可使用+和*的操作符。+用于组合元组，*用于重复元组。对元组操作的函数基本是可以参照操作列表的函数，有 cmp(tuple1,tuple2)、len(tuple)、max(tuple)、min(tuple)、tuple(seq)等，唯一不同的是把 list(seq)改为 tuple(seq)，tuple(seq)函数是把序列转换为元组，其他函数的含义同对列表的函数。

操作符、函数在表达式或语句中的使用情况如下所示：

```
(1,2,3)+(4,5,6)              # +操作,元组连接形成新元组,结果:(1,2,3,4,5,6)
('Hi!') * 4                  # *操作,元组重复结果:['Hi!','Hi!','Hi!','Hi!']
len((1,2,3))                 # 计算元素个数,结果:3
3 in (1,2,3)                 # 判断元素是否存在于元组中,结果:True
for x in (1,2,3):print(x)    # 迭代结果:1 2 3
tuple ([1,2,3])              # 转换结果:(1,2,3)
tuple('123')                 # 转换结果:('1','2','3')
tuple1=(123,'xyz','zara','abc');max(tuple1);  # zara # 本例 Python 3.6 不支持
```

4.3.3 元组的基本操作

（1）修改元组

元组中的元素值是不允许修改的，但用户可以对元组进行连接组合，如下实例：

```
tup1,tup2=(12,34.56),('abc','xyz');
# tup1[0]=100;      # 本修改元组元素的操作是非法的
tup3=tup1+tup2;     # 创建一个新的元组
print(tup3);        # (12,34.56,'abc','xyz')
```

（2）删除元组

元组中的元素值是不允许删除的，但可以使用 del 语句来删除整个元组，如：

```
tup=('physics','chemistry',1997,2000);
print(tup);
del tup;print("After deleting tup :");
print(tup);
```

以上程序元组 tup 被删除后，输出变量会有异常信息，输出如下所示：

```
('physics','chemistry',1997,2000)
After deleting tup :
Traceback (most recent call last):
    File "test.py",line 4,in <module>
        print(tup);
NameError:name 'tup' is not defined
```

4.4 范围 range

范围（range）类型表示一个不可变的数字序列，通常用于在 for 循环中控制循环次数。某种意义上范围可以看成是列表的子集，但不同于列表，它是不可修改的。范围由 range( ) 函数来定义，其语法：

range(stop)　或　range(start,stop[,step])

range 函数是一个用来创建算数级数序列的通用函数，返回一个[start,start+step,start+2 * step,…]结构的整数序列。range 函数具有如下特性：

1）step 参数默认为 1；start 参数默认为 0。

2）如果 step 是正整数，则最后一个元素(start+i * step)小于 stop。

3）如果 step 是负整数，则最后一个元素(start+i * step)大于 stop。

4）step 参数必须是非零整数，否则抛出 VauleError 异常。

注意：range 函数返回一个左闭右开（[left,right)）的序列数。

下面是一些使用 range()函数的例子：

```
>>> range(10)                # [0,1,2,3,4,5,6,7,8,9]
>>> range(1,10)              # [1,2,3,4,5,6,7,8,9]
>>> range(1,10,1)            # [1,2,3,4,5,6,7,8,9]
>>> range(1,10,3)            # [1,4,7]
>>> range(0,-10,-1)          # [0,-1,-2,-3,-4,-5,-6,-7,-8,-9]
>>> range(0)                 # []
>>> range(1,0)               # []
>>> r=range(5)
>>> type(r)                  # <type 'list'>
```

range()函数通常结合 for 循环一起使用。

```
>>> for i in range(10):print(i,)                  # 输出 0~9
>>> li=["a","example","b"]
>>> for i in range(len(li)):print(li[i])          # 按单词逐行输出 a  example  b
```

range()函数支持负数序列，这时表示序列的负数索引。例如：

```
>>> for i in range(0,-3,-1):print(li[i])  # 按单词逐行输出 a  b  example
```

还可以对范围对象进行包含测试、元素索引查找、支持负索引、分片操作及用==或!=来比较等。例如：

```
>>> r=range(0,20,2)
>>> r                        # range(0,20,2)
>>> 11 in r                  # False
>>> 10 in r                  # True
>>> r.index(10)              # 5
>>> r[5]                     # 10
>>> r[:5]                    # range(0,10,2)
>>> r[-1]                    # 18
>>> r== range(0,21,2)        # False
>>> r== range(0,19,2)        # True
```

4.5 字符串

字符串是 Python 中最常用的数据类型。字符串可以使用所有通用的序列操作，但与元组一样，字符串同样是不可变的序列。

4.5.1 字符串的创建与访问

1. 创建与访问

可以使用引号来创建字符串。创建字符串很简单，只要为变量分配一个值即可。Python 不支持单字符类型，单字符也是作为一个字符串使用。

Python 访问子字符串，可以使用方括号来截取字符串，如下实例：

```
var1 = 'Hello World! '
var2 = "Python Programming"
print("var1[0]:",var1[0])          # var1[0]:H
print("var2[1:5]:",var2[1:5])      # var2[1:5]:ytho
```

2. Python 转义字符

在需要在字符中使用特殊字符时，Python 用反斜杠（\）转义字符，见表 1-1 和表 1-2。

3. 字符串常量

string 模块中的字符串常量（Python 3.6 中）如表 4-1 所示。

表 4-1 字符串常量

常 量 名	说 明
string. digits	包含数字 0~9 的字符串
string. ascii_letters	包含所有字母（大写或小写）的字符串
string. ascii_lowercase	包含所有小写字母的字符串
string. printable	包含所用可打印字符的字符串
string. punctuation	包含所有标点的字符串
string. ascii_uppercase	包含所有大写字母的字符串
string. hexdigits	包含数字 0~9a-fA-F 的十六进制数字字符串
string. octdigits	包含数字 0~7 的八进制数字字符串
string. whitespace	包含全部空白的 ASCII 字符串'\t\n\r\x0b\x0c'

字母字符串常量具体值取决于 Python 所配置的语言，如果可以确定自己使用的是 ASCII，那么可以在变量中使用 ascii_前缀，例如 string. ascii_letters。

```
>>> import string
>>> string. letters       # 这里使用的是 Python 2.7
'abcdefghijklmnopqrstuvwxyzABCDEFGHIJKLMNOPQRSTUVWXYZ'
>>> import string
>>> string. letters       # 这里使用的是 Python 3.2,不可以直接用 string. letters
Traceback (most recent call last):
  File "<stdin>",line1,in <module>
AttributeError:'module'object has no attribute 'letters'
>>> string. ascii_letters
'abcdefghijklmnopqrstuvwxyzABCDEFGHIJKLMNOPQRSTUVWXYZ'
```

4. Python 三引号

Python 中三引号（triple quotes）可以将复杂的字符串进行复制。Python 三引号允许一个字符串跨多行，字符串中可以包含换行符、制表符以及其他特殊字符。

三引号的语法是一对连续的 3 个单引号（'''）或者 3 个双引号（"""）（通常都是成对使用）。

```
>>> hi = '''hi
there '''
>>> hi
```

repr( )函数的效果(print(repr(hi)))：

```
'hi\nthere'
>>> print(hi)
```

str( )函数的效果(print(str(hi)))：

```
hi
there
```

三引号让程序员从引号和特殊字符串的泥潭中解脱出来，自始至终保持一小块字符串的格式是所谓的所见即所得格式。一个典型的用例是，当用户需要一块 HTML 或者 SQL 时，这时用字符串组合，特殊字符串转义将会非常烦琐，而使用三引号就很方便。

```
errHTML = '''
<HTML><HEAD><TITLE>
Friends CGI Demo</TITLE></HEAD>
<BODY
...
</BODY></HTML>
'''
cursor.execute('''CREATE TABLE users (
login VARCHAR(8),uid INTEGER,prid INTEGER) ''')
```

5. Unicode 字符串

Python 中定义一个 Unicode 字符串和定义一个普通字符串一样简单：

```
>>> u 'Hello World ! '   # u 'Hello World ! '
```

引号前小写的"u"表示这里创建的是一个 Unicode 字符串。如果想加入一个特殊字符，可以使用 Python 的 Unicode-Escape 编码（即字符的 Unicode 编码格式）。

如下例所示：

```
>>> u 'Hello\u0020World ! '   # u 'Hello World ! '
```

\u0020 标识表示在给定位置插入编码值为 0x0020 的 Unicode 字符（即空格符）。

4.5.2 字符串操作符

1. 字符串运算符

表 4-2 是字符串运算符表，其中设变量 a 值为字符串"Hello"，b 值为"Python"。

表 4-2 字符串运算符

操作符	说明	示例	结果
+	字符串连接	a+b	HelloPython
*	重复输出字符串	a*2	HelloHello
[]	通过索引获取字符串中字符	a[1]	e
[:]	截取字符串中的一部分	a[1:4]	ell
in	成员运算符，如果字符串中包含给定的字符返回 True	H in a	1
not in	成员运算符，如果字符串中不包含给定的字符返回 True	M not in a	1
r/R	原始字符串，所有的字符串都是直接按照字面的意思来使用，没有转义符、特殊符或不能打印的字符。原始字符串除在字符串的第一个引号前加上字母"r"（可以大小写）以外，与普通字符串有着几乎完全相同的语法	print(r'\n')和 print(R'\n')，均输出\n	
%	格式字符串		

2. 字符串"更新"

可以对已存在的字符串进行修改，并赋值给另一个变量，例如：

```
var1 = 'Hello World! '
print("Updated String :- ",var1[:6]+'Python ')
```

输出结果：Updated String :- Hello Python

3. 字符串格式化

Python 支持格式化字符串的输出。尽管这样可能会用到非常复杂的表达式，但最基本的用法是将一个值插入到一个有格式符%s 的格式字符串中。在 Python 中，字符串格式化的语法与 C 语言中 sprintf()函数一样。例如：

```
print("My name is %s and weight is %d kg!" % ('Zara',21))
```

输出结果：My name is Zara and weight is 21 kg!

```
>>> '%.5s'% 'Guido van Rossum '        # 'Guido'   # '5'表示最大字段宽度
>>> from math import pi
>>> '%10.2f '% pi #'        3.14'       # 字段宽度为 10,精度为 2
>>> '%.*s'% (5,'Guido van Rossum')  # 'Guido'   # 使用*,表示从元组参数中读取字符宽度
                                                # 或者精度,这里为字符宽度 5
```

字符串格式化基本格式为：

```
%[转换标志][最小字符宽度].[精度值]转换类型
```

下面这几步是基本顺序。

1)%字符：标记转换说明符的开始。

2）转换标志（可选）：- 表示左对齐；+ 表示在转换值之前要加上正负号；" "（空白字符）表示正数之前保留的空格；0 表示转换值若位数不够则用 0 填充。

3）最小字符宽度（可选）：转换后的字符串至少应该具有该值指定的宽度。如果是 *，则宽度会从元组中读出。

4）点（.）后跟精度值（可选）：如果转换的是实数，精度值就表示出现在小数点后的位数。如果转换的是字符串，那么该数字就表示最大字段宽度。如果是 *，那么精度将会从元组中读出。

5）转换类型（见表 4-3），也即 Python 字符串格式化符号。

表 4-3 字符串格式化符号

符　号	说　明
%d,%i	格式化整数
%u	格式化无符号整型
%o	格式化无符号八进制数
%x	格式化无符号十六进制数
%X	格式化无符号十六进制数（大写）
%f,%F	格式化浮点数字，可指定小数点后的精度
%e	用科学计数法格式化浮点数
%E	作用同%e，用科学计数法格式化浮点数
%g,%G	根据值的大小决定使用%f 或%e
%%	输出%字符
%p	用十六进制数格式化变量的地址
%c	单字符（接受整数或者单字符字符串）
%s	格式化字符串（使用 str()转换任意 Python 对象）
%r	格式化字符串（使用 repr()转换任意 Python 对象）
%a	格式化字符串（使用 ascii()转换任意 Python 对象）

格式化操作符辅助指令如表 4-4 所示。

表 4-4 格式化操作符辅助指令

符　号	说　明
*	定义宽度或者小数点精度
-	左对齐
+	在正数前面显示加号（+）
<sp>	在正数前面显示空格
#	在八进制数前面显示零('0')，在十六进制前面显示'0x'或者'0X'(取决于用的是'x'还是'X')
0	显示的数字前面填充'0'而不是默认的空格
%	'%%'输出一个单一的'%'
(var)	映射变量（字典参数）
m. n.	m 是显示的最小总宽度，n 是小数点后的位数（如果可用的话）

4.5.3 字符串方法

字符串方法（又叫字符串内置函数）实现了 string 模块的大部分方法。这里只介绍几个很常用的方法，其他方法的使用请参照 Python 官网中字符串内置函数。目前字符串内建支持的方法都包含了对 Unicode 的支持，有一些甚至是专门用于 Unicode 的。

请注意：字符串方法都是返回修改后的字符串，原字符串并没有改变。

1. find 方法

str.find(sub[,start[,end]])：可以在一个较长的字符串中查找子字符串，它返回子串所在位置的最左端索引，如果没有找到则返回-1。

```
>>> my_strings = "This is testing"
>>> my_strings.find('is')        # 2
>>> my_strings.find('clef')      # -1
```

2. join 方法

str.join(iterable)：在队列中添加元素，需要添加的队列元素必须是字符串。

```
>>> my_list = [1,2,3,4,5]
>>> my_string = '+'
>>> my_string.join(my_list)            # 需要添加的队列元素必须是字符串
Traceback (most recent call last):
  File "<stdin>", line 1, in <module>
TypeError: sequence item 0: expected string, int found
>>> my_list = ['1','2','3','4','5']
>>> my_string.join(my_list)            # '1+2+3+4+5'
>>> dirs = '','usr','bin','env'        # 这里 dirs 赋值后为元组,也可以对它进行添加
>>> '/'.join(dirs)                     # '/usr/bin/env'
```

3. lower 方法

str.lower()：返回字符串的小写字母。

```
>>> my_strings = "This"
>>> my_strings.lower()       # 'this'
>>> my_strings               # 'This'  # 原字符串并没有改变
```

4. replace 方法

str.replace(old,new[,count])：返回字符串的所用匹配项均被替换之后得到的字符串。

```
>>> "It is a testing".replace('is','replaced') # 用'replaced'替换'is'
'It replaced a testing'
```

5. split 方法

str.split(sep=None,maxsplit=-1)：是 join 方法的逆方法，用来将字符串分隔成序列。

```
>>> '1+2+3+4+5'.split('+')          # ['1','2','3','4','5']
>>> '/usr/bin/env'.split('/')       # ['','usr','bin','env']
```

6. strip 方法

str.strip([chars])：返回去除两侧（不包括内部）空格的字符串，也可以去除字符串两侧的其他字符，将它们作为 strip 方法的参数即可。

```
>>> '    this is testing    '.strip() # 去除了两侧的空格,并保留字符串内部的空格
```

输出结果：

```
'this is testing'
>>> 'xxxthis is testing!!! xxx '.strip('x! ')
```

输出结果：

```
'this is testing'
```

也可以用其他字符来代替默认的空格，这里用'x'或'!'来代替了默认的空格，即去掉两边的 x 或!。

7. translate 方法

str.translate(table)：translate 方法和 replace 方法一样，可以替换字符串中的某些部分。但是和前者不同的是，translate 方法处理单个字符，它的优势在于可以同时处理多个替换，比 replace 效率高。在使用 translate 转换之前，需要先完成一张转换表，转换表中是以某个字符替换某个字符的对应关系，因为这个表（事实上是字符串）有多达 256 个项目，不用自己写，使用 string 模块里面的 maketrans 函数即可。

maketrans 函数接收两个参数，两个等长的字符串，表示第一个字符串中的每个字符都用第二个字符串中相同位置的字符替换。

```
>>> from string import maketrans          # 导入 maketrans 函数
>>> table=maketrans('cs','kz')            # 指明用'k'来替换'c',用'z'来替换's'
>>> len(table)                            # 长度为 256
>>> table[97:123]                         # 现在已经用'k'替换了'c',用'z'替换了's'
'abkdefghijklmnopqrztuvwxyz'
>>>maketrans('','')[97:123]               # 'abcdefghijklmnopqrstuvwxyz' # 恢复原值
>>> 'this is an incredible testing'.translate(table) # 这里已经用'k'替换了'c',用'z'替换了's'
'thiz iz an inkredible tezting'
```

translate 的第二个参数是可选的，指定要删除的字符，下面指定为空，删除了字符串里面的空格。

```
>>> 'this is an incredible testing'.translate(table,'')      # 'thizizaninkredibletezting'
```

4.6 序列间的转换操作

Python 列表、元组和字符串，它们之间的互相转换使用 3 个函数，即 str()、tuple() 和 list()。具体示例如下：

```
>>> s="xxxxx"
```

```
>>> list(s)                    # ['x','x','x','x','x']
>>>tuple(s)                    # ('x','x','x','x','x')
>>>tuple(list(s))              # ('x','x','x','x','x')
>>>tuple({1:2,3:4}) #(1,3)     # 针对字典(见下节)会返回字典的 key 组成的 tuple
>>> list(tuple(s))             # ['x','x','x','x','x']
```

列表和元组转换为字符串则必须依靠 join 函数。

```
>>>"".join(tuple(s))      # 'xxxxx'
>>>"".join(list(s))       # 'xxxxx'
>>> str(tuple(s))         # "('x','x','x','x','x')"
```

4.7 字典

字典（dict）由键和对应值成对组成。字典也称作关联数组或哈希表。

如果想将值分组到一个结构中，并且通过编号对其进行引用，字典就能派上用场了。字典是一种通过名字引用值的数据结构，字典中的值并没有特殊的顺序，但是都是存储在一个特定的键（key）里，键可以是数字、字符串或者元组等。例如：

```
dict={'Alice':'2341','Beth':'9102','Cecil':'3258'}
```

4.7.1 字典的创建与访问

字典是由多个键及与其对应的值构成的对组成（键/值对称为项），每个键和它的值之间用冒号（:）隔开，项之间用逗号（,）隔开，而整个字典是由一对大括号括起来，空字典（不包括任何项）由两个大括号组成，字典中的键是唯一的，而值并不唯一。

```
>>> phonebook={'Alice':'2341','Beth':'9102','Cecil':'3258'} #定义字典
```

也可以通过 dict 函数来建立字典：

```
>>> items=[('name','Gumby'),('age',42)]
>>> d=dict(items)                    # 通过 dict 函数来建立映射关系
>>> d                                # {'age':42,'name':'Gumby'}
>>> dd=dict(name='Clef',age=42)      # 由 dict 函数来建立映射关系的另一种表达
>>> dd                               # {'age':42,'name':'Clef'}
```

下面的例子都是创建字典{"one":1,"two":2,"three":3}：

```
>>> a =dict(one=1,two=2,three=3)
>>> b={'one':1,'two':2,'three':3}
>>> c =dict(zip(['one','two','three'],[1,2,3]))
>>> d =dict([('two',2),('one',1),('three',3)])
>>> e =dict({'three':3,'one':1,'two':2})
>>> a == b == c == d == e   # True  # 注意:a==b==c 等价于 a==b and b==c
```

访问字典里的值，把相应的键放入字典后的方括弧，如下实例：

```
dict={'Name':'Zara','Age':7,'Class':'First'};
print("dict['Name']:",dict['Name']);  # dict['Name']:  Zara
print("dict['Age']:",dict['Age']);    # dict['Age']:  7
```

如果用字典里没有的键访问数据，则会出错。

4.7.2 字典基本操作符

1. 字典的基本操作行为

字典的基本行为在很多方面与序列（sequence）类似。

（1）len（d）返回 d 中项（键-值对）的数量

```
dict={'Name':'Zara','Age':7};
print("Length:%d" % len(dict))            # Length:2
```

（2）d[k]返回关联键 k 上的值

（3）d[k]=v 将值 v 关联到键 k 上

```
dict={'Name':'Zara','Age':7,'Class':'First'};
dict['Age']=8;                            # 修改存在的键值
dict['School']="DPS School";              # 键不存在时,添加新的项
print("dict['Age']:",dict['Age']);        # dict['Age']:  8
print("dict['School']:",dict['School']);  # dict['School']:  DPS School
```

（4）del d[k]删除键为 k 的项

能删单一的元素也能清空字典，清空只需一项操作。

```
del dict['Name'];           # 删除键是'Name'的项
dict.clear();               # 清空字典所有条目
del dict ;                  # 删除字典
```

（5）k in d 检查 d 中是否有含有键为 k 的项，key not in d 等价于 not k in d

（6）cmp()与 str()函数

1）cmp()函数比较两个字典元素。语法格式：**cmp（dict1，dict2）**

返回值：如果两个字典的元素相同返回 0，如果字典 dict1 大于字典 dict2 返回 1，如果字典 dict1 小于于字典 dict2 返回-1。以下实例展示了 cmp()函数的使用方法：

```
dict1={'Name':'Zara','Age':7};
dict2={'Name':'Mahnaz','Age':27};
dict3={'Name':'Abid','Age':27};
dict4={'Name':'Zara','Age':7};
print("Return Value:%d" %  cmp (dict1,dict2))  # -1
print("Return Value:%d" %  cmp (dict2,dict3))  # 1
print("Return Value:%d" %  cmp (dict1,dict4))  # 0
```

2）str()函数将值转化为适合于人阅读的形式，以可打印的字符串表示。

语法：str(dict)。返回值为字符串。例如：

```
ict={'Name':'Zara','Age':7};
print("字典字符串为:%s" % str(dict))          # 字典字符串为:{'Age':7,'Name':'Zara'}
```

2. 字典与列表的区别

尽管字典和列表有很多特性相同，但也有下面一些重要的区别。

1）键类型：字典的键不一定为整型数据，也可能是其他**不可变类型**，比如浮点数（实型）、字符串或者元组等。

2）自动添加：即使键在字典中并不存在，也可以为它分配一个值，这样字典就会建立新的项。

3）成员资格：表达式 k in d（d 为字典）查找的是键，而不是值，表达式 v in l（l 为列表）则用来查找值，不是索引。

```
>>> x=[]                # x 为空的列表
>>> x[2]='Testing'      # 试图给空列表的'2'号位置赋值,这显然是不可以的,因为这个位置根本就
                        # 不存在
Traceback (most recent call last):
File "<stdin>",line 1,in<module>
IndexError:list assignment index out of range
>>> x={}                # x 为空的字典
>>> x[2]='Testing'      # 把'Testing'关联到空字典的键'2'号上,是没有问题的。
>>> x                   # {2:'Testing'}
```

字典值可以没有限制地取任何 Python 对象，以下两点需要特别注意。

- 不允许同一个键出现两次。创建时如果同一个键被赋值两次，后一个值会被记住，如下实例：

```
dict={'Name':'Zara','Age':7,'Name':'Manni'};
print("dict['Name']:",dict['Name']);  # dict['Name']:  Manni
```

- 键必须不可变，所以可以用数、字符串或元组充当，但用列表就不行，例如：

```
dict={['Name']:'Zara','Age':7};
print("dict['Name']:",dict['Name']);
```

输出结果：

```
Traceback (most recent call last):
  File "test.py",line 3,in <module>
    dict={['Name']:'Zara','Age':7};
TypeError:list objects are unhashable
```

3. 字典的格式化字符串

使用字符串作为键的字典，在每个转换说明符（conversion specifier）中的%字符后面，可以加上（用圆括号括起来的）键，后面再加上其他说明元素。

```
>>> phonebook={'Alice':'2341','Beth':'9102','Cecil':'3258'}
>>> "Cecil 's phone number is %(Cecil)s." % phonebook
```

"Cecil's phone number is 3258."

4.7.3 字典方法

1. clear 方法

clear()：清除字典中所有的项，这是个原地操作（类似于 list.sort），所以无返回值（或者说返回 None）。

```
>>> x={}
>>> y=x                     # x,y 对应同一个字典
>>> x['Key']='value'
>>> y                       # {'Key':'value'}
>>> x={}                    # 重新对字典 x 赋值为空,x 清空了,但 y 字典没有清空
>>> x                       # {}
>>> y                       # {'Key':'value'}
>>> x={}
>>> y=x
>>> x['Key']='value'
>>> x.clear()               # 用 clear()方法可以将两者都清空
>>> x                       # {}
>>> y                       # {}
```

2. copy 方法

copy()：copy 方法返回一个具有相同键—值对的新字典（这个方法实现的是浅复制（shallow copy），因为值本身就是相同的，而不是副本）。

```
>>> x={'username':'admin','machine':['foo','bar','baz']}
>>> y=x.copy()                      # 浅复制
>>> y['username']='mlh'             # 修改字典的某个值
>>> y['machine'].remove('bar')      # 删除字典的某个值
>>> x   # {'username':'admin','machine':['foo','baz']}     # 修改的值对原字典没有影响,删
                                                           # 除的值对原字典有影响
>>> y                               # {'username':'mlh','machine':['foo','baz']}
```

为避免上面浅复制带来的影响，可以用深复制（deep copy）：

```
>>> from copy import deepcopy               # 导入 deepcopy 函数
>>> d={}
>>> d['names']=['Alfred','Bertrand']
>>> c=d.copy()                              # 浅复制
>>> dc=deepcopy(d)                          # 深复制
>>> d['names'].append('Clice')              # 修改原字典的内容
>>> c
{'names':['Alfred','Bertrand','Clice']}     # 浅复制的新字典也随着修改了
>>> dc   # {'names':['Alfred','Bertrand']}     # 深复制的新字典没有改变
```

3. fromkeys 方法

fromkeys(seq[,value])：使用给定的键建立新的字典，每个键默认对应的值为 None。

```
>>>{}.fromkeys(['name','age'])                  # {'age':None,'name':None}
>>> dict.fromkeys(['name','age'])               # 也可以用 dict 函数
{'age':None,'name':None}
>>> dict.fromkeys(['name','age'],20)            # 不用默认的 None,自己提供默认值
{'name':20,'age':20}
```

4. get 方法

get(key[,default])：访问字典项的方法。

```
>>> d={}
>>> print(d['name'])                 # 打印字典中没有的键则会报错
Traceback (most recent call last):
  File "<stdin>",line 1,in<module>
KeyError:'name'
>>> print(d.get('name'))             # None # 用 get 方法就不会打印 None
>>> d.get('name','N/A')              # 'N/A'# 取代默认的 None,用 N/A 来替代
```

5. has_key 方法

has_key(key)：检查字典中是否含有给出的键，表达式 d.has_key(k)相当于表达式 k in d。注意：Python 3.0 及之后版本中不包含这个函数。

```
>>> d={}
>>> d.has_key('name')                # False
>>> d['name']='Eric'
>>> d.has_key('name')                # True
```

6. items 方法和 iteritems 方法

items()、iteritems()：items 方法将所用的字典项**以列表**方法返回，这些列表项中的每一项都来自于（键、值），但是项在返回时并没有特殊的顺序。

```
>>> phonebook={'Alice':'2341','Beth':'9102','Cecil':'3258'}
>>> phonebook.items()
[('Beth','9102'),('Alice','2341'),('Cecil','3258')]
>>> phonebook.iteritems()   # iteritems 方法作用大致和 items 相同,但是会返回一个迭代器对象而
                            # 不是列表
<dictionary-itemiterator object at 0x7fed217dc940>
>>> list(phonebook.iteritems())   # 迭代器对象,为此多一层 list()的作用
[('Beth','9102'),('Alice','2341'),('Cecil','3258')]
```

7. iter 函数

iter(d)：在字典的键上返回一个迭代器。iter(d)是 iter(d.keys())的缩减形式。

```
>>> d={'one':1,'two':2,'three':3}
```

```
>>> d                          # {'three':3,'two':2,'one':1}
>>>iterd=iter(d)               # 字典的迭代器会遍历字典的键(key)
>>>iterd.next()                # 'three'
>>>iterd.next()                # 'two'
>>>iterd.next()                # 'one'
>>>iterd.next()
Traceback (most recent call last):
  File "<stdin>",line 1,in<module>
StopIteration
```

8. keys 方法和 iterkeys 方法

keys()、iterkeys()：keys 方法将字典中的键以**列表**形式返回，而 iterkeys 返回针对键的迭代器。

```
>>> phonebook={'Alice':'2341','Beth':'9102','Cecil':'3258'}
>>> phonebook.keys()   # ['Beth','Alice','Cecil']
```

9. pop 方法

pop(key[,default])：用来获得对应于给定键的值，然后将这个键-值对从字典中移除。

```
>>> phonebook={'Alice':'2341','Beth':'9102','Cecil':'3258'}
>>> phonebook.pop('Alice')          # '2341'# 移除键'Alice'以及对应的值
>>> phonebook                       # {'Beth':'9102','Cecil':'3258'}
```

10. popitem 方法

popitem()：类似于 list.pop，后者会弹出列表的最后一个元素，但是不同的是，popitem 会弹出随机的项，因为字典并没有“最后的元素”或者其他有关顺序的概念。

```
>>> phonebook={'Alice':'2341','Beth':'9102','Cecil':'3258'}
>>> phonebook.popitem() # ('Beth','9102')        # 随机弹出一项
>>> phonebook                                    # {'Alice':'2341','Cecil':'3258'}
```

11. setdefault 方法

setdefault(key[,default])：在某种程度上类似于 get 方法，就是能够获得与给定键相关联的值，除此之外，setdefault 还能在字典中不含有给定键的情况下设定相应的键值。

```
>>> d={}
>>> d.setdefault('name','N/A')              # 'N/A'# 如果不设定值,默认是 None
>>> d                                       # {'name':'N/A'}
>>> d['name']='Gumby'
>>> d.setdefault('name','N/A') # 'Gumby'   # 当键为'name'的值不会空时,就不能设置了,返
                                # 回对应的值
>>> d                           # {'name':'Gumby'}
```

12. update 方法

update([other])：利用一个字典项更新另外一个字典，如果没有相同的键，会添加到旧的字典里面。

```
>>> phonebook={'Alice':'2341','Beth':'9102','Cecil':'3258'}
>>> x={'Alice':'changed'}
>>> phonebook.update(x)                 # 更新键'Alice'对应的值
>>> phonebook   # {'Alice':'changed','Beth':'9102','Cecil':'3258'}
>>> x={'Alicex':'changed'}              # 没有相同的键，直接添加到旧的字典里面
>>> phonebook.update(x)
>>> phonebook
{'Alice':'changed','Beth':'9102','Cecil':'3258','Alicex':'changed'}
```

13. values 方法和 itervalues 方法

values()、itervalues()：values 方法以列表的形式返回字典中的值，itervalues 返回值的迭代器），与返回键的列表不同的是，返回值的列表中包含重复的元素。

```
>>> d={};d[1]=1;d[2]=2;d[3]=3;d[4]=1
>>> d.values()                  # dict_values([1,2,3,1])
```

4.8 集合

集合（set）是一组无序的不同元素的集合，它有可变集合（set()）和不可变集合（frozenset()）两种。集合常用于：成员测试、删除重复值以及计算集合并、交、差和对称差等数学运算。对可变集合 set，有添加元素、删除元素等可变操作。

4.8.1 集合的创建与访问

非空集合可以把逗号分隔的元素放在一对大括号中来创建，如：{'jack','sjoerd'}。

创建集合的语法格式：**class set([iterable])**。其中 iterable 表示可迭代的序列集，集合元素必须是可哈希的、不可改变的，如 str、tuple、frozenset、数字等。set()得到一个空的集合。例如：

```
set1=set();set2={1,2,3};set3=set([1,2,3]);set4=set((1,2,3]));set5=set('abc');
set2   # {1,2,3}
set3   # {1,2,3}
set4   # {1,2,3}
set5   # {'b','a','c'}
```

集合是无序的不重复的，例如：

```
li=[11,22,11,33]
a=set(li)
print(a)            # {33,11,22}
```

4.8.2 集合基本操作符

与其他序列类型一样，集合支持 x in set、len(set)和 for x in set 等表达形式。集合类型是无序集，为此，集合不会关注元素在集合中的位置、插入顺序，集合也不支持元素索引、

切片或其他序列相关的行为。

集合 set 是可改变、可修改的，可以使用 add( ) 和 remove( ) 方法来完成对集合的改变。下面是集合提供的基本操作（set2、set3 参照前面的值）。

1）增加元素：s. add（元素）。例如

```
set2.add(5); set2   # {1,2,3,5}
```

2）增加多个元素：s. update(* others)。

```
set2.update([5,6,7,8]);set2  # {1,2,3,5,6,7,8}
```

3）删除元素：s. remove（元素）或 s. discard（元素）。若元素不存在，s. remove（元素）会报错，而 s. discard（元素）不会。

```
set2.remove(1);set2.discard(1);set2   # {2,3,5,6,7,8}
```

4）查找元素：集合虽然无法通过下标索引来定位查找元素，但可以通过 x in set 来判定。

5）修改元素：元素都为不可变类型，无法直接修改元素，但可以通过先删除再添加来改变元素。

```
set2.remove(3);set2.add(4);set2   # {2,4,5,6,7,8}
```

6）集合与操作：s & t 或 s. intersection(t)，返回一个新的 set 包含 s 和 t 中的公共元素。

```
set2 & set3          # {2},set2 & set3 等价于 set2.intersection (set3)
```

7）集合或操作：s|t 或 s. union(t)：返回一个新的 set 包含 s 和 t 中的每一个元素。

```
set2 | set3          # {1,2,3,4,5,6,7,8},set2|set3 等价于 set2.union(set3)
```

8）集合与非操作：s^t 或 s. symmetric_difference(t)，返回一个新的 set 包含 s 和 t 中不重复的元素。

```
set2 ^ set3          # {1,3,4,5,6,7,8},set2^set3 等价于 set2.symmetric_difference(set3)
```

9）集合减操作：s-t 或 s. difference(t)，返回一个新的 set 包含 s 中有但是 t 中没有的元素。

```
set2-set3   # {8,4,5,6,7},set2-set3 等价于 set2.difference(set3)
```

10）判断是否是子集或超集：s. issubset(t) 或 s. issupset(t)。

```
set2.issupset(set3)                 # False
set2.issupset({2,4,5})              # True   2,4,5 每个元素都在 set2 中,才为 True
set3.issubset(set2)                 # False
{2,4,5}.issubset(set2)              # True
```

11）转变成 list 或 tuple：list(set) 或 tuple(set)。

```
list(set2)        # [2,4,5,6,7,8]
tuple(set2)       # (2,4,5,6,7,8)
```

12）集合元素个数 len(s)。

```
len(set2)   # 6
```

13）判断元素是否在集合中。

```
x in s        # 测试 x 是否是 s 的成员。例如:2 in set2  # True
x not in s    # 测试 x 是否不是 s 的成员。例如:1 not in set2  # True
```

14）集合的浅复制 s. copy()，返回 set “s” 的一个浅复制。

```
set6=set2.copy()
set2==set6                # True
set2.remove(2)
set2                      # {4,5,6,7,8}
set6                      # {2,4,5,6,7,8}
```

15）从集合弹出（删除）元素：s. pop()，从集合中删除并返回任意一个元素。

```
set2.pop();                 # 4 随机弹出(删除)4
set2                        # {5,6,7,8}
```

16）清空集合：s. clear()，清空集合的所有元素。

```
set2.clear();set2           # set()
```

4.9 应用实例

【例 4-2】对 4 位的整数数据进行加密，加密规则如下：每位数字都加上 5，然后用得到的和除以 10 的余数代替该数字，再将第一位和第四位交换，第二位和第三位交换。

```
from sys import stdout
a=int(input('请输入一个四位整数:\n'));aa=[]
aa.append(a % 10)                                  # 取个位
aa.append(a % 100 // 10)                           # 取十位
aa.append(a % 1000 // 100)                         # 取百位
aa.append(a // 1000)                               # 取千位
for i in range(4):
    aa[i]+=5;aa[i] %=10                            # 简单加密处理
for i in range(2):
    aa[i],aa[3-i]=aa[3-i],aa[i]                    # 交换两元素只要一条赋值语句
for i in range(3,-1,-1):
    stdout.write(str(aa[i]))                       # 本语句等价于:print(str(aa[i]),end='')
```

【例 4-3】有 n 个人围成一圈，顺序排号。从第一个人开始报数（从 1 到 3 报数），凡

报到 3 的人退出圈子，请问最后留下的是原来的第几号？

```
n=int(input('Please input total persons:'));num=[]
for i in range(n):num.append(i+1)
i=0;k=0;m=0;
while m<n-1:
    if num[i] !=0:
      k+=1
    if k==3:
      num[i]=0;k=0;m+=1
    i+=1
    if i==n:i=0
i=0;while num[i]==0:i+=1
print(num[i])
```

4.10 习题

1. 有一个列表，其中包括 10 个元素，例如，列表[1,2,3,4,5,6,7,8,9,0]，要求将列表中的每个元素依次向前移动一个位置，第一个元素到列表的最后，然后输出这个列表。最终样式是[2,3,4,5,6,7,8,9,0,1]。

2. 按照下面的要求实现对列表的操作：产生一个列表，其中有 40 个元素，每个元素是 0~100 的一个随机整数。如果这个列表中的数据代表着某个班级 40 人的分数，请计算成绩低于平均分的学生人数，并输出。最后对所有列表元素从大到小排序并输出。

3. 如果一串字符串中有连续的两个空格（这里仅讨论英文），请删除一个空格。

第5章　函数与模块

高级语言为降低编程的难度，通常将一个复杂的大问题分解成一系列更简单的小问题，然后将小问题继续划分成更小的问题，当问题细化为足够简单时，就可以通过编写函数、类等来分而治之了。Python 语言的源程序往往由多个函数或类等组成，通过对函数或模块的调用实现特定的程序功能。Python 语言不仅提供了极为丰富的系统函数与模块，还允许用户建立自己的函数与模块。

学习重点或难点

- 函数和参数
- 变量作用域
- 函数的嵌套与递归
- 模块与包

学习本章后，读者才可以真正进行模块化程序设计，编写功能程序的手段与方法将更多样更灵活。

5.1　函数

函数是组织好的、可重复使用的，用来实现单一或相关联功能的代码段。

函数能提高应用的模块性和代码的重复利用率。前面已经知道 Python 提供了许多内建函数，比如 print()。除此外，还可以自己创建函数，叫作用户自定义函数。

5.1.1　函数定义与调用

1. 定义一个函数

用户可以定义一个有自己想要功能的函数，以下是简单的规则：

1）函数代码块以 def 关键词开头，后接函数标识符名称和圆括号()。

2）任何传入参数和自变量必须放在圆括号中间，圆括号之间可以用于定义参数。

3）函数的第一行语句可以选择性地使用文档字符串，用于存放函数说明。

4）函数内容以冒号起始，并且统一缩进。

return[表达式]结束函数，选择性地返回一个值给调用方。不带表达式的 return 相当于返回 None，可以将函数作为一个值赋值给指定变量。**语法格式：**

```
def  函数名([参数1,参数2,...,参数n]):
     "函数_文档字符串"
     函数体(语句块)
     [return [表达式]]
```

默认情况下，函数调用时参数值和参数名称是按函数声明中定义的顺序匹配的。没有 return 的函数，相当于有 return None，返回 None。

例如，以下为一个简单的 Python 函数，它将一个字符串作为传入参数，再输出到标准显示设备上。

```
def printme(string):
    print(string)  # 输出传入的字符串到标准显示设备上
```

2. 函数调用

定义一个函数，就是给函数取一个名称，并制定出函数里包含的参数和代码块结构。

这个函数的基本结构完成以后，用户可以通过另一个函数来调用执行，也可以直接从 Python 提示符执行。如下例子定义并调用了 printme()函数：

```
def printme(string):                                # 函数定义
    "打印任何传入的字符串"
    print(string)
```

下面实现二次函数调用。

```
printme("我要调用用户自定义函数!");        # 我要调用用户自定义函数!
printme("再次调用同一函数");              # 再次调用该函数
```

5.1.2 形参与实参

1. 传值和传址的区别

传值就是传入一个参数的值，传址就是传入一个参数的地址，也就是内存的地址（相当于指针）。它们的区别是如果函数中对传入的参数重新赋值，函数外的全局变量会有不同的相应改变，用传值传入的参数是不会改变的，用传址传入就会改变。

2. Python 中的参数传递（传址和传值）

Python 是不允许程序员选择采用传值还是传址的。Python 参数传递采用的是“传对象引用”的方式。实际上，这种方式相当于传值和传址的一种综合。

如果函数收到的是一个可变对象（比如字典或者列表）的引用，就能修改对象的原始值——相当于传址。如果函数收到的是一个不可变对象（比如数字、字符串或者元组）的引用（其实也是对象地址），就不能直接修改原始对象——相当于传值。所以，Python 的传值和传址是根据传入参数的类型来选择的。

传值的参数类型：数字，字符串，元组（Immutable）等。

传址的参数类型：列表，字典（Mutable）等。

```
a=1
def f(a):          # 定义函数 f()
    a+=1
f(a)               # 调用函数 f()
print(a)
```

这段代码中，因为 a 是数字类型，所以是传值方式，a 的值并不会变，输出为 1。

```
a=[1]
def f(a):
    a[0]+=1
f(a);print(a)
```

这段代码中，因为 a 的类型是列表，所以是传址形式，a[0]的值会改变，输出为[2]。

3. copy 和 deepcopy

不只是函数中，函数外面的引用也同样遵循上述的参数传递规则：

```
a=1;b=a;a=2;print(a,b)
a=[1];b=a;a[0]=2;print(a,b)
```

第一个输出为 2，1，第二个输出为[2][2]。

```
b=a
```

在 Python 中，当运行上面代码时，如果 a 是字典或者列表，程序执行的操作并不是新建一个 b 变量，然后 a 的值复制给 b，而是新建一个 b 变量，把 b 的值指向 a，也就是相当于在 C 语言里面的新建一个指向 a 的指针。

所以当 a 的值发生改变时，b 的值会相应改变。

但是，当用户想新建一个与 a 的值相等的 b 变量，同时 b 的值与 a 的值没有关联时，要怎么做？这时就用到 copy 与 deepcopy 了。

```
import copy
a=[1,2,3];b=a
a.append(4)
print(a,b)                    # [1,2,3,4] [1,2,3,4]
a=[1,2,3]
b=copy.copy(a)
a.append(4)
print(a,b)                    # [1,2,3,4] [1,2,3]
```

这里用了 copy 来让 b 与 a 相等，后面如果修改了 a 的值，b 的值并不会改变。看来 copy 已经可以实现上面提到的需求，那么 deepcopy 又有什么用？

当遇到以下这种情况，copy 就解决不了了。

```
a=[1,[1,2],3];b=copy.copy(a)
a[1].append(4)
print(a,b)                  # [1,[1,2,4],3] [1,[1,2,4],3]
```

这样的结果明显不是用户想要的。

当列表或字典参数里面的值是列表或字典时，copy 并不会复制参数里面的列表或字典（而只是复制了参数里面的列表或字典的引用），这时就要用到 deepcopy。

```
a=[1,[1,2],3]
b=copy.deepcopy(a)                   # 复制参数里面的列表或字典,而非其引用
a[1].append(4);print(a,b)            # [1,[1,2,4],3] [1,[1,2],3]
```

5.2 参数类型

调用函数时可使用的正式参数类型有：必备参数、命名参数、默认值参数、不定长参数。

5.2.1 必备参数

必备参数须以正确的顺序传入函数，调用时的数量必须和声明时的一样。

调用 printme( )函数，必须传入两个参数，否则会出现语法错误：

```
# 可写函数说明
def printme(string,string2):
    "打印任何传入的字符串"
    print(string+string2)
# 调用 printme 函数
printme("How ","are you!")                    # How are you!
bars=("How ","are you!");
printme (*bars)                               # How are you!
```

上面调用，先把要传的值放到元组中，赋值给一个变量 bars，然后用 printme(*bars) 方式，把值传到函数中。

若将上述程序中的 "printme(*bars) # How are you!" 改为 "printme( )"，若在 Python 2.x 下运行会出现如下出错信息（原因是函数中没有提供参数）。

```
Traceback (most recent call last):
  File "test.py",line 8,in <module>
    printme()
TypeError: printme() takes exactly 2 argument (0 given)
```

若在 Python 3 下运行会出现如下出错信息（原因是函数中没有提供参数）。

```
Traceback (most recent call last):
  File "test.py",line 8,in <module>
    printme()
TypeError: missing 2 required positional arguments: 'string 'and 'string2 '
```

5.2.2 命名参数

命名参数（或关键字参数）和函数调用关系紧密，调用方用参数的命名确定传入的参数值。用户可以跳过不传的参数或者乱序传参，因为 Python 解释器能够用参数名匹配参数值。用命名参数调用 printme( )函数：

```
def printme(string):
    "打印任何传入的字符串"
    print(string)
printme(string="My string")   # 调用 printme 函数
```

输出结果：

```
My string
```

下例调用命名参数时，参数顺序可以任意对输出结果没有影响：

```
def printinfo( name,age):
  "打印任何传入的字符串"
  print("Name:",name)
  print("Age ",age)
printinfo( age=50,name="miki")                    # 调用 printinfo 函数
```

输出结果：

```
Name:  miki
Age  50
```

5.2.3 默认值参数

调用函数时，如果没有传入参数的值，则认为是默认值。下例会打印默认的 age，如果没有传入 age 的值：

```
def printinfo( name,age=35):              # 打印任何传入的字符串
  print("Name:",name,",Age ",age)
# 调用 printinfo 函数
printinfo( age=50,name="miki")           # Name:  miki ,Age  50
printinfo( name="miki")                  # Name:  miki ,Age  35
```

5.2.4 可变长参数

用户可能需要一个函数能处理比最初声明时更多的参数，这些参数叫作不定长参数，这些参数被包装进一个元组或一个字典。在这些可变个数的参数之前，可以有零到多个普通的参数。基本语法如下：

```
def 函数名([formal_args,] [*var_args_tuple,] [**var_args_dict]):
  "函数_文档字符串"
  函数体
  [return [表达式]]
```

有星号(*)或(**)的变量名会以元组或字典形式存放所有未命名的变量参数。*var_args_tuple 在函数里当元组用，适合于不确定参数个数时；**var_args_dict 在函数里当字典用，用于必须接收类似 arg=val 形式的不确定参数个数时。例如：

```
def printinfo(arg1,*vartuple):
    "打印任何传入的参数"
    print("输出:");print(arg1)
    for var in vartuple:print(var)
printinfo(10)                 # 10 # 调用 printinfo 函数
printinfo(70,60,50)           # 70 60 50 # 分 3 行输出的
```

又例如：

```
def foo(x,y=2, *targs, **dargs):
    print("x==>",x,",y==>",y,end='/')
    print("targs_tuple==>",targs,",dargs_dict==>",dargs)
foo("1x")    # x==>1x,y==>2/targs_tuple==>(),dargs_dict==>{}
foo("1x","2y")    # x==>1x,y==>2y/targs_tuple==>(),dargs_dict==>{}
foo("1x","2y","3t1","3t2")    # x==>1x,y==>2y/targs_tuple==>('3t1','3t2'),dargs_dict==>{}
foo("1x","2y","3t1","3t2",d1="4d1",d2="4d2")
# x==>1x,y==>2y/targs_tuple==>('3t1','3t2'),dargs_dict==>{'d2':'4d2','d1':'4d1'}
```

5.2.5 匿名函数

用 lambda 关键词能创建小型匿名函数，这种函数省略了用 def 声明函数的标准要求。

1）lambda 函数能接收任何数量的参数，但只能返回一个表达式的值，同时只能包含命令或多个表达式。

2）匿名函数不能直接调用 print，因为 lambda 需要一个表达式。

3）lambda 函数拥有自己的名字空间，但不能访问自有参数列表之外或全局名字空间里的参数。

4）虽然 lambda 函数看起来只能写一行，却不等同于 C 或 C++的内联函数，后者的目的是调用小函数时不占用栈内存从而增加运行效率。

lambda 函数的语法只包含一个语句：

lambda [arg1 [,arg2,…,argn]]:expression

例如：sum=lambda arg1,arg2:arg1+arg2

```
# 调用 sum 函数
print("Value of total:",sum(10,20))    # 输出结果:Value of total:  30
print("Value of total:",sum(20,20))    # 输出结果:Value of total:  40
```

再例如：

```
lamb=[ lambda x:x,lambda x:x**2,lambda x:x**3,lambda x:x**4 ]
for i in lamb:print(i(3),end='')    # 输出结果:3 9 27 81
```

5.2.6 几个特殊函数

Python 是支持多种范型的语言，可以进行函数式编程，常用的函数有：map、reduce、filter。

1. map

map(func,seq)，func 是一个函数，seq 是一个序列对象。在执行时，序列对象中的每个元素按照从左到右的顺序，依次被取出来，并放入 func 函数中，并将 func 的返回值依次存到一个 list 中。

```
>>> items=[1,2,3,4,5]
>>> squared=[]
>>> for i in items:
...         squared.append(i**2)
```

```
...
>>> squared                                    # [1,4,9,16,25]
>>> def sqr(x):return x**2
...
>>> map(sqr,items)                             # [1,4,9,16,25]
>>> map(lambda x:x**2,items)                   # [1,4,9,16,25]
>>> [ x**2 for x in items ]                    # [1,4,9,16,25]
>>> lst1=[1,2,3,4,5]
>>> lst2=[6,7,8,9,0]
>>> map(lambda x,y:x+y,lst1,lst2)              # 将两个列表中对应项加起来,并返回结果列表
[7,9,11,13,5]
>>> lst1=[1,2,3,4,5]
>>> lst2=[6,7,8,9,0]
>>> lst3=[7,8,9,2,1]
>>> map(lambda x,y,z:x+y+z,lst1,lst2,lst3)  # [14,17,20,15,6]
```

2. reduce

在 Python 3 中，reduce()已经从全局命名空间中移除，放到了 functools 模块中，如果要用，需要用 from functools import reduce 引入。

```
>>> from functools import reduce
>>> reduce(lambda x,y:x+y,[1,2,3,4,5])                 # 15
>>> a=[3,9,8,5,2]
>>> b=[1,4,9,2,6]
>>> zip(a,b)          # 将对象中对应元素打包成一个元组,然后返回这些元组组成的列表
[(3,1),(9,4),(8,9),(5,2),(2,6)]
>>>sum(x*y for x,y in zip(a,b))                # 133  # 解析后直接求和
>>> new_list=[x*y for x,y in zip(a,b)]         # 可以看作是上面方法的分步实施
>>> new_tuple=(x*y for x,y in zip(a,b))        # 这样解析也可以
>>> new_list                                   # [3,36,72,10,12]
>>> sum(new_list)                              # 133   或者:sum(new_tuple)
>>> from operator import add,mul
>>> reduce(add,map(mul,a,b))                   # 133
>>> reduce(lambda x,y:x+y,map(lambda x,y:x*y,a,b))       # 133
```

3. filter

```
>>> numbers=range(-5,5)
>>> print([x for x in numbers])
[-5,-4,-3,-2,-1,0,1,2,3,4]
>>> filter(lambda x:x>0,numbers)                    # [1,2,3,4]
>>> [x for x in numbers if x>0]                     # [1,2,3,4] # 与上面的语句等效
>>> filter(lambda c:c! ='i','qiwsir') # 'qwsr'
```

5.2.7 return 语句

return 语句退出函数，其语法格式：

return [表达式]

选择性地向调用方返回一个表达式，不带参数值的 return 语句返回 None。

之前的例子都没有示范如何返回数值，下例说明如何返回数值：

```
def sum(arg1,arg2):                          # 返回两个参数的和
    total=arg1+arg2
    print("Inside the function:",total) # Inside the function: 30
    return total
total=sum(10,20);                            # 调用 sum 函数
print("Outside the function:",total)    # Outside the function: 30
```

注意：返回的表达式可以是任意 Python 允许的表达式，譬如可以是[x1,x2,…,xn]、(x1,x2,…,xn)、{x1,x2,…,xn}或 x1,x2,…,xn 等多种形式，其中 n≥1。例如：

```
def divide(a,b):
    q=a//b;r=a-q*b
    return q,r          # 这里 return [q,r];return (q,r);return{q,r};程序效果相同
x,y=divide(11,6)  # 可以明细接收
print(x,y) # 1 5
xy=divide(11,6)   # 也可以整体接收到一个变量中
print(xy)         # (1,5)
```

5.3 变量作用域

一个程序的所有的变量并不是在哪个位置都可以访问的。访问权限决定于这个变量是在哪里赋值的。变量的作用域决定了在哪一部分程序可以访问哪个特定的变量名称。按作用域分类，两种最基本的变量为：全局变量和局部变量。定义在函数内部的变量拥有一个局部作用域，定义在函数外的拥有全局作用域。

5.3.1 局部变量

局部变量只能在其被声明的函数内部访问，而全局变量可以在整个程序范围内访问。调用函数时，所有在函数内声明的变量名称都被加入到作用域中。如下实例：

```
total=0;                                          # 这是个全局变量
def sum(arg1,arg2):                               # 返回两个参数的和
    total=arg1+arg2;                              # total 在这里是局部变量.
    print("Inside the function local total:",total) # Inside the function local total:30
    return total;
sum(10,20);                                       # 调用 sum 函数
print("Outside the function global total:",total) # Outside the function global total:0
```

5.3.2 全局变量

在 Python 中，全局变量一般有以下两种定义与使用方式。

1）在一个单独的模块中定义好全局变量，然后在需要使用的全局模块中将定义的全局变量模块导入。

global_list. py 中的内容：

```
GLOBAL_A='hello'
GLOBAL_B='world'
```

test. py 中的内容：

```
import global_list
def tt():print(global_list.GLOBAL_A)
if __name__=='__main__':
  tt()                        # 输出:hello
```

2）直接在当前的模块中定义好，然后直接在本模块中通过 global 声明使用。global 声明格式：**global var1，var2，…，varn**。示例如下：

```
SOLR_URL='http://xxxx.org'
def tt():
    global SOLR_URL
    SOLR_URL=SOLR_URL+'# aa'
if __name__=='__main__':
    tt();print(SOLR_URL)                           # 输出:http://xxxx.org# aa
```

在此种用法中，如果在函数 tt 中不使用 global 声明全局变量 SOLR_URL（即删除该语句），其实也可以使用，但是此时应该是作为一个内部变量使用，由于没有初始值，因此会出现“UnboundLocalError:local variable 'SOLR_URL' referenced before assignment”，即 SOLR_URL 变量使用前未赋值的报错。

Python 查找变量是顺序是：**先局部变量，再全局变量**。

因此，上面程序中若把“global SOLR_URL”全局变量声明改为局部变量的赋值“SOLR_URL='http://www.xxxx.org'”，函数中将是对局部变量 SOLR_URL 处理，不会改变全局变量的值，程序会输出：http://xxxx.org，请读者体会这样的输出结果。

另外，若函数中，譬如这里 tt() 中只是读取引用变量 SOLR_URL，而没有赋值改变变量 SOLR_URL，那系统自动会认为函数中的变量 SOLR_URL 是全局变量。

5.4 函数嵌套与递归

如果一个函数在内部调用函数自身，这个函数就是递归函数。

【**例 5-1**】利用 Python 递归求阶乘。

```
def fact(j):
    sum=0
```

```
        if j==0:sum=1
        else:sum=j*fact(j-1)
        return sum
    for i in range(5):print('%d! =%d'%(i,fact(i)))
```

【例 5-2】斐波那契数列递归函数实现方法 1。

```
def fib(a1,a2,n):
    if n==10:return a1
    a3=a1+a2
    # print(a1)                    # 这里如果插入输出语句,则可以输出连续的数列
    ret=fib(a2,a3,n+1)
    return ret
f=fib(0,1,0)
print(f)                           # 55
```

【例 5-3】斐波那契数列递归函数实现方法 2。

```
def fib(n):
    if n==0:return 0
    elif n==1:return 1
    else:return fib(n-2)+fib(n-1)
if __name__=="__main__":
    f=fib(10);print(f)    # 55
```

从上面 fib(n)的递归函数来看，都是向着最初的已知条件 a0=0，a1=1 方向挺近一步，直到通过这个最底层的条件得到结果，然后再一层一层向上反馈计算结果。

因为 a0=0，a1=1 是已知的，不需要每次都判断一遍。所以还可以优化一下。优化的基本方案就是初始化最初的两个值。

【例 5-4】斐波那契数列递归函数实现方法 3。

```
meno={0:0,1:1}
def fib(n):
    if not n in meno:
        meno[n]=fib(n-1)+fib(n-2)
    return meno[n]
if __name__=="__main__":
    print(fib(10))   # 55   # print(meno) 可以字典形式输出连续的数列
```

5.5 模块

模块能够有逻辑地组织用户的 Python 代码段。把相关的代码分配到一个模块里可使代码更好用、更易懂。

模块也是 Python 对象，具有随机的名字属性用来绑定或引用。简单地说，**模块就是一个保存了 Python 代码的文件**，其扩展名为“py”。模块能定义函数、类和变量，模块里也能包含可执行的代码。模块可以被其他程序引入，以使用该模块中的函数等功能。这也是使

用 Python 标准库的方法。

例如，一个名为 modulename 的模块里的 Python 代码一般都能在一个名为 modulename. py 的文件中找到。下例是个简单的模块 support. py。

```
def print_func( para) :
    print( " Hello: " ,para)
```

下面是一个使用 Python 标准库中模块的例子。

```
import sys   # Filename:using_sys. py
print( '命令行参数如下:')
for i in sys. argv:print( i)
print( 'The PYTHONPATH is',sys. path,'\n')
```

执行结果如下所示:

```
E:\Python36\src>Python using_sys. py 参数 1 参数 2
```

命令行参数如下:

```
using_sys. py
参数 1
参数 2
The PYTHONPATH is [ 'E:\\Python36\\src','C:\\Windows\\system32\\Python36. zip','E:\\Python36\\DLLs','E:\\Python36\\lib','E:\\Python36','E:\\Python36\\lib\\site-packages']
```

说明:

1）import sys 引入 Python 标准库中 sys. py 模块，这是引入某一模块的方法。

2）sys. argv 是一个包含命令行参数的列表。

3）sys. path 包含了一个 Python 解释器自动查找所需模块的路径的列表。

5. 5. 1 导入模块

1. import 语句

想使用 Python 源文件，只需在另一个源文件里执行 import 语句，语法如下:

```
import module1[ ,module2[ ,…, moduleN]
```

当解释器遇到 import 语句，如果模块在当前的搜索路径就会被导入。搜索路径是一个解释器先进行搜索的所有目录的列表。

如想要导入模块 support. py，需要把命令放在脚本的顶端:

```
import support   # 导入模块
# 现在可以调用模块里包含的函数了
support. print_func( "Zara" ) # 注意:这种导入模式,函数前需要加“模块名 .”
```

输出结果：Hello：Zara

一个模块只会被导入一次，不管执行了多少次 import。这样可以防止导入模块被一遍又一遍地执行。

2. from…import 语句

Python 的 from 语句让用户从模块中导入一个指定的部分到当前命名空间中。

语法如下：

```
from modname import name1[,name2[,…,nameN]]
```

例如，要导入模块 fib 的 fibonacci 函数，使用如下语句：

```
from fib import fibonacci
```

这个声明不会把整个 fib 模块导入到当前的命名空间中，它只会将 fib 里的 fibonacci 函数单个引入到执行这个声明的模块的全局符号表。

这种导入模式，直接使用导入的函数名等项目名称，不需要加“模块名.”。

3. from…import * 语句

把一个模块的所有内容全都导入到当前的命名空间也是可行的，只需使用如下声明：

```
from mod_name import *
```

这提供一个简单方法来导入一个模块中的所有项目，然而这种声明不能过多使用。

这种导入模式，同样直接使用导入的函数名等项目名称，不需要加“模块名.”。

4. 定位模块

当用户导入一个模块，Python 解析器对模块位置的搜索顺序如下：

1）当前目录。

2）如果不在当前目录，Python 则搜索在 shell 变量 PYTHONPATH 下的每个目录。

在 Windows 系统，典型的 PYTHONPATH 如下：set PYTHONPATH=c:\Python20\lib。

在 UNIX 系统，典型的 PYTHONPATH 如下：set PYTHONPATH=/usr/local/lib/Python。

3）如果都找不到，Python 会查看默认路径。UNIX 下，默认路径一般为/usr/local/lib/Python/。

模块搜索路径存储在 system 模块的 sys.path 变量中。变量里包含当前目录、PYTHONPATH 和由安装过程决定的默认目录。

在交互式解释器中，输入以下代码：

```
import sys
sys.path
```

可输出模块搜索路径。

注意：在当前目录下若存在与要引入模块同名的文件，就会把要引入的模块屏蔽掉。

了解了搜索路径的概念，就可以在脚本中修改 sys.path 来引入一些不在搜索路径中的模块。现在，在解释器的当前目录或者 sys.path 中的一个目录里面来创建一个 fibo.py 的文件，代码如下：

```
# Fibonacci 数模块
def fib(n):                          # 输出 n 以下所有 Fibonacci 数
    a,b=0,1
    while b<n:
        print(b,end='')
        a,b=b,a+b
```

```
    print()
def fib2(n):                    # 输出 n 以下所有 Fibonacci 数
    result=[]
    a,b=0,1
    while b<n:
        result.append(b)
        a,b=b,a+b
    return result
```

然后进入 Python 解释器，使用下面的命令导入这个模块：

```
>>> import fibo
```

这样做并没有把直接定义在 fibo 中的函数名称写入到当前符号表中，只是把模块 fibo 的名字写入。可以使用模块名称来访问函数：

```
>>> fibo.fib(1000)            # 1 1 2 3 5 8 13 21 34 55 89 144 233 377 610 987
>>> fibo.fib2(100)            # [1,1,2,3,5,8,13,21,34,55,89]
>>> fibo.__name__             # 'fibo'
```

如果打算经常使用一个函数，可以把它赋给一个本地名称：

```
>>> fib=fibo.fib
>>> fib(500)          # 1 1 2 3 5 8 13 21 34 55 89 144 233 377
```

5. 深入模块

模块除了方法定义，还可以包括可执行的代码。这些代码一般用来初始化这个模块。这些代码只有在第一次导入时才会执行。

每个模块有各自独立的符号表，在模块内部为所有的函数当作全局符号表来使用。

所以，模块的作者可以放心大胆地在模块内部使用这些全局变量，而不用担心错用其他用户的全局变量。

从另一个方面，也可以通过 modname.itemname 表示法来访问模块内的函数。

模块是可以导入其他模块的。在一个模块（或者脚本，或者其他地方）的最前面使用 import 来导入一个模块，当然这只是一个惯例，而不是强制的。被导入的模块的名称将放入当前操作的模块的符号表中。

6. __name__属性

一个模块被另一个程序第一次引入时，其主程序将运行。如果想在模块被引入时，模块中的某一程序块不执行，可以用__name__属性来使该程序块仅在该模块自身运行时执行。

```
# Filename:using_name.py
if __name__=='__main__':
    print('程序自身在运行')
else:
    print('程序来自另一模块')
```

输出结果：

```
python using_name.py
程序自身在运行
```

```
python
>>> import using_name
程序来自另一模块
```

说明：每个模块都有一个__name__属性的系统变量，当其值是'__main__'时，表明该模块自身在运行，否则被引入，其值是模块所在的文件名字（不包括扩展名“py”）。

5.5.2 标准库模块介绍

Python 本身带着一些标准的模块库，在 Python 库参考文档中，有些模块直接构建在解析器里，这些虽然不是一些语言内置的功能，但是它却能被高效地使用，甚至是系统级调用也没问题。

这些组件会根据不同的操作系统进行不同形式的配置，比如 winreg 这个模块就只会提供给 Windows 系统。应该注意到这有一个特别的模块 sys，它内置在每一个 Python 解析器中。变量 **sys. ps1** 和 **sys. ps2** 定义了主提示符和副提示符所对应的字符串：

```
>>> import sys
>>> sys. ps1
'>>>'
>>> sys. ps2
'...'
>>> sys. ps1='C>'
C> print('Yuck!')
Yuck!
C>
```

Python 3. x 标准模块库的详细介绍可参见 Python 官网的帮助文档。

5.6 命名空间

命名空间（Namespace）是从名字到对象的一个映射。大部分命名空间都是按 Python 中的字典来实现的。一些常见的命名空间：built-in 中的集合（abs()函数等）、一个模块中的全局变量等。

从某种意义上来说，一个对象（Object）的所有属性（Attribute）就构成了一个命名空间。在程序执行期间，可能（其实是肯定）会有多个名空间同时存在。不同命名空间的创建/销毁时间也不同。此外，两个不同 namespace 中的两个相同名字的变量之间没有任何联系。

5.6.1 命名空间的分类

在一个 Python 程序运行中，至少有 4 个命名空间是存在的。直接访问一个变量会在这 4 个命名空间中逐一搜索。

1）Local（Inner Most）包含局部变量，比如一个函数/方法内部。

2）Enclosing 包含了非局部（Non-Local）也非全局（Non-Global）的变量。

比如两个嵌套函数，内层函数可能搜索外层函数的命名空间，但该命名空间对内层函数而言既非局部也非全局。

3）Global（Next-To-Last）当前脚本的最外层，比如当前模块的全局变量。

4）Built-in（Outter Most）Python__builtin__模块，包含了内建的变量/关键字等。

5.6.2 命名空间的规则

1. 命名空间与变量作用域

作用域（Scope）是 Python 程序的一块文本区域。在该文本区域中，对命名空间可以直接访问，而不需要通过属性来访问。作用域是定义程序如何搜索确切的“名字-对象”的名空间的层级关系。变量作用域可以简单理解为变量可直接访问的程序范围。

那么，这么多的命名空间，Python 是按什么顺序确定变量对应的作用域呢？

著名的“LEGB-rule”，即作用域的搜索顺序：Local→Enclosing→Global→Built-in。

意思是当有一个变量在 local 域中找不到时，Python 会找上一层的作用域，即 enclosing 域（该域不一定存在）。enclosing 域还找不到时，再往上一层，搜索模块内的 global 域，最后会在 built-in 域中搜索。如果最终也没有搜索到，Python 会抛出一个 NameError 异常。

作用域可以嵌套，比如模块导入时。这也是为什么不推荐使用 from a_module import * 的原因，因为导入的变量可能被当前模块覆盖。

变量是拥有匹配对象的名字（标识符）。命名空间是一个包含了变量名称（键）和它们各自相应的对象（值）的字典。

一个 Python 表达式可以访问局部命名空间和全局命名空间里的变量。如果一个局部变量和一个全局变量重名，则局部变量会覆盖全局变量。

每个函数都有自己的命名空间。类的方法的作用域规则通常和函数是一样的。

Python 会智能地猜测一个变量是局部的还是全局的，它假设任何在函数内赋值的变量都是局部的。因此，如果要给全局变量在一个函数里赋值，必须使用 global 语句。

global VarName 的表达式会告诉 Python，VarName 是一个全局变量，这样 Python 就不会在局部命名空间里寻找这个变量了。

例如，在全局命名空间里定义一个变量 money，再在函数内给变量 money 赋值，然后 Python 会假定 money 是一个局部变量。然而，并没有在访问前声明局部变量 money，结果就是会出现一个 UnboundLocalError 的错误，取消 global 语句的注释就能解决这个问题。

```
Money=2000
def AddMoney():                    # 想改正代码就取消以下注释
    # global Money
    Money=Money+1
print(Money);AddMoney();print(Money)
```

2. dir()函数

dir()函数的作用给出一个排好序的字符串列表，内容是一个模块里定义过的名字。

返回的列表容纳了在一个模块里定义的所有模块、变量和函数。如下一个简单的实例：

```
import math                        # 导入内置 math 模块
content=dir(math);print(content);
实例输出结果:['__doc__','__file__','__name__','acos','asin','atan','atan2','ceil','cos','
```

```
cosh','degrees','e','exp','fabs','floor','fmod','frexp','hypot','ldexp','log','log10','modf','
pi','pow','radians','sin','sinh','sqrt','tan','tanh']
```

在这里，特殊字符串变量__name__指向模块的名字，__file__指向该模块的导入文件名。如果没有给定参数，那么 dir()函数会罗列出当前定义的所有名称。

3. globals()和 locals()函数

根据调用位置的不同，globals()和 locals()函数可被用来返回全局和局部命名空间里的名字。如果在函数内部调用 locals()，返回的是所有能在该函数里访问的命名。如果在函数内部调用 globals()，返回的是所有在该函数里能访问的全局名字。

两个函数的返回类型都是字典，所以可用 keys()函数获取名字。

4. reload()函数

当一个模块被导入到一个脚本，模块顶层部分的代码只会执行一次。

因此，如果想重新执行模块里顶层部分的代码，可以用 reload()函数。该函数会重新导入之前导入过的模块。语法如下：

```
reload(module_name)
```

在这里，module_name 要直接放模块的名字，而不是一个字符串形式。比如想重载 hello 模块，代码为：

```
reload(hello)
```

5.7 包

包是一个分层次的文件目录结构，它定义了一个由模块和子包，以及子包下的子包等组成的 Python 的应用环境。

5.7.1 包的概念

包是一种管理 Python 模块命名空间的形式，采用“·模块名称”。比如一个模块的名称是 A.B，那么它表示一个包 A 中的子模块 B 。就好像使用模块的时候，不用担心不同模块之间的全局变量相互影响一样，采用点模块名称这种形式也不用担心不同库之间的模块重名的情况。

目录中只有包含一个名为 __init__.py 的文件才会被认作是一个包，这样主要是为了搜索有效模块时，减少搜索一些无效路径。

最简单的情况，放一个空的 file：__init__.py 就可以了。当然这个文件中也可以包含一些初始化代码或者为__all__变量赋值。

说明：__all__变量是一个 string 元素组成的 list 变量，定义了使用 from<module> import * 导入某个模块时能导出的符号（这里代表变量，函数，类等）。

考虑一个在 Phone 目录下的 pots.py 文件。这个文件有如下源代码：

```
def Pots():
    print("I 'm Pots Phone")
```

同样的，设有另外两个保存不同函数的文件：Phone/Isdn.py 含有函数 Isdn()，Phone/

G3. py 含有函数 G3( )。

现在，在 Phone 目录下创建 file __init__。py：Phone/__init__. py

当导入 Phone 时，为了能够使用所有函数，用户需要在__init__. py 里使用显式导入语句，如下：

```
from Pots import Pots
from Isdn import Isdn
from G3 import G3
```

当把这些代码添加到__init__. py 之后，导入 Phone 包的时候这些类就都是可用的。

```
import Phone                        # 现在可以导入包 Phone
Phone. Pots( )                      # I 'm Pots Phone
Phone. Isdn( )                      # I 'm ISDN Phone
Phone. G3( )                        # I 'm 3G Phone
```

上述实例，只在每个文件里放置了一个函数，但其实可以放置许多函数，也可以在这些文件里定义 Python 的类，然后为这些类创建一个包。

5.7.2 包管理工具

Python 的包管理工具有 distutils、setuptools、distribute、setup. py、easy_install、easy_install 和 pip 等。这里简单介绍一下 setuptools、easy_install 和 pip。

在 Python 中，easy_install 和 pip 都是用来下载安装一个公共资源库 PyPI 的相关资源包。但 easy_install 有很多不足：安装事务是非原子操作，只支持 svn，没有提供卸载命令；安装一系列包时需要写脚本等。而 pip 是 easy_install 的一个替换品，很好地解决了以上问题，其目标也非常明确：取代 easy_install。

1. setuptools 安装

安装 setuptools 后可以直接使用 easy_install。

利用 python ez_setup. py 实现安装。

2. easy_install 安装

利用 python ez_setup. py 实现安装。

3. pip 安装

安装 pip 的前提条件是要安装 setuptools 或 distribute。如果是 Python 3. x，必须安装 distribute，因为 setuptools 不支持 Python 3. x。

利用 python setup. py install 实现安装。在安装 pip 时，如果没有安装 setuptools 等，pip 则会自动安装。

4. pip 安装、卸载、查询包用法

pip 是个包管理系统，使用它能方便地安装想要的包。

1）使用 pip 的 install 命令即可安装一个指定的软件包：

```
pip install SomePackage
```

2）如果已经安装了某个软件包，需要升级安装，指定--upgrade 参数：

```
pip install --upgrade SomePackage
```

3）如果要安装指定的版本的软件包，直接指定软件包版本即可：

```
pip install SomePackage==1.0.4
```

4）pip 还指定安装包的路径，包括从本地源代码安装或者网上的某个链接安装：

```
pip install ./downloads/SomePackage-1.0.4.tar.gz
pip install 包所在网址+/SomePackage-1.0.4.zip  # 具体网址自己搜
```

5）要卸载一个软件包，使用 uninstall 命令即可：pip uninstall package-name。

6）查询相关软包，如果不清楚要安装的软件包的具体名称，可以使用 search 命令进行查询：pip search "query"，它会列出所有相关的软包。

5.8 应用实例

1. Python Excel 操作实例

Python 的包索引（PyPI）是 Python 编程语言的软件库。至 2017 年 9 月，PyPI 收集有 117188 个包。Python Excel 操作需要使用的模块有 xlrd（xlrd-1.1.0-py2.py3-none-any.whl）、xlwt（xlwt-1.3.0-py2.py3-none-any.whl）、xlutils（xlutils-2.0.0-py2.py3-none-any.whl）等。

安装可使用 pip install xlrd-1.1.0-py2.py3-none-any.whl 等命令来完成，安装后操作 Excel 时需要先导入这些模块，操作示例如下。

【例 5-5】 Excel——写操作。

写 Excel 的操作步骤如下。

1）打开 Excel。若打开已存在的 Excel 文件进行写操作，写入的数据会覆盖以前的数据。

2）获取 sheet 对象并指定 sheet 的名称。

3）对 Excel 进行写入与保存操作。

```
import xlwt
book=xlwt.Workbook()                        # 打开 Excel 创建 book 对象
sheet=book.add_sheet('stu')                 # 创建 sheet 指定 sheet 名称
# 写入 Excel 数据，第 n 行第 n 列写入某个值，写入的数据类型为 str
sheet.write(0,0,'id');sheet.write(0,1,'name');sheet.write(0,2,'sex');
sheet.write(1,0,'1');sheet.write(1,1,'n1');sheet.write(1,2,'men');
sheet.write(2,0,'2');sheet.write(2,1,'n2');sheet.write(2,2,'women');
sheet.write(3,0,'3');sheet.write(3,1,'n3');sheet.write(3,2,'men');
book.save('student.xls')                    # 保存 Excel，保存的文件名扩展名必须是 xls 或 xlsx
```

运行后，Excel 页面如图 5-1 所示。

	A	B	C
1	id	name	sex
2	1	n1	men
3	2	n2	women
4	3	n3	men

图 5-1　Excel 保存结果

【例 5-6】 Excel——读操作。

读操作类似写操作的几个步骤，主要是写操作改为读操作，若读取的 Excel 文件不存在，则打开 Excel 时会报错。读取上面

Excel 保存数据的程序如下：

```
import xlrd
def readExcel():
    try:book=xlrd.open_workbook('student.xls')
    except Exception as e:print('error msg:',e)
    else:
        stu_list=[];sheet=book.sheet_by_index(0)
        rows=sheet.nrows                              # 获取 Excel 的总行数
        # 循环读取每行数据,第 0 行是表头信息,所以从第 1 行读取数据
        for row in range(1,rows):
            id=sheet.cell(row,0).value                # 获取第 row 行的第 0 列数据
            name=sheet.cell(row,1).value
            sex=sheet.cell(row,2).value
            # 将 id、name、sex 添加到字典,若元素不存在则新增否则是更新
            stu={};stu['id']=id;stu['name']=name;stu['sex']=sex
            stu_list.append(stu)
            print(id,name,sex ,end='/')               # 逐个输出
        print(stu_list)                               # 全部输出
readExcel()
```

输出结果：1.0 n1 men/2.0 n2 women/3.0 n3 men/

```
[{'id':'1.0','name':'n1','sex':'men'},{'id':'2.0','name':'n2','sex':'women'},{'id':'
3.0','name':'n3','sex':'men'}]
```

2. 例题

【**例 5-7**】利用递归方法求 15!。

```
def fun(i):
    if i==1:return 1
    return i*fun(i-1)
print(fun(15))
```

【**例 5-8**】利用递归函数，将所输入字符串以相反顺序打印出来。

```
def output(s,l):
    if l==0:return
    print(s[l-1])
    output(s,l-1)
s=input('Input a string:')
l=len(s);output(s,l)
```

【**例 5-9**】全局变量与局部变量的使用示例。

```
a=4  # 全局变量
def print_func1():
```

```
    a=17                                     # 局部变量
    print("in print_func a=",a)
def print_func2():
    print("in print_func a=",a)              # 没有定义局部变量,这里 a 为全局变量
print_func1()                                # in print_func a=17
print_func2()                                # in print_func a=4
print("a=",a)                                # a=4
```

【例 5-10】 函数可变参数列表的使用示例。

```
def arithmetic_sum( *args):
    sum=0
    for x in args:sum+=x
    return sum
print(arithmetic_sum(45,32,89,78))                          # 244
print(arithmetic_sum(8989.8,78787.78,3453,78778.73))        # 170009.31
print(arithmetic_sum(45,32))                                # 77
print(arithmetic_sum(45))                                   # 45
print(arithmetic_sum())                                     # 0
def foo( **kargs):
    print(kargs)
foo(a=1,b=2,c=3)   # {'a':1,'c':3,'b':2}
```

注意观察这次赋值的方式和打印的结果。**kargs 的形式收集值会得到 dict 类型的数据，但是，需要在传值的时候说明“键”和“值”，因为在字典中是以键值对形式出现的。综合起来：

```
def foo(x,y,z, *args, **kargs):
    print(x);print(y);print(z);print(args);print(kargs)
foo('qiwsir',2,"Python")                      # qiwsir/2/Python/()/{}
foo(1,2,3,4,5)                                # 1/2/3/(4,5)/{}
foo(1,2,3,4,5,name="qiwsir")                  # 1/2/3/(4,5)/{'name':'qiwsir'}
```

【例 5-11】 利用递归函数来产生并输出杨辉三角形。

分析：所谓杨辉三角形，如图 5-2 所示（9 层），除等腰三角形两边均为 1 外，其他每个数均为其上行左右两数之和。这里利用递归函数来产生一个杨辉三角形的元素。分析杨辉

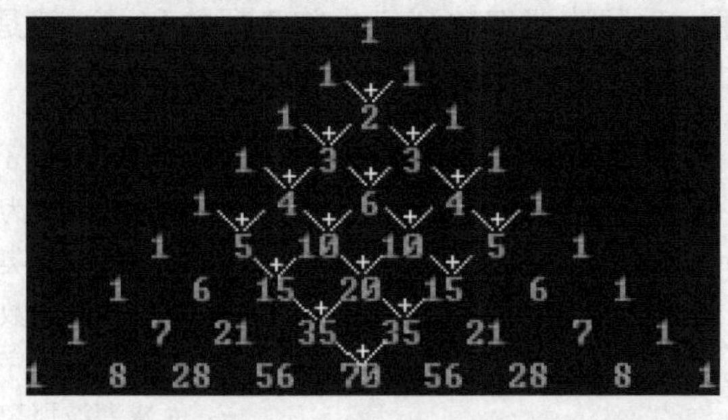

图 5-2　产生一个元素的递归调用情况

三角形各元素，可知某元素都是其上一行对应两元素之和，而上行两个元素又递归的是它们各自上一行的对应两元素之和，…，如此递归直到元素是杨辉三角形两边的1为止，而后逐级回代得到这个杨辉三角形的元素值，如图5-2所示，第9行中间元素递归调用情况。利用这样的方法可以产生杨辉三角形每个元素，主程序只要调用递归函数控制逐行逐个输出就行。

```
N=13;
def num(i,j):                                          # 获取杨辉三角形中(i,j)编号的数
    if(i==j or j==0):return 1;                         # 开头和末尾的1
    else:return num(i-1,j-1)+num(i-1,j);               # 中间元素的递归产生
print("输入要打印的行数n(n<=%d):"%N);n=int(input(""));
for i in range(0,n):                                   # 控制输出1-n行
    for k in range(0,42-2*i):print(" ",end='');        # 输出数字前的空格
    for j in range(0,i+1):
        print("%4d"%num(i,j),end='');                  # 输出i行0-i编号的元素
    print("");
```

说明：本例程序显得非常简单清晰、简捷有效。但是，实际上会产生大量的递归函数调用（如图5-2产生一个70元素值，将惊人地调用num()函数139次），这样的递归函数调用是很耗空间与时间资源的，为此本方法性能一般。

【例5-12】编写函数产生前40个斐波那契（Fibonacci）数列于数组中，并输出。

```
def fibs(n):
    result=[1,1]  # 初始化列表
    for i in range(n-2):
        result.append(result[i]+result[i+1]) # 第3项开始等于前两项之和
    return result
lst=fibs(10);print(lst)
```

【例5-13】用递归方法求解斐波那契数列。

分析：输出斐波那契数列有不同实现方法，这里可用递归方法求解。容易得到第n项的递归公式：

$$fib(n)=\begin{cases}1 & (n=1,2) \quad \text{\# 递归结束条件} \\ fib(n-2)+fib(n-1) & (n>2) \quad \text{\# 递归方式}\end{cases}$$

由公式可以看出，第n项斐波那契数列值是前2项的和，这就是递归方式；而当n=1和2时，斐波那契数列就是1，这就是递归结束条件。

```
def fib(n):                                    # 定义求第n项斐波那契数列值的函数
    if(n==1 or n==2):return 1;                 # 判断是否为结束条件
    else:return fib(n-2)+fib(n-1);             # 求斐波那契数列的递归方式
i=1;                                           # 斐波那契数列某项的序号
while(i>0):                                    # 循环输入序号,直到i值小于等于0
    s=fib(i);                                  # 求斐波那契数列第i项
    print("Fib(%d)=%ld"%(i,s));                # 显示斐波那契数列第i项的值
```

```
    for j in range(1,i+1):print("%ld "%fib(j),end="");
    print("\nInput Fibonacci Number:");i=int(input(""));                    # 输入某一项序号
```

说明：运行程序，输入不同的 n 值查看运行结果，当 n 较大（n>35）时发现程序要耗费较长的时间，再次表明递归方法解决问题往往性能较差。

【例 5-14】哥德巴赫猜想。其基本思想：任何一个大于 2 的偶数都能表示成为两个素数之和。这里可以编写程序实现验证哥德巴赫猜想对 100 以内的正偶数成立。

分析：要验证哥德巴赫猜想对 100 以内的正偶数成立，可以将正偶数分解为两个数之和，再对这两个数分别判断，如果均是素数则满足题意，不是则重新分解另两数再继续判断。可以把素数的判断过程编写成自定义函数 goldbach_conjecture()，对每次分解出的两个数分别利用函数判断即可。若所有正偶数均可分解为两个素数，则哥德巴赫猜想得到验证。

```
def goldbach_conjecture(i):
    if (i<=1):return 0;
    if (i==2):return 1;
    for j in range(2,i):
        if (i % j==0):return 0;
        elif (i != j+1):continue;
        else:return 1;
n=0;
for i in range(4,100,2):
    for k in range(2,i//2+1):
        j=i-k;
        flag1=goldbach_conjecture(k);
        if (flag1):
            flag2=goldbach_conjecture(j);
            if (flag2):
                print("%3d=%3d+%3d,"%(i,k,j),end="");
                n+=1;
                if (n%5==0):print("");
                break;
```

【例 5-15】汉诺塔问题。A 杆上有 N 个(N>1)穿孔圆盘，盘的尺寸由下到上依次变小。借助 B 杆，要求按下列规则将所有圆盘移至 C 杆：①每次只能移动一个圆盘；②大盘不能叠在小盘上面。提示：可将圆盘临时置于 B 杆，也可将从 A 杆移出的圆盘重新移回 A 杆，但都必须遵循上述两条规则。请问：如何移动？

分析：递归法实现：最终得到的结果是将所有的圆盘按规定的方法从 A 移到 C，对于 C 来说，当第 n 个盘子（最大的那个盘子）移动到 C 时，已经固定了，以后的操作都不用动这块盘子，而当这个盘子从 A 移动到 C 的前一步是其他 n-1 个盘子应该是在 B 上了，依次类推，当第 n-1 个盘子从 B 移动到 C 前，之前的 n-2 个盘子应该是在 A 上。

总结以上的思路，可以将整个移动过程分以下 3 步走：

Step1. 把除了最大的盘之外的盘，从 A 移动到 B：A→B。

Step2. 将最大的盘从 A 移动到 C：A→C。

Step3. 把除了最大的盘之外的盘，从 B 移动到 C：B→C。

汉诺塔移动示意如图 5-3 所示。

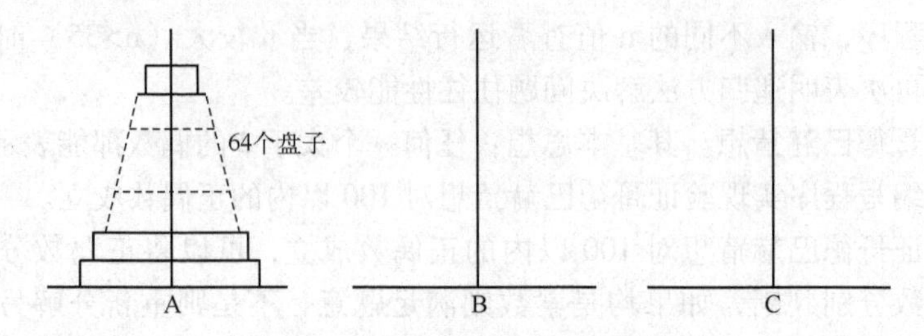

图 5-3 Hanoi 塔移动示意

1）是初始状态，也就是递归的起点，假设 n=4，move(4,A,B,C)(这个函数要实现的功能是把 n 个盘从 A 按照一定的规则，借助 B，移动到 C)。

2）是 Step1 完成时的状态，已经将所有的 n-1，这里也就是 3 个盘从 A 移到了 B。(第 1 处递归，move(n-1,A,C,B)这个函数要实现将 n-1 个盘从 A，借助 C，移到 B)

3）是 Step2，此时需要将第 n 个，也就是第 4 个最大的盘从 A 移到 C(move(1,A,B,C)，或者干脆直接 print("A-> C"))。

4）是 Step3，此时需要将 B 上面的 n-1 个盘从 B 移到 C（第 2 处递归，move(n-1,B,A,C)这个函数要实现将 n-1 个盘从 B，借助 A，移动到 C)。

Python 编写代码如下：

```
def move(n,a,b,c):
  if n==1:print(''.join([a,'->',c]),end='')
  else:
    move(n-1,a,c,b)   # 将 A 上面的 n-1 个盘子通过 C 移动到 B
    move(1,a,b,c)     # 将 A 上最大的那个盘子通过 B 移动到 C
    move(n-1,b,a,c)   # 将 B 上的 n-1 个盘子通过 A 移动到 C
move(3,'a','b','c')   # a->c a->b c->b a->c b->a b->c a->c   # 3 可改为其他数
```

5.9 习题

1. 编写函数求两数的最大公约数与最小公倍数。

2. 如果有两个数，每一个数的所有约数（除它本身以外）的和正好等于对方，则称这两个数为互满数，例如 220 与 284 为一对互满数。编写函数求出 3000 以内所有的互满数，并显示输出。

3. 使用 random 模块，定义函数来编程生成随机验证码。

4. 实践对 Excel 文件的创建、读取和修改操作。

第 6 章　面向对象程序设计

Python 语言支持面向对象程序设计。类和对象是面向对象编程技术中最基本、最核心的概念与内容。本章将介绍 Python 语言面向对象程序设计相关的基本概念、类的声明、对象的创建与使用等内容。利用继承不仅使得代码的重用性得以提高，还可以清晰描述事物间的层次分类关系。Python 提供了多继承机制，通过继承父类，子类可以获得父类所拥有的方法和属性，并可以添加新的属性和方法来满足新事物的需求。简单来说，多态（意思是多种形式）就意味着父类型的变量可以引用子类型的对象，多态性也意指不同类型的对象可以响应相同的消息。Python 语言中可谓一切皆对象。

学习重点或难点

- 类的定义和使用
- 对象的创建和使用
- 实例属性与类属性
- 方法
- 继承机制
- 多态和封装

6.1　面向对象的基本概念

Python 从设计之初就已经是一门面向对象的语言，和其他编程语言相比，Python 在尽可能不增加新的语法和语义的情况下加入了类机制。

正因为如此，在 Python 中创建一个类和对象是很容易的。Python 中的类提供了面向对象编程的所有基本功能：类的继承机制允许多个基类，派生类可以覆盖基类中的任何方法，方法中可以调用基类中的同名方法。对象可以包含任意数量和类型的数据。

面向对象的基本概念如下。

类（Class）：用来描述具有相同的属性和方法的对象的集合。它定义了该集合中每个对象所共有的属性和方法。

对象（Object）：通过类定义的数据结构实例。对象包括两类数据成员（类变量和实例变量）和方法。

实例化：创建一个类的实例，类的具体对象。

类变量：类变量在整个实例化的对象中是公用的。类变量定义在类中且在函数体之外。类变量通常不作为实例变量使用。

数据成员：类变量或者实例变量用于处理类及其实例对象的相关数据。

方法：类中定义的函数。

方法重载：如果从父类继承的方法不能满足子类的需求，可以对其进行改写，这个过程叫方法的覆盖（Override），也称为方法的重载。

实例变量：定义在方法中的变量，只作用于当前类的实例。

继承：即一个派生类（Derived Class）继承基类（Base Class）的字段和方法。继承允许把一个派生类的对象作为一个基类对象对待。

6.2 类与对象

类的实例化是对象，创建了类才能由类创建对象。类与对象是面向对象程序设计的核心概念。

6.2.1 创建类

使用 class 语句来创建一个新类，class 之后为类的名称并以冒号结尾，语法如下：

```
class ClassName:
    'Optional class documentation string'    #类文档字符串
    class_suite  #类体
```

类的帮助信息可以通过 ClassName.__doc__查看。在函数、类或者文件开头的部分写文档字符串说明，一般采用三重引号，这样写的最大好处是能够用 help（ClassName）函数查看。

class_suite 由类成员、方法、数据属性等组成。以下是一个简单的 Python 类实例：

```
class Employee:
    '雇员通用基类'
    empCount=0
    def__init__(self,name,salary):
        self.name=name
        self.salary=salary
        Employee.empCount+=1
    def displayCount(self):
        print("Total Employee %d" % Employee.empCount)
    def displayEmployee(self):
        print("Name:",self.name,  ",Salary:",self.salary)
```

1）empCount 变量是一个类变量，它的值将在这个类的所有实例之间共享，可以在内部类或外部类使用 Employee.empCount 访问它。

2）__init__()方法是一种特殊的方法，称为类的构造函数或初始化方法，创建了这个类的实例时就会调用该方法。

注意：通常用户需要在单独的文件中定义一个类。

6.2.2 创建实例对象

要创建一个类的实例，用户可以使用类的名称，并通过__init__方法接收参数。

```
emp1=Employee("Zara",2000)      # 创建类 Employee 的第 1 个对象 emp1
emp2=Employee("Manni",5000)  # 创建类 Employee 的第 2 个对象 emp2
```

6.2.3 访问属性

可以使用点(.)来访问对象的方法或属性，也可以使用如下类的名称访问类变量：

```
emp1.displayEmployee(); emp2.displayEmployee()
print("Total Employee %d" % Employee.empCount)
```

完整示例如下：

```
class Employee:  # 雇员通用基类
    empCount=0
    def__init__(self,name,salary):
        self.name=name; self.salary=salary
        Employee.empCount+=1
    def displayCount(self):
      print("Total Employee %d" % Employee.empCount)
    def displayEmployee(self):
      print("Name:",self.name,",Salary:",self.salary)
emp1=Employee("Zara",2000)      # 创建类 Employee 的第 1 个对象 emp1
emp2=Employee("Manni",5000)  # 创建类 Employee 的第 2 个对象 emp2
emp1.displayEmployee()   # Name:  Zara ,Salary:  2000
emp2.displayEmployee()   # Name:  Manni ,Salary:  5000
print("Total Employee %d" % Employee.empCount)   # Total Employee 2
```

还可以添加、删除、修改类的属性，如下所示：

```
emp1.age=7   # 添加一个 'age' 属性,这种方式是 Python 特有的
emp1.age=8   # 修改 'age' 属性
del emp1.age   # 删除 'age' 属性
```

也可以使用以下函数的方式来访问属性：

```
getattr(obj,name[,default]) 访问对象的属性。
hasattr(obj,name) 检查是否存在一个属性。
setattr(obj,name,value) 设置一个属性。如果属性不存在,会创建一个新属性。
delattr(obj,name) 删除属性。
hasattr(emp1,'age') 如果存在 'age' 属性返回 True。
getattr(emp1,'age') 返回 'age' 属性的值
setattr(emp1,'age',8) 添加属性 'age' 值为 8
delattr(emp1,'age') 删除属性 'age'
```

6.2.4 对象销毁（垃圾回收）

Python 使用了引用计数这一简单技术来追踪内存中的对象。在 Python 内部记录着所有

使用中的对象各有多少引用。

一个内部跟踪变量，称为一个引用计数器。当对象被创建时，就创建了一个引用计数，当这个对象不再需要时，也就是说，这个对象的引用计数变为 0 时，它被垃圾回收。但是回收不是“立即”的，由解释器在适当的时机，将垃圾对象占用的内存空间回收。

```
a=40      # 创建对象 <40>
b=a       # 增加引用 <40> 的计数
c=[b]     # 增加引用 <40> 的计数
del a     # 减少引用 <40> 的计数
b=100     # 减少引用 <40> 的计数
c[0]=-1 # 减少引用 <40> 的计数
```

垃圾回收机制不仅针对引用计数为 0 的对象，同样也可以处理循环引用的情况。循环引用指的是，两个对象相互引用，但是没有其他变量引用它们。这种情况下，仅使用引用计数是不够的。**Python 的垃圾收集器实际上是一个引用计数器和一个循环垃圾收集器**。作为引用计数的补充，垃圾收集器也会留心被分配的总量很大（及未通过引用计数销毁的那些）的对象。在这种情况下，解释器会暂停下来，试图清理所有未引用的循环。

6.3 实例属性与类属性

Python 中，每个对象都可能有多个属性。一个类实例化后，实例是一个对象，有属性（实例属性）。同样，类也是一个对象，它也有属性（类属性）。

```
>>> class A(object):
...     x=7
...     def__init__(self,y)
...         self.y=y
...
>>> A.x   # 7
```

在类 A 中，变量 x 所引用的数据能够直接通过类来调用。或者说 x 是类 A 的属性，这种属性称为“类属性”。类属性仅限于此类中的变量。它还有其他的名字，如类的静态数据。

```
>>> foo=A(10)
>>> print(foo.x,foo.y)   # 7 10
```

实例化，通过实例也可以得到这些属性，这种属性叫作“实例属性”。对于属性 x，可以用类来访问（类属性），在一般情况下，也可以通过实例来访问（实例属性）。对于属性 y，只能通过实例来访问（实例属性）。

当类中变量（类属性）引用的是可变对象时，类属性和实例属性都能直接修改这个对象，从而影响另一方的值。

类有一些默认或预置的属性，叫作内置类属性，有如下这些：

1）__dict__: 类的属性（包含一个字典，由类的数据属性组成）。

2）__doc__:类的文档字符串。

3）__name__: 类名。

4）__module__:类定义所在的模块（类的全名是'__main__. className'，如果类位于一个导入模块 mymod 中，那么 className. __module__ 等于 mymod）。

5）__bases__:类的所有父类构成元素（由所有父类组成的元组）。

实例（或对象）的属性储存在对象的__dict__属性中。__dict__为一个词典，键为属性名，对应的值为属性本身。为此，可以通过输出__dict__这些内置属性来查看对象属性等。

Python 内置类属性调用实例如下：

```
class Employee (object):
   '雇员通用基类'
   empCount=0
   def__init__(self,name,salary):
      self. name=name; self. salary=salary
      Employee. empCount+=1
   def displayCount(self):
      print("Total Employee %d" % Employee. empCount)
   def displayEmployee(self):
      print("Name:",self. name, ",Salary: ",self. salary)
emp1=Employee ("Zhangwei",6800)
print("Employee. __doc__:",Employee. __doc__)
print("Employee. __name__:",Employee. __name__)
print("Employee. __module__:",Employee. __module__)
print("Employee. __bases__:",Employee. __bases__)
print("Employee. __dict__:",Employee. __dict__)
print(emp1. __dict__)
```

执行以上代码输出结果如下：

```
Employee. __doc__: 雇员通用基类
Employee. __name__: Employee
Employee. __module__: __main__
Employee. __bases__: ()
Employee. __dict__: {'__module__': '__main__','displayCount':
<functiondisplayCount at 0xb7c84994>','empCount': 2,
'displayEmployee': <function displayEmployee at 0xb7c8441c>,
'__doc__': '雇员通用基类','__init__': <function __init__ at 0xb7c846bc>}
{'name': 'Zhangwei','salary': 6800}
```

实际上，Python 中的属性是分层定义的，比如这里分为 object/Employee/emp1 这 3 层。当需要调用某属性时，Python 会一层层向上遍历，直到找到那个属性（某个属性可能出现在不同的层被重复定义，Python 向上的过程中会选取最先遇到的那一个，也就是比较低层的属性定义）。

当有一个 emp1 对象时，分别查询 emp1 对象、Employee 类以及 object 类的属性，就可以知道 emp1 对象所有的__dict__，就可以找到通过对象 emp1 调用和修改的所有属性。下面两种属性修改方法等效：

```
emp1.__dict__['salary'] = 7000;
print(emp1.__dict__['name'])
emp1.salary = 7500;
print(emp1.salary)
```

6.4 方法

方法与函数是一个概念，只是一般在类中的函数常称为方法。

6.4.1 类的方法

在类的内部，使用 def 关键字可以为类定义一个方法。与一般函数定义不同，类方法必须包含参数 self，且为第一个参数：

```
class People: # 定义类 People
    age=0; name='John'      # 定义类属性 #这里 name 与 self.name 是不同的
    __weight=0              # 定义私有属性,私有属性在类外部无法直接进行访问
    def__init__(self,name,age,weight): # 定义构造方法
        self.name=name; self.age=age
        self.__weight=weight
    def speak(self):
        print("%s is speaking: I am %d years old." %(self.name,self.age))
p=People('Tom',10,30);print(People.name,p.name) # John,Tom
p.speak()   # Tom is speaking: I am 10 years old
```

6.4.2 self 的作用

在 People 实例化的过程中 p=People('Tom',10,30)，字符串'Tom' 等通过初始化函数(__init__())的参数已经存入到内存中，并且以 People 类型的形式存在，组成了一个对象，这个对象和变量 p 建立引用关系，这个过程也可说成是这些数据附加到一个实例上。这样就能够以 object.attribute 的形式，在程序中任何地方调用某个数据，例如上面的程序中以 p.name 的方式得到"Tom"。这种调用方式，在类和实例中经常使用，点号“.”后面的称之为类或者实例的属性。这是在程序中，并且是在类的外面。如果在类的里面，想在某个地方使用实例化所传入的数据（如:"Tom"），怎么办？

在类内部，就是将所有传入的数据都赋给一个变量，通常这个变量的名字是 self。

在初始化函数中的第一个参数 self，就是起到了这个作用——接收实例化过程中传入的所有数据，这些数据是初始化函数后面的参数导入的。显然，self 应该就是一个实例（准确说法是应用实例），因为它所对应的就是具体数据。这个可以在__init__()函数中通过 print(self)或 print(type(self))来输出验证。

self 这个实例跟前面所讲的 p 引用的实例对象一样，也有属性。那么，接下来就规定其属性和属性对应的数据。代码 self. name = name 就是规定了 self 实例的一个属性，这个属性的名字也叫作 name，这个属性的值等于初始化函数的参数 name 所导入的数据。注意，self. name 中的 name 和初始化函数的参数 name 没有任何关系，它们两个一样，只不过是一种巧合。

其实，从效果的角度来理解更简化：类的实例 p 对应着 self，p 通过 self 导入实例属性的所有数据。当然，self 的属性数据，也不一定非得由参数传入，也可以在构造函数中自己设定。如在__init__( )函数中可以这样设定：

```
self. email = " qiwsir@ gmail. com"
```

为此，self 不仅仅是为了在类内部传递参数导入的数据，还能在初始化函数中，通过 self. attribute 的方式，规定 self 实例对象的属性，这个属性也是类实例化对象的属性，即作为类通过初始化函数初始化后所具有的属性。为此，就可以把 self 形象地理解为“内外兼修”。或者按照前面所提到的，将 p 这样的实例化对象和 self 对应起来，self 主内，p 对象主外。

在类 People 的其他方法中，都是以 self 为第一个或者唯一一个参数。注意，在 Python 中，这个参数要明显写上，在类内部是不能省略的。这就表示所有方法都承接 self 实例对象，它的属性也被带到每个方法中。例如在方法中使用 self. name 即是调用前面已经确定的实例属性数据。当然，在方法中还可以继续为实例 self 增加属性，比如 self. number = 100。这样，通过 self 实例，就实现了数据在类内部的流转。

6.4.3 类私有方法

__private_method 两个下画线开头，声明该方法为私有方法，不能在类外部调用。

在类的内部调用 self. __private__methods。类的专有方法如下。

- __init__(self[,…])：构造函数或初始化函数，在生成对象时调用。
- __del__(self)：析构函数或删除函数，释放对象时使用。
- __repr__(self)：由 repr ( )函数调用，用于输出对象的“官方”字符串表示形式。
- __setitem__(self,key,value)：调用以实现对键的赋值。
- __getitem__(self,key)：按照索引获取键值。
- __len__(self)：获得长度，在调用内联函数 len ( ) 时调用。
- __cmp__(stc,dst)：比较运算，比较两个对象 src 和 dst。
- __getattr__(self,name)：获取属性的值。
- __setattr__(self,name,value)：设置属性的值。
- __delattr__(self,name)：删除 name 属性。
- __getattribute__( )：功能与__getattr__( )类似。
- __gt__(self,other)：判断 self 对象是否大于 other 对象。
- __lt__(self,other)：判断 self 对象是否小于 other 对象。
- __eq__(self,other)：判断 self 对象是否等于 other 对象。
- __call__(self, * args)：把实例对象作为函数调用。

6.4.4 构造方法

__init__(self[,…])就是类的构造方法（函数）或初始化方法（函数），该方法在创建类对象（类的实例化）时自动调用。

```
def__init__(self):
    self.data=[]
```

当然，__init__()方法可以有参数，参数通过__init__()传递到类的实例化操作上。例如：

```
class Complex:
    def__init__(self,realpart,imagpart):
        self.r=realpart; self.i=imagpart
x=Complex(3.0,-4.5)
x.r,x.i  #(3.0,-4.5)
```

6.4.5 析构方法

__del__(self)就是类的析构方法（函数），__del__(self)在对象消逝时自动调用。例如：

```
class Point:
    def__init(self,x=0,y=0):
        self.x=x; self.y=y
    def__del__(self):
        class_name=self.__class__.__name__
        print(class_name,"销毁")
pt1=Point(); pt2=pt1; pt3=pt1
print(id(pt1),id(pt2),id(pt3))  # 打印对象的 id:3083401324 3083401324 3083401324
del pt1; del pt2; del pt3            # Point 销毁  # Point 类对象已被消除
```

6.4.6 静态方法与类方法

已知，类的方法（或实例方法）第一个参数必须是 self，并且如果要调用类的方法，必须将通过类的实例，即方法绑定实例后才能由实例调用。如果调用不绑定方法，一般在继承关系的类之间，可以用 super 函数等方法调用。

1. 静态方法

在类定义前出现@ staticmethod，表示下面的方法是静态方法。

2. 类方法

在类定义前出现@ classmethod，表示下面的方法是类方法。例如：

```
__metaclass__=type  # 表示旧式类变成新式类
class StaticMethod:
    @staticmethod
```

```
        def foo(): print("This is static method foo().")
class ClassMethod:
    @classmethod
    def bar(cls):
        print("This is class method bar().")
        print("bar() is part of class:",cls.__name__)
if __name__ == "__main__":
    static_foo=StaticMethod()     # 实例化
    static_foo.foo()              # 实例调用静态方法
    StaticMethod.foo()            # 通过类来调用静态方法
    print("*************")
    class_bar=ClassMethod()       # 实例化
    class_bar.bar()               # 实例调用静态方法
    ClassMethod.bar()             # 通过类来调用类方法
```

先看静态方法，虽然名为静态方法，但也是方法，所以，依然用 def 语句来定义。需要注意的是文件名后面的括号内没有 self，这和前面定义的类中的方法是不同的，也正是因着这个不同，才给它另外取了一个名字叫作静态方法。如果没有 self，那么也就无法访问实例变量、类和实例的属性，因为它们都是借助 self 来传递数据的。

再看类方法，同样也具有一般方法的特点，区别也在参数上。类方法的参数也没有 self，但是必须有 cls 这个参数。在类方法中，能够访问类属性，但是不能访问实例属性。

6.4.7 命名空间

命名空间是从所定义的命名到对象的映射集合。不同的命名空间可以同时存在，但彼此相互独立互不干扰。命名空间因为对象的不同也有所区别，可以分为如下几种。

1）内置命名空间（Built-in Namespaces）：Python 运行起来，它们就存在了。内置函数的命名空间都属于内置命名空间，所以，可以在任何程序中直接运行它们，比如前面的 id()，不需要做什么操作，可以直接使用。

2）全局命名空间（Module：Global Namespaces）：每个模块创建它自己所拥有的全局命名空间，不同模块的全局命名空间彼此独立，不同模块中相同名称的命名空间，也会因为模块的不同而不相互干扰。

3）本地命名空间（Function&Class：Local Namespaces）：模块中有函数或者类，每个函数或者类所定义的命名空间就是本地命名空间。如果函数返回了结果或者抛出异常，则本地命名空间也结束了。

4）类命名空间：定义类时，所有位于 class 语句中的代码都在某个命名空间中执行，即类命名空间。

6.4.8 作用域

作用域是指 Python 程序中可以直接访问到的命名空间。“直接访问”在这里意味着访问命名空间中的命名时无须加入附加的修饰符。

```
def outer_foo( ):
    b=20
    def inner_foo( ):
        c=30;            # b=50   # global b; b=50
    a=10
```

假如现在位于 inner_foo( )函数内，那么 c 就在本地作用域，而 b 和 a 就不是。如果在 inner_foo( )内再做 b=50，这其实是在本地命名空间内新创建了对象，和上一层中的 b=20 毫不相干。这就是作用域的概念。

如果要将某个变量在任何地方都使用，且能够关联，那么在函数内就使用 global 声明，其实就是曾经讲过的全局变量。

6.5 继承

继承（Inheritance）是面向对象软件技术当中的一个重要概念。面向对象的编程带来的主要好处之一是代码的重用，实现这种重用的方法之一是通过继承机制。

6.5.1 继承与派生

继承完全可以理解成类之间的父类型和子类型关系。如果一个类别 A“继承自”另一个类别 B，就把这个 A 称为“B 的子类”，而把 B 称为“A 的父类”，也可以称“B 是 A 的超类”。

继承可以使得子类具有父类的各种属性和方法，而不需要再次编写相同的代码。在子类继承父类的同时，可以重新定义某些属性，并重写某些方法，即覆盖父类别的原有属性和方法，使其获得与父类不同的功能。另外，为子类追加新的属性和新方法也是常见的做法。

继承语法 class 派生类名(**基类名**):

基类名写在括号里，基本类是在类定义的时候，在元组之中指明的。派生类即子类。

派生类的声明与定义父类类似，继承的基类列表跟在类名之后，如下所示：

```
class SubClassName (ParentClass1[,ParentClass2,...]):
    '可选的类文档说明'
    class_suite  # 类体
```

【例 6-1】父类与子类示例。

```
class Parent:    # 定义父类
    parentAttr=100
    def__init__(self):
        print("Calling parent constructor")
    def parentMethod(self):
        print('Calling parent method')
```

```
    def setAttr(self,attr):
        Parent.parentAttr=attr
    def getAttr(self):
        print("Parent attribute:",Parent.parentAttr)
class Child(Parent):# 定义子类
    def__init__(self):
        print("Calling child constructor")
    def childMethod(self):
        print('Calling child method')
c=Child()            # Calling child constructor   # 实例化子类
c.childMethod()      # Calling child method        # 调用子类的方法
c.parentMethod()     # Calling parent method       # 调用父类方法
c.setAttr(200)       # 再次调用父类的方法
c.getAttr()          # Parent attribute:200        # 再次调用父类的方法
```

Python 可以继承多个类：

```
class A:     # 定义 class A
...
class B:     # 定义 calss B
...
class C(A,B):  # 定义 A and B 的子类
...
```

可以使用 issubclass()或者 isinstance()方法来检测。

1）issubclass(sub,sup):布尔函数，判断一个类是另一个类的子类或者子孙类。

2）isinstance(obj,Class):布尔函数，如果 obj 是 Class 类的实例对象或者是一个 Class 子类的实例对象，则返回 True。

在 Python 中继承的一些特点。

1）在继承中基类的构造（__init__()方法）不会被自动调用，它需要在其派生类的构造中专门调用。当然，派生类实例化时，是会按需自动执行基类构造方法的。

2）在调用基类方法时，需要加上基类的类名前缀，且需要带上 self 参数变量。区别在于类中调用普通函数时并不需要带上 self 参数。

3）Python 总是首先查找对应类型的方法，如果它不能在派生类中找到对应的方法，它才开始到基类中逐个查找（先在本类中查找调用的方法，找不到才去基类中找）。

6.5.2 多重继承

如果在继承元组中有一个以上的类，那么它就称作“多重继承”。

继承的特点：即将父类的方法和属性全部承接到子类中；如果子类重写了父类的方法，就使用子类的该方法，父类的被遮盖。

多重继承的顺序：经典类的搜索方式是按照“从左至右，深度优先”的方式查找属性或方法的，而新式类（Python 3.x）的搜索方式则采用“广度优先”的方式。

6.5.3 重载

1. 重载方法

如果父类方法的功能不能满足需求，可以在子类重载父类的方法，例如：

```
class Parent:              # 定义父类
    def myMethod(self):
        print('Calling parent method')
class Child(Parent):       # 定义子类
    def myMethod(self):# 这里是子类重载了父类的方法 myMethod()
        print('Calling child method')
c=Child()                  # 子类实例
c.myMethod()               # 子类调用重载方法
```

执行以上代码输出结果：Calling child method。

2. 基础重载方法

下面列出了一些通用的方法，可以在自己的类重写这些方法。

__init__(self [,args...])构造函数，简单的调用方法：obj=className(args)

__del__(self)析构方法，删除一个对象简单的调用方法：del obj

__repr__(self)转化为供解释器读取的形式，简单的调用方法：repr(obj)

__str__(self)用于将值转化为适于人阅读的形式，简单调用方法：str(obj)

__cmp__(self,x)对象比较，简单的调用方法：cmp（obj，x）

3. 运算符重载

Python 同样支持运算符重载，如下：

```
class Vector:
    def__init__(self,a,b):
        self.a=a; self.b=b
    def__str__(self):
        return 'Vector (%d,%d)' % (self.a,self.b)
    def__add__(self,other):
        return Vector(self.a+other.a,self.b+other.b)
v1=Vector(2,10)
v2=Vector(5,-2)
print(v1+v2)                  # Vector(7,8)  # 两个向量对象相加,发生运算符重载
```

6.5.4 隐藏数据

在 Python 中实现数据隐藏很简单，不需要在前面加关键字，只要把类变量名或成员函数前面加两个下画线即可实现数据隐藏的功能。这样，对于类的实例来说，其变量名和成员函数是不能使用的，对于其类的继承类来说，也是隐藏的，继承类可以定义与其一模一样的变量名或成员函数名，而不会引起命名冲突。例如：

```
class JustCounter:
```

```
    __secretCount=0
    def count(self):
        self.__secretCount+=1
        print(self.__secretCount)
counter=JustCounter()
counter.count()  # 输出:1
counter.count()  # 输出:2
print(counter.__secretCount)
```

输出时出错了，如下：

```
Traceback (most recent call last):
  File "test.py",line9,in <module>
    print(counter.__secretCount)
AttributeError: JustCounter instance has no attribute '__secretCount'
```

Python 不允许实例化的对象访问隐藏数据，但可以使用 object._className__attrName 访问属性，将如下代码替换上面程序的最后一行代码：

```
print(counter._JustCounter__secretCount)  # 输出:2
```

6.5.5 super 函数

要调用父类中被覆盖的方法或属性，需要调用 super 函数。super 函数的语法格式：

super(子类名,self).父类的方法　或 super(子类名,self).父类的属性

super 函数的参数，第一个是当前子类的类名字，第二个是 self，然后是点号，点号后面是所要调用的父类的方法（不需要 self 参数了）或属性。例如：

```
class Person:
    def__init__(self): self.height=160
    def about(self,name):
        print("{} is about {}".format(name,self.height))
class Girl(Person):
    def__init__(self):
        super(Girl,self).__init__()  # 调用父类的构造方法
        self.breast=90
    def about(self,name):
        print("{} is a hot girl, she is about {}, and her breast is {}".format(name,self.height,
self.breast))
         super(Girl,self).about(name)  # 调用父类的 about()方法
liugirl=Girl()
liugirl.about("liujiayi")
```

子类中__init__方法重写了，为了调用父类同方法，使用 super(Girl,self).__init__()方式。同样在子类重写 about 方法中，也可以调用父类 about 方法。

6.6 多态和封装

多态即多种形态，在执行时能确定其状态，在编译阶段无法确定其类型，这就是**多态**。将对象的数据与操作数据的方法相结合，通过方法将对象的数据与实现细节保护起来，就称为**封装**。外界只能通过对象方法访问对象，因此封装的同时也实现了对象的数据隐藏。

6.6.1 多态

Python 中的变量在定义时不用指明其类型。它会依据需要在执行时确定变量的类型，而且 Python 本身是一种解释性语言。不进行预编译，因此它就仅仅在执行时确定其状态（即具体调用什么方法）。故也有人说 Python 是一种多态语言。

在 Python 中非常多地方都能够体现多态的特性，比如内置函数 len(object)。len 函数不仅能够计算字符串的长度，还能够计算列表、元组等对象中的数据个数，这里在执行时通过参数类型确定其具体的计算过程，正是多态的一种体现。这有点类似于函数重载（一个编译单元中有多个同名函数，但参数不同），相当于为每种类型都定义了一个 len 函数。这是典型的多态表现。

本质上，多态意味着能够对不同的对象使用相同的操作，但它们可能会以多种形态呈现出结果。len(object) 函数就体现了这一点。而 Python 是动态语言，动态地确定类型信息恰恰体现了多态的特征。在 Python 中很多内置函数和运算符都是多态的。譬如：

```
>>> "This is a book".count("s")   # 2
>>> [1,2,4,3,5,3].count(3)        # 2
```

count()的作用是计算某个元素在对象中出现的次数。

```
>>> f=lambda x,y:x+y
>>> f(2,3)   # 5
>>> f("qiw","sir")   #'qiwsir'
>>> f(["Python","java"],["c++","lisp"]) #['Python','java','c++','lisp']
```

lambda 函数中，没有限制参数的类型。在使用时，可以给参数任意类型，都能得到不报错结果。当然，这样做之所以合法，更多是来自于“+”运算功能的强大。

repr()函数，针对输入的任何对象返回一个字符串。

```
>>> repr([1,2,3])   #'[1,2,3]'
>>> repr(1)   #'1'
>>> repr({"lang":"Python"})   # "{'lang':'Python'}"
```

下面是可以直接说明多态的两段演示样例代码：

（1）方法多态

```
__metaclass__=type          # 确定使用新式类
class calculator:
```

```
    def count(self,args):
        return 1
calc=calculator()                                    # 定义类对象,是 calculator()类类型
from random import choice
obj=choice(['hello,world',[1,2,3],calc])    # obj 是随机返回的不确定类型
print(type(obj)); print(obj.count('o'))       # 方法多态
```

对于一个暂时对象 obj，它通过 Python 的随机函数取出来。不用知道详细类型（是字符串、列表还是自己定义类类型），都能够调用 count 方法进行计算。至于 count 由谁（哪种类型）去做怎么去实现可以并不关心。

有一种称为"鸭子类型（duck typing）"的类，讲的也是多态：

```
_metaclass_=type        # 确定使用新式类
class Duck:
    def quack(self): print("鸭子叫!")
    def feathers(self): print("鸭子有白色和灰色的羽毛。")
class Person:
    def quack(self): print("那个人模仿鸭子叫。")
    def feathers(self): print("这个人从地上拿起一根羽毛来展示它。")
def in_the_forest(duck):   # 方法多态
    duck.quack(); duck.feathers()
def game():   # 游戏函数
    donald=Duck(); john=Person()
    in_the_forest(donald)   # 鸭子在森林里…
    in_the_forest(john)     # 人在森林里…
game()
```

就 in_the_forest 函数而言，参数对象是一个鸭子类型，它实现了方法多态。可是实际上，严格的抽象来讲，Person 类型和 Duck 全然风马牛不相及（多态的效果）。

（2）运算符多态

```
def add(x,y): return x+y
print(add(1,2))                       # 输出 3
print(add("hello,","world")) # 输出 hello,world
print(add(1,"abc")) # 抛出异常 TypeError: unsupported operand type(s) for+: 'int' and' str'
```

在上例中，显而易见，Python 的加法运算符是"多态"的，理论上，实现的 add 方法支持随意支持加法的对象，所以不用关心两个参数 x 和 y 是什么类型。

Python 支持运算符重载，请参见 6.5.3 重载中的例子，也体现了运算符的多态。

一两个演示样例代码当然不能从根本上说明多态。普遍觉得面向对象最有价值但又最被低估的特征事实上是多态。所理解的多态的实现和子类的虚函数地址绑定有关系，多态的效果事实上和函数地址执行时动态绑定有关。

6.6.2 封装和私有化

封装是对全局作用域中其他区域隐藏多余信息的原则。封装机制帮助处理程序组件，而

不用过多关心多余细节，就像函数一样。封装与多态不同，多态的可以让用户对于不知道是什么类（或对象类型）的对象进行方法调用，而封装是可以不用关心对象的构建而直接进行使用。

创建一个对象（通过像调用函数一样调用类）后，将变量 c 绑定到该对象上，可以使用 setName 和 getName 方法（假设类定义中已经有这些方法）。

```
>>> c=closedObject()
>>> c.setName('sir John')
>>> c.getName()   #'sir John'
```

Python 中私有化的方法也比较简单，就是在准备私有化的属性（包括方法、数据）名字前面加双下画线。

```
__metaclass__=type
class ProtectMe:
    def__init__(self):
        self.me="qiwsir"; self.__name="kivi"
    def__Python(self): print("I love Python.")
    def code(self):
        print("Which language do you like?"); self.__Python()
p=ProtectMe(); print(p.me)   # qiwsir
p.code()   # Which language do you like? \nI love Python.
print(p.__name)   # 不行会出错的,但可用:print(p._ProtectMe__name)
```

用上面的方法，的确做到了封装。但是，如果要调用那些私有属性，怎么办？

可以使用 property 函数或@ property 装饰符，下面来举例说明。

```
__metaclass__=type
class ProtectMe:
    def__init__(self):
        self.me="qiwsir"; self.__name="kivi"
    @property
    def name(self): return self.__name
p=ProtectMe()
print(p.name)
```

用了@ property 之后，在调用方法时用 p. name 形式，就好像在调用一个属性，跟前面 self. me 的格式相同。

下面介绍另一种使用私有属性的方法。

假设定义了一个类：C，该类必须继承自 object 类，有一私有变量__x。在该类中定义 3 个函数，分别用作赋值、取值和删除变量，具体示例如下。

```
class C(object):
    def__init__(self): self.__x=None
    def getx(self): return self.__x
```

```
    def setx(self,value): self.__x=value
    def delx(self): del self.__x
  x=property(getx,setx,delx,"I' m the' x' property.")
```

在类中增加的 property()函数原型：

```
  property(fget=None,fset=None,fdel=None,doc=None)
```

根据需要定义相应的函数。通过 property 的定义，当获取成员 x 的值时，就会调用 getx 函数；当给成员 x 赋值时，就会调用 setx 函数；当删除 x 时，就会调用 delx 函数。现在这个类中的 x 属性便已经定义好了，可以先定义一个 C 的实例 c=C()，然后赋值 c.x=100，取值 y=c.x，删除：del c.x。

6.7 应用实例

【例 6-2】自定义实现一个迭代器。

分析：迭代器是通过 next()来实现的，定义了这个方法的都是迭代器。

```
class Reverse:                               # 后向前循环的迭代器
  def__init__(self,data):
    self.data=data; self.index=len(data)
  def__iter__(self): return self
  def__next__(self):                         # Python 2.7 本语句应改为:def next(self):
    if self.index==0: raiseStopIteration
    self.index=self.index - 1
    return self.data[self.index]
rev=Reverse('Python')                        # 创建含__next__方法的对象 rev,它为迭代器
for char in rev: print(char,end='')          # n o h t y P
```

【例 6-3】类的单重继承实现。

```
class People:                  # 基类定义
  name=''; age   =0            # 定义类属性
  __weight=0                   # 定义私有属性
  def__init__(self,name="hello",age=24,weight=45.9):
    self.name=name; self.age=age; self.__weight=weight
  def__del__(self): print("peopledeconstructor...")
  def__repr__(self): print("people class")
  def speak(self): print("%s is speaking: I am %d years old" % (self.name,self.age))
  def weight(self): print("Weight number:%d" % (self.__weight))
class Student(People): # 子类定义 # 单重继承
  grade=''               # 类变量
  def__init__(self,n,a,w,g):
    People.__init__(self,n,a,w); # 或 super(Student,self).__init__(n,a,w)
    self.grade=g
```

```
    def speak(self): print("%s is speaking: I am %d years old,and I am in grade %d" % (self.name,
self.age,self.grade))
    def__del__(self): print("studentdeconstructor...")
s=Student('Ken',20,60,3)
s.speak() # Ken is speaking: I am 20 years old,and I am in grade 3\nstudent deconstructor...
```

【例 6-4】类的多重继承实现。

```
# People 基类定义与 Student 子类定义同上
class Speaker():  # Speaker 基类定义
    topic=''; name  =''
    def__init__(self,n,t):
        self.name=n; self.topic=t
    def speak(self):
        print("I am %s,I am a speaker! My topic is %s " % (self.name,self.topic))
    def__del__(self): print("speaker deconstructor...")
class Sample(Speaker,Student): # Sample 子类定义,多重继承于 Speaker,Student
    def__init__(self,n,a,w,g,t):
        Student.__init__(self,n,a,w,g)
        Speaker.__init__(self,n,t)             # 或 super(Sample,self).__init__(n,t)
    def__del__(self):
        print('sample deconstructor')        # Speaker.__del__(); Student.__del__()
test=Sample("Tim",25,80,4,"Python")
test.speak()       # 方法名同时,默认调用排前(左)父类的方法,决定于多重继承规则
```

输出结果:

```
I am Tim,I am a speaker! My topic is Python\nsample deconstructor
```

【例 6-5】测试构造方法与析构方法的自动调用。

```
class NewClass(object):
    num_count=0                    # 所有的实例都共享此变量,即类变量
    def__init__(self,name):      # 构造方法,创建对象时自动执行
        self.name=name
        self.__class__.num_count+=1
        print(name,NewClass.num_count)
    def__del__(self):              # 析构方法,删除对象时自动执行
        self.__class__.num_count -=1   #或 NewClass.num_count -=1
        print("Del",self.name,self.__class__.num_count)
    def test():print("abc")
aa=NewClass("Hello")    # Hello 1
bb=NewClass("World")    # World 2
cc=NewClass("qxz")      # qxz 3
print("Over")   # Over   # \nDel Hello 2\nDel World 1\nDel qxz 0
```

【例 6-6】验证多重继承之广度优先的实现情况。

```
class A(object):
 def__init__(self):
   super(A,self).__init__();print("A!",end='=>')
class B(object):
 def__init__(self):
   super(B,self).__init__();print("B!",end='=>')
class AB(A,B):
 def__init__(self):# super(AB,self).__init__()先调B构造方法,再调A构造方法
   super(AB,self).__init__();print("AB!",end='=>')
class C(object):
 def__init__(self):super(C,self).__init__();print("C!",end='=>')
class D(object):
 def__init__(self):super(D,self).__init__();print("D!",end='=>')
class CD(C,D):
 def__init__(self):# super(CD,self).__init__()先调D构造方法,再调C构造方法
   super(CD,self).__init__();print("CD!",end='=>')
class ABCD(AB,CD):
 def__init__(self):# super(ABCD,self).__init__()先调C、D构造再调A、B构造方法
   super(ABCD,self).__init__();print("ABCD!")
ABCD()  # D! =>C! =>CD! =>B! =>A! =>AB! =>ABCD!
```

6.8 习题

1. 如何实现类的继承？如何实现方法的重载？

2. 设计一个 Circle 类，该类包括的属性有圆心坐标和圆的半径；包括的方法有设置和获取圆的坐标的方法、设置和获取半径的方法、计算圆的面积的方法。另外，编写一个 Test 类，测试 Circle 类。

3. 利用多态性编程，创建一个 Square 类，实现三角形、正方形和圆形面积。方法：抽象出一个共享父类，定义一个求面积的公共方法，再重新定义各形状的求面积方法。在主程序中创建不同类的对象，并求不同形状的面积。

第7章　文　　件

程序运行时变量、序列、对象等中的数据暂时存储在内存中，当程序终止时它们就会丢失。为了能够永久地保存程序相关的数据，就需要将它们存储到磁盘或光盘的文件中。这些文件可以传送，也可以后续被其他程序使用。文件是计算机中程序、数据的永久存在形式，对文件数据的输入/输出操作是信息管理的不可或缺的基本要求。

学习重点或难点

- 文件基本概念
- 文件操作
- 文件输入/输出

文件输入/输出操作是几乎所有语言都具有的功能，学习本章后，读者将具备信息管理的基本技能。

7.1　文件基本概念

所谓“文件”是指一组相关数据的有序集合。这个数据集有一个名称，叫作文件名。文件按数据集内容的不同可分为源程序文件、可执行文件、数据文件、库文件等。

文件通常是驻留在外部介质（如磁盘等）上的，在使用时才调入内存中。

从不同的角度，可对文件进行不同的分类。从用户的角度看，文件可分为**普通文件和设备文件**两种。

普通文件是指驻留在磁盘或其他外部介质上的有序数据的**文件**。

设备文件是指与主机相连的各种外部设备，如显示器、打印机、键盘等。在操作系统中，就把外部设备也看作是一个文件来进行管理，把它们的输入、输出等同于对磁盘文件的读和写。为此，Python 逻辑上也是把外部设备看作文件操作的。

通常把显示器定义为标准输出文件，文件名为 sys. stdout，一般情况下在屏幕上显示有关信息就是向标准输出文件输出。如前面经常使用的 print 函数就是这类输出。

键盘通常被指定为标准输入文件，文件名为 sys. stdin，从键盘上输入就意味着从标准输入文件上输入数据。input 函数就属于这类输入。

标准错误输出也是标准设备文件，文件名为 sys. stderr。

从文件编码的方式来看，文件可分为**编码（ASCII 码）文件和二进制码文件**两种。**ASCII 文件**也称为文本文件，这种文件在磁盘中存放时每个字符对应一字节，用于存放对应的 ASCII 码。

二进制文件是按二进制的编码方式来存放文件数据内容的一类文件。

二进制文件虽然也可在屏幕上显示，但其内容一般无法读懂。然而，二进制文件占用存储空间少，在进行读、写操作时不用进行编码转换，效率要高。为此，这类文件及其操作也很常用。

7.2 文件打开和关闭

在2.3节已经介绍如何向标准输入文件（键盘，sys.stdin）和输出文件（屏幕，sys.stdout）进行读写。下面来介绍如何读写实际的数据文件。Python提供了必要的函数或方法进行默认情况下的文件基本操作。用file对象可以完成大部分的文件操作。

7.2.1 打开文件open()方法

在读写磁盘文件前，必须先用Python内置的open()函数打开一个文件，创建一个file对象。语法：

<file object>=open(file_name [,access_mode=' r'][,buffering=-1][,encoding=None][,errors=None][,newline=None][,closefd=True][,opener=None])

主要参数说明如下：

1）file_name:file_name变量是一个包含了用户要访问的文件名称的字符串值。

2）access_mode:access_mode决定了打开文件的模式，即只读、写入、追加等。所有可取值见如表7-1。这个参数是非强制的，默认文件访问模式为只读(r)。

3）buffering：如果buffering的值设为0，就不会有缓存。如果buffering的值取1，访问文件时会缓存行。如果将buffering的值设为大于1的整数，表明了这就是缓存区的缓冲大小。如果取负值（默认为-1），缓存区的缓冲大小为系统默认。其他参数说明请查阅Python官网帮助文档。

表7-1 文件打开模式

模　式	说　明
r	以只读方式打开文件，文件的指针将会放在文件的开头。这是默认模式
rb	以二进制格式打开一个文件用于只读，文件指针将会放在文件的开头。这是默认模式
r+	打开一个文件用于读写，文件指针将会放在文件的开头
rb+	以二进制格式打开一个文件用于读写，文件指针将会放在文件的开头
w	打开一个文件只用于写入。如果该文件已存在，则将其覆盖；如果该文件不存在，则创建新文件
wb	以二进制格式打开一个文件只用于写入。如果该文件已存在，则将其覆盖；如果该文件不存在，则创建新文件
w+	打开一个文件用于读写。如果该文件已存在，则将其覆盖；如果该文件不存在，则创建新文件
wb+	以二进制格式打开一个文件用于读写。如果该文件已存在，则将其覆盖；如果该文件不存在，则创建新文件
a	打开一个文件用于追加。如果该文件已存在，文件指针将会放在文件的结尾。也就是说，新的内容将会被写入到已有内容之后。如果该文件不存在，则创建新文件进行写入

（续）

模　式	说　明
ab	以二进制格式打开一个文件用于追加。如果该文件已存在，文件指针将会放在文件的结尾。也就是说，新的内容将会被写入到已有内容之后。如果该文件不存在，则创建新文件进行写入
a+	打开一个文件用于读写。如果该文件已存在，文件指针将会放在文件的结尾，文件打开时是追加模式。如果该文件不存在，则创建新文件用于读写
ab+	以二进制格式打开一个文件用于追加。如果该文件已存在，则文件指针将会放在文件的结尾；如果该文件不存在，则创建新文件用于读写

7.2.2　File 对象的属性

一个文件被打开后，有一个 file 对象，可以得到如表 7-2 所示的有关文件的各种信息。

表 7-2　file 对象相关属性

属　性	说　明
file. closed	如果文件已被关闭，则返回 True，否则返回 False
file. mode	返回被打开文件的访问模式
file. name	返回文件的名称
file. softspace	如果用 print 输出后必须跟一个空格符，则返回 False；否则返回 True。Python 3.0 已不支持

如下示例：

```
fo=open("foo.txt","wb")                      # 打开一个文件
print("Name of the file:",fo.name)           # Name of the file:  foo.txt
print("Closed or not:",fo.closed)            # Closed or not:  False
print("Opening mode:",fo.mode)               # Opening mode:  wb
print("Softspace flag:",fo.softspace)        # Softspace flag:  0  # Python 2.7 运行结果
```

7.2.3　关闭文件 close( ) 方法

file 对象的 close( ) 方法刷新缓冲区里任何还没写入文件的信息并关闭该文件，这之后便不能再进行写入。

当一个文件对象的引用被重新指定给另一个文件时，Python 会关闭之前的文件。用 close( ) 方法关闭文件是一个很好的习惯。

语法：**fileObject.close( );**

例如：

```
fo=open("foo.txt","wb")                      # 打开一个文件
print("Name of the file:",fo.name)           # Name of the file:  foo.txt
fo.close()                                   # 关闭打开的文件
```

当处理一个文件对象时，使用 with 关键字是非常好的方式。在结束后，它会帮助用户正确关闭文件，而且写起来也比 try-finally 语句块要简短：

```
>>> with open('/tmp/workfile','r') as f:    # 当前磁盘根目录/tmp 下要有 workfile 文件
...     read_data=f.read()
>>> f.closed                                # true
```

7.3 文件操作

file 对象提供了一系列方法，能让文件访问更轻松。下面介绍使用 read（）和 write（）方法来读取和写入文件。

7.3.1 写入操作方法

1. f.write()

write()方法可将任何字符串写入一个打开的文件。需要重点注意的是，Python 字符串可以是二进制数据，而不仅仅是文字。Write()方法不在字符串的结尾添加换行符('\n')。

语法：

```
fileObject.write(string);  # 被传递的参数 string 是要写入到文件的内容
```

例如：

```
fo=open("/tmp/foo.txt","wb")   # 打开一个文件
fo.write("Python is a great language. Yeah its great!! \n")  # Python 3.x 下,str 要转为 bytes
fo.write(bytes("Python language.",encoding="utf-8"))      # Python 3.x 下的输出语句
fo.close()                                 # 关闭打开的文件
```

上述方法会创建 foo.txt 文件，并将收到的内容写入该文件，最终关闭文件。如果打开这个文件，将看到以下内容：

```
Python is a great language. Yeah its great!!
```

2. f.writelines()

writelines（）的语法：**f.writelines(seq)**，把 seq 的内容全部写到文件中（多行一次性写入）。这个函数也只是如实写入，不会在每行后面加上任何内容。

7.3.2 读取操作方法

1. f.read()

f.read()方法可以从一个打开的文件中读取一个字符串。需要重点注意的是，Python 字符串可以是二进制数据，而不仅仅是编码（ASCII 码）文字。

语法：

```
fileObject.read([size]);
```

这里，被传递的参数是要从已打开文件中读取的字节计数。该方法从文件的开头开始读入，如果没有传入 size，它会尝试尽可能多地读取更多的内容，很可能是直到文件的末尾。例如：读取上面创建的文件 foo.txt 中的内容。

```
fo=open("/tmp/foo.txt","r+")  # 打开一个文件
str=fo.read(10); print("Read String is:",str) # Read String is:Python is
fo.close()                                    # 关闭打开的文件
```

2. f.readline()

f.readline()会从文件中读取单独的一行，换行符为'\n'。f.readline()如果返回一个空字符串，说明已经读取到最后一行。

语法：

```
fileObject.readline([size]); # 读一行,如果定义了 size,则读取一行中的 size 长度的部分
>>> f.readline()   #'This is the first line of the file.\n'   # 假设是文件的第 1 行内容
>>> f.readline()   #'Second line of the file\n'               # 假设是文件的第 2 行内容
>>> f.readline()   #''
```

3. f.readlines()

f.readlines()将返回该文件中包含的所有行。

语法：

```
f.readlines([size]) #把文件每一行作为一个 list 的一个成员，并返回这个 list
```

如果提供 size 参数，size 表示读取内容的总长，也就是说可能只读到文件的一部分。

```
>>> f.readlines()
['This is the first line of the file.\n','Second line of the file\n']
```

另一种方式是迭代一个文件对象然后读取每行：

```
>>> for line in f: print(line,end='')
```

输出结果

```
This is the first line of the file. Second line of the file
```

这个方法很简单，但是并没有提供一个很好的控制。因为两者的处理机制不同，最好不要混用。

7.3.3 定位与移动操作方法

tell()方法给出文件的当前位置；换句话说，下一次的读写会发生在文件开头这么多字节之后。seek(offset [,from])方法改变当前文件的位置。offset 变量表示要移动的字节数。from 变量指定开始移动字节的参考位置；如果 from 被设为 0，这意味着将文件的开头作为移动字节的参考位置；如果设为 1，则使用当前的位置作为参考位置；如果设为 2，那么该文件的末尾将作为参考位置。如下示例，用到上面创建的文件 foo.txt。

```
fo=open("/tmp/foo.txt","r+")  # 打开一个文件
str=fo.read(10); print("Read String is:",str)  # Read String is:Python is
position=fo.tell();  # 查找当前位置
print("Current file position:",position)  # Current file position:  10
position=fo.seek(0,0);  # 把指针重新定位到文件开头
```

```
str=fo.read(10); print("Again read String is:",str) # Again read String is: Python is
fo.close()  #关闭打开的文件
```

7.3.4 复制、重命名与删除

python 对文件或文件夹操作时经常要用到 os 模块、os. path 模块或 shutil 模块。

1. copyfile()复制文件方法

Python 的 shutil 模块提供了执行文件或目录操作的方法，比如复制文件。

要使用这个模块，必须先导入它，然后可以调用相关的各种功能。可以用 shutil. copyfile()方法复制文件，需要提供原文件与复制成的新文件为参数。语法格式：

```
shutil.copyfile("oldfile","newfile")
```

下例将一个已经存在的文件 test1. txt 复制为 test2. txt。

```
import shutil; shutil.copyfile("test1.txt","test2.txt") # 复制文件 test1.txt 为 test2.txt
```

2. 重命名文件

Python 的 os 模块提供了帮助执行文件处理操作的方法，比如重命名和删除文件。rename()方法，语法：

```
os.rename(current_file_name,new_file_name)
```

rename()方法需要两个参数，当前的文件名和新文件名。

下例将重命名一个已经存在的文件 test2. txt。

```
import os; os.rename("test2.txt","test3.txt")  # 重命名文件 test2.txt 到 test3.txt
```

3. remove()删除方法

用户可以用 remove()方法删除文件，需要提供要删除的文件名作为参数。语法：

```
os.remove(file_name)
```

下例将删除一个已经存在的文件 test3. txt。

```
import os; os.remove("text3.txt")  # 删除一个已经存在的文件 test3.txt
```

7.4 文件夹的操作

所有文件都包含在各个不同的目录下，不过 Python 也能轻松处理（第 1 章已有介绍）。os 模块或 shutil 模块中有许多方法来创建、更改和删除目录。

1. mkdir()方法

用户可以使用 os 模块的 mkdir()方法在当前目录下创建新的目录。用户需要提供一个包含了要创建的目录名称的参数。语法格式：

```
os.mkdir("newdir")
```

```
import os; os.mkdir("test")  # 在当前目录下创建子目录 test
```

2. chdir()方法

用户可以用 chdir() 方法来改变当前的目录。语法格式：

```
os.chdir("newdir")
os.chdir("/home/newdir")  # 将当前目录改为"/home/newdir"(当前磁盘上的目录)
```

3. getcwd()方法

getcwd()方法显示当前的工作目录。语法格式：

```
os.getcwd()
os.getcwd()   # 给出当前的目录,例如,"C:\\Python\\Python36-32"
```

4. rmdir()方法

rmdir()方法删除目录，目录名称以参数传递。在删除这个目录前，目录应该是空的。但 shutil.rmtree()方法删除目录前可以是不空的，会删除目录及目录下的所有内容。语法格式：

```
os.rmdir('dirname') 或 shutil.rmtree('dirname')
os.rmdir("/tmp/test")       # 删除"/tmp/test"目录,要求是空目录
shutil.rmtree("/tmp/test")  # 删除"/tmp/test"目录,可以不是空目录
```

7.5 序列化和反序列化

Python 的 pickle 模块实现了基本的数据序列化和反序列化。通过 pickle 模块的序列化操作能够将程序中运行的对象信息永久保存到文件中。通过 pickle 模块的反序列化操作，能够从文件中创建上一次程序保存的对象。

基本接口：**pickle.dump(obj,file,[,protocol])**

有了 pickle 这个对象，就能对 file 以读取的形式打开：x=pickle.load(file)。

说明：从 file 中读取一个字符串，并将它重构为原来的 Python 对象。file：文件类对象，有 read()和 readline()接口。

【例 7-1】使用 pickle 模块将数据对象保存到文件。

```
import pickle
data1={'a':[1,2.0,3,4+6j],'b':('string',u'Unicode string'),'c':None}
selfref_list=[1,2,3]
selfref_list.append(selfref_list)
output=open('data.pkl','wb')
pickle.dump(data1,output)              # Pickle 字典使用默认的 0 协议
pickle.dump(selfref_list,output,-1)    # Pickle 列表使用最高可用协议
output.close()                         # 关闭保存的文件
```

【例 7-2】使用 pickle 模块从文件中重构 Python 对象。

```
import pprint,pickle
```

```
pkl_file=open('data.pkl','rb')
data1=pickle.load(pkl_file)   # 反序列化对象到 data1
pprint.pprint(data1)          # 打印输出数据对象 data1
data2=pickle.load(pkl_file)   # 反序列化对象到 data2
pprint.pprint(data2)          # 打印输出数据对象 data2
pkl_file.close()
```

7.6 应用实例

【例 7-3】 写一个字符串到文本文件，并从文件读取输出。

```
with open("file2.txt","a") as f:
f.write("\nThis is a file 'with…as…'")
#或 nf=open("file2.txt","w"); nf.write("This is a file"); nf.close()
with open("file2.txt","r") as f: print(f.read())
```

【例 7-4】 利用 os 模块查看文件状态信息。

```
import os,time
file_stat=os.stat(r"\python3632\e.py") # 查看这个文件的状态
print(file_stat)
print(file_stat.st_ctime)   # 查看文件创建的时间
print(time.localtime(file_stat.st_ctime))
```

【例 7-5】 从键盘输入一些字符串，逐个把它们写入文件，直到输入一个#为止。

```
from sys import stdout
filename=input('输入文件名:\n'); fp=open(filename,"w")
ch=input('输入字符串:\n')
while ch != '#':
    fp.write(ch)
    stdout.write(ch+'\n')   # 输出到显示器,效果同 print(ch)
    ch=input('')
fp.close()
```

【例 7-6】 从键盘输入一个字符串，将小写字母全部转换成大写字母，然后输出到一个磁盘文件"test"中保存。

```
fp=open('test.txt','w')
string=input('please input a string:\n')
fp.write(string.upper()); fp.close()
fp=open('test.txt','r'); print(fp.read()); fp.close()
```

【例 7-7】 有两个磁盘文件 test1.txt 和 test2.txt，各存放一行字符串信息，要求把这两个文件中的信息合并（按字母顺序排列），输出到一个新文件 test3.txt 中。

```
import string
```

```
fp=open('test1.txt'); a=fp.read(); fp.close() # 文件内容读到字符串变量 a
fp=open('test2.txt'); b=fp.read(); fp.close()  # 文件内容读到字符串变量 b
fp=open('test3.txt','w')
l=list(a+b); l.sort()  # a+b 字符串 转成列表,并排序
s=''; s=s.join(l)  # 列表 l 转成紧密(无分隔符)排列的字符串到字符串变量 s
fp.write(s); fp.close()
```

【例 7-8】将文件夹下（包括子目录下）所有图片名称加上'_fc'。

```
import re,os,time
def change_name(path):
    global i
    if not os.path.isdir(path) and not os.path.isfile(path): return False
    if os.path.isfile(path):
        file_path=os.path.split(path) # 分割出目录与文件
        lists=file_path[1].split('.') # 分割出文件与文件扩展名,str.split(string)分割字符串
        file_ext=lists[-1]               # 取出扩展名(列表切片操作)
        img_ext=['bmp','jpeg','gif','psd','png','jpg']# 或者 imgext='bmp|jpeg|gif|psd|png|jpg'
        if file_ext in img_ext:  # 或者 if file_ext in imgext:
            os.rename(path,file_path[0]+'/'+lists[0]+'_fc.'+file_ext); i+=1
    elif os.path.isdir(path):
        for x in os.listdir(path):
            change_name(os.path.join(path,x)) # os.path.join()在路径处理上很有用
img_dir='D:\\xx\\xx\\images'
img_dir=img_dir.replace('\\','/')
start=time.time()
i=0; change_name(img_dir)
c=time.time() - start
print('程序运行耗时: %0.2f'%(c),'总共处理了 %s 张图片.'%(i))
```

7.7 习题

1. file 类有哪些构造方法和常用方法？
2. 什么是 Python 序列化？如何实现 Python 序列化？
3. 如何向文件中插入新记录，简述操作思路。
4. 编写应用程序，建立一个文件 myfile.txt，并可向文件输入 I like Python!。
5. 当前目录下有个文件 file.txt，其内容：abcde。编写应用程序，执行该程序后，file.txt 里面内容变为：abcdeABCDE。
6. 修改文件指定行的内容。
7. 获取当前目录下所有文件的名称和大小。

第8章　异常处理

在 Python 中，异常会导致产生运行时错误。异常就是一个表示阻止执行正常进行的错误或情况。Python 提供异常处理与断言两个非常重要的功能来处理 Python 程序在运行中出现的异常与错误。这种异常处理机制为复杂程序提供了强有力的错误处理机制与运行保障。

学习重点或难点

- 异常的概念
- 异常的处理
- 断言
- 程序调试

如果异常没有处理，那么程序将会非正常终止。该如何规划处理这些异常，以使程序可以继续平稳运行而直到终止呢？这就是本章要学习的内容。

8.1　错误种类

作为 Python 初学者，在刚学习 Python 编程时，经常会看到一些报错信息。Python 有两种错误很容易辨认：语法错误和异常。

8.1.1　语法错误

Python 的语法错误或者称之为解析错误，是初学者经常碰到的，如下例：

```
>>> while True print('Hello world')
  File "<stdin>",line 1,in ?
    while True print('Hello world')
                   ^
SyntaxError :invalid syntax
```

这个例子中，函数 print()被检查到有错误，是它前面缺少了一个冒号（:）。

语法分析器指出了出错的一行，并且在最先找到的错误的位置标记了一个小小的箭头。

8.1.2　运行时错误

即便 Python 程序的语法是正确的，在运行它的时候，也有可能发生错误。**运行时检测到的错误称为异常**。

大多数的异常都不会被程序处理，都以错误信息的形式展现出来，例如：

```
>>> 10 * (1/0)
Traceback (most recent call last):
```

```
  File "<stdin>",line 1,in ?
ZeroDivisionError :division by zero
>>> 4+spam * 3
Traceback (most recent call last):
  File "<stdin>",line 1,in ?
NameError :name 'spam'is not defined
>>> '2'+2
Traceback (most recent call last):
  File "<stdin>",line 1,in ?
TypeError :Can 't convert'int'object to str implicitly
>>> a=[1,2,3]
>>> a[4]
Traceback (most recent call last):
  File "<stdin>",line 1,in <module>
IndexError :list index out of range
>>> d={"Python":"itdiffer. com"}
>>> d["java"]
Traceback (most recent call last):
  File "<stdin>",line 1,in <module>
KeyError :'java'
```

尤其在循环时，常常由于循环条件设置不合理而出现这种类型的错误。

```
>>> f=open("foo")
Traceback (most recent call last):
  File "<stdin>",line 1,in<module>
IOError :[Errno 2] No such file or directory:'foo'
```

如果确认有文件，就一定要把路径写正确，在系统搜索路径查找后若还找不到，Python 就会抛出异常。

```
>>> class A(object):pass
...
>>> a=A()
>>> a. foo
Traceback (most recent call last):
  File "<stdin>",line 1,in <module>
AttributeError :'A' object has no attribute 'foo'
```

异常以不同的类型出现，这些类型都作为信息的一部分打印出来。例子中的类型有 ZeroDivisionError、NameError、TypeError、IndexError、KeyError、IOError 和 AttributeError 等。Python 标准异常读者可参阅相关资料。

错误信息的前面部分显示了异常发生的上下文，并以调用栈的形式显示具体信息。

8.1.3 逻辑错误

逻辑错误可能会由于不完整或者不合法的输入导致，也可能是无法生成、计算等，或者是逻辑上错误或考虑不周而存在的问题。当 Python 检测到一个错误时，解释器无法继续执行下去，就会抛出异常。

8.2 异常

异常即是一个事件，该事件会在程序执行过程中发生，影响了程序的正常执行。异常是 Python 对象，表示一个错误。一般情况下，在 Python 无法正常处理程序时就会发生一个异常。当 Python 脚本发生异常时需要捕获处理它，否则程序会终止执行。

Python 提供了异常处理与断言两个功能来处理 Python 程序在运行中出现的异常和错误。

8.2.1 异常处理

捕捉异常可以使用 try/except 语句。try/except 语句用来检测 try 语句块中的错误，从而让 except 语句捕获异常信息并处理。

如果不想在异常发生时结束程序，只需在 try 里捕获它。

（1）try 语句

以下为简单的 try…except…else 的语法：

```
try:
    <语句>        # 运行可能会引发异常的代码
except<名字 1>:
    <语句>        # 如果在 try 部分引发了<名字 1>异常
    …
except<名字 n>as<数据>:
    <语句>        # 如果引发了<名字 n>异常,获得附加的数据
    …
else:
    <语句>        # 如果没有异常发生
```

try 的工作原理是，当开始一个 try 语句后，Python 就在当前程序的上下文中进行标记，这样当异常出现时就可以回到这里，try 子句先执行，接下来会发生什么依赖于执行时是否出现异常。如果当 try 后的语句执行时发生异常，Python 就跳回到 try 并执行第一个匹配该异常的 except 子句，异常处理完毕，控制流就通过整个 try 语句（除非在处理异常时又引发新的异常）。

except 后面也可以没有任何异常类型，即无异常参数。如果这样，不论 try 部分发生什么异常，都会执行 except。

如果在 try 后的语句里发生了异常，却没有匹配的 except 子句，异常将被递交到上层的 try，或者到程序的最上层（这样将结束程序，并打印默认的出错信息）。

如果在 try 子句执行时没有发生异常，Python 将执行 else 语句后的语句（如果有 else 的话），然后控制流通过整个 try 语句。

（2）except 语句

一个异常可以带上参数，作为输出的异常信息参数。可以通过 except 语句来捕获异常的参数，如下所示：

```
try:
# You do your operations here;...
except ExceptionType as Argument:
# You can print value of Argument here...
```

变量接收的异常值通常包含在异常的语句中。在元组的表单中变量可以接收一个或者多个值。元组通常包含错误字符串、错误数字、错误位置。

下面是简单的例子，它打开一个文件，在该文件中写入内容，且并未发生异常：

```
try:
    fh=open("testfile","w")
    fh.write("This is my test file for exception handling!!")
except IOError:
    print("Error:can\'t find file or read data.")
else:
    print("Written content in the file successfully.");fh.close()
```

以上程序输出结果：

```
Written content in the file successfully.
```

下面是简单的例子，它打开一个文件，在该文件中写入内容，但文件没有写入权限，发生了异常：

```
try:
    fh=open("testfile","w")
    fh.write("This is my test file for exception handling!!")
except IOError:print("Error:can\'t find file or read data.")
else:print("Written content in the file successfully.")
```

以上程序输出结果：

```
Error:can't find file or read data.
```

可以不带任何异常类型使用 except，如下示例：

```
try:
    # You do your operations here;...
except:
    # If there is any exception,then execute this block. ...
else:
    # If there is no exception,then execute this block. ...
```

以上方式 try-except 语句捕获所有发生的异常。但这不是一个很好的方式，因为它不能通过该程序识别出具体的异常信息，而是捕获所有的异常。使用 except 而带多种异常类型，即可以使用相同的 except 语句来处理多个异常信息，如下所示：

```
try:
    # You do your operations here;...
```

```
except (Exception1[,Exception2[,...ExceptionN]]]):
    # If there is any exception from the given exception list,then execute this block. ...
else:
    # If there is no exception then execute this block. ...
```

以下为单个异常的示例：

```
def temp_convert(var):  # 定义函数
    try:return int(var)
    except ValueError as Argument:
        print("The argument does not contain numbers. \n",Argument)
temp_convert("xyz");  # 调用上面的函数
```

以上程序执行结果如下：

```
The argument does not contain numbers.
invalid literal for int() with base 10:'xyz'
```

（3）try-finally 语句

try-finally 语句无论是否发生异常都将执行最后的代码。

```
try:
    <语句>
finally:
    <语句>  # 退出 try 时总会执行
```

注意：可以使用 except 语句或者 finally 语句，但是两者不能同时使用，else 语句也不能与 finally 语句同时使用。例如：

```
try:
    fh=open("testfile","w")
    fh. write("This is my test file for exception handling!!")
finally:fh. close()
```

打开的文件输出后，自动关闭文件。同样的例子也可以写成如下方式：

```
try:
    fh=open("testfile","w")
    try:fh. write("This is my test file for exception handling!!")
    finally:print("Going to close the file. ");fh. close()
except IOError:print("Error:can\'t find file or read data. ")
```

当在 try 块中抛出一个异常，立即执行 finally 块代码。

finally 块中的所有语句执行后，异常被再次提出，并执行 except 块代码。

以下例子中，让用户输入一个合法的整数，但是允许用户中断这个程序（使用〈Ctrl+C〉键或者操作系统提供的方法）。用户中断的信息会引发一个 KeyboardInterrupt 异常。

```
while True:
```

```
try:
    x=int(input("Please enter a number:"));break
except ValueError:
    print("Oops!  That was no valid number.  Try again!")
```

try 语句按照如下方式工作：

1）首先，执行 try 子句（在关键字 try 和关键字 except 之间的语句）。

2）如果没有异常发生，忽略 except 子句，try 子句执行后结束。

3）如果在执行 try 子句的过程中发生了异常，那么 try 子句余下的部分将被忽略。如果异常的类型和 except 之后的名称相符，那么对应的 except 子句将被执行。最后执行 try 语句之后的代码。

4）如果一个异常没有与任何的 except 匹配，那么这个异常将会传递给上层的 try 中。

一个 try 语句可能包含多个 except 子句，分别来处理不同的特定的异常，但最多只有一个分支会执行。处理程序将只针对对应的 try 子句中的异常进行处理，而不是其他的 try 的处理程序中的异常。

5）一个 except 子句可以同时处理多个异常，这些异常将被放在一个括号里成为一个元组，例如：

```
except (RuntimeError,TypeError,NameError):
    pass
```

最后一个 except 子句可以忽略异常的名称，它将被当作通配符使用。可以使用这种方法打印一个错误信息，然后再次把异常抛出。

```
import sys
try:
    f=open('myfile.txt');s=f.readline();i=int(s.strip())
except OSError as err:
    print("OS error:{0}".format(err))
except ValueError:print("Could not convert data to an integer.")
except:
    print("Unexpected error:",sys.exc_info()[0])
    raise
```

try except 语句还有一个可选的 else 子句，如果使用这个子句，那么必须放在所有的 except 子句之后。这个子句将在 try 子句没有发生任何异常的时候执行。例如：

```
for arg in sys.argv[1:]:
    try:f=open(arg,'r')
    except IOError:print('cannot open',arg)
    else:
        print(arg,'has',len(f.readlines()),'lines');f.close()
```

使用 else 子句比把所有的语句都放在 try 子句里面要好，这样可以避免一些意想不到的而 except 又没有捕获的异常。

异常处理并不仅仅处理那些直接发生在 try 子句中的异常，而且还能处理子句中调用的函数（甚至间接调用的函数）里抛出的异常。例如：

```
def this_fails():
    x=1/0
try:this_fails()
except ZeroDivisionError as err:
    print('Handling run-time error:',err)
Handling run-time error:division by zero
```

8.2.2 抛出异常

抛出异常是指在程序运行发生错误的情况下，引发处理异常的程序代码行为。这样，当用户程序运行发生错误时，程序也能继续执行发生错误处下面的代码，而不会因发生错误而跳出这个程序。

Python 使用 raise 语句抛出一个指定的异常。raise 语法格式如下：

```
raise [Exception[,args[,traceback]]]          # 用于 Python 2.x
raise [<expression1>[from<expression2>]]     # 用于 Python 3.x
```

raise 参数 expression1 指定了被抛出的异常，它必须是一个异常的实例或者是异常的类（也就是 Exception 的子类）。异常的 Exception 类（例如，NameError）的参数是一个异常参数值，该参数是可选的，如果不提供，异常的参数是"None"。

from 子句用于异常链：如果是给定的，expression2 表达式必须是另一个异常类或实例。例如：

```
try:
    print(1/0)
except Exception as exC;
    raise RuntimeError("发生了除数为0")from exC
```

说明：Python 2.x 可以使用 dir（exceptions）来查看异常类；Python 3.x 通过帮助查看内置异常的类层次结构（Exception hierarchy）及其异常类。

下面是 raise 语句的使用举例：

```
raise NameError('HiThere')   # 或 raise (NameError('HiThere'))
Traceback (most recent call last):
  File "<stdin>",line 1,in <module>
NameError:HiThere
```

如果只想知道是否抛出了一个异常，并不想去处理它，那么一个简单的 raise 语句就可以再次把它抛出。

```
try:
    raise NameError('HiThere')
except NameError:
    print('An exception flew by! ');raise
An exception flew by!
Traceback (most recent call last):
  File "e.py",line 1,in <module>
NameError:HiThere
```

8.2.3 自定义异常

可以通过创建一个新的 exception 类来拥有自己的异常。异常应该是典型的继承自 Exception 类，或者直接继承，或者间接继承。定义一个异常非常简单，如下所示：

```
def 函数名(level):
    if level<1:raise "Invalid level! ",level
    # The code below to this would not be executed(if we raise the exception)
```

注意：为了能够捕获异常，"except"语句必须用相同的异常来抛出类对象或者字符串。例如捕获以上异常，"except"语句如下所示：

```
try:
    Business Logic here...
except "Invalid level! ":
    Exception handling here...
else:
    Rest of the code here...
```

以下为与 RuntimeError 相关的实例，实例中创建了一个类，基类为 RuntimeError，用于在异常触发时输出更多的信息。在 try 语句块中，用户自定义的异常后执行 except 块语句，变量 e 是用于创建 Networkerror 类的实例。

```
class Networkerror(RuntimeError):        #基类为 RuntimeError
    def__init__(self,arg):
      self.args=arg
```

在定义以上类后，可以触发该异常，如下所示：

```
try:
    raise Networkerror("Bad hostname")
except Networkerror as e:
    print(e.args)
```

再例如有如下 e.py 程序：

```
class MyError(Exception):
    def__init__(self,value):self.value=value
    def__str__(self):return repr(self.value)
try:
    raise MyError(2*2)
except MyError as e:\
    print('My exception occurred,value:',e.value)
raiseMyError('oops! ')
```

"python e.py"运行情况如下：

```
My exception occurred,value:4
Traceback (most recent call last):
  File "e.py",line 8,in <module>
    raiseMyError('oops!')
__main__.MyError:'oops!'
```

在这个例子中，类 Exception 默认的__init__()被覆盖。

异常的类基本同其他的类一样，但是异常的类通常都会比较简单，只提供一些错误相关的属性，并且允许处理异常的代码能方便地获取这些属性信息。

当创建一个模块有可能抛出多种不同的异常时，通常做法是为这个包建立一个基础异常类，然后基于这个基础类为不同的错误情况创建不同子类，建类情况如下：

```
class Error(Exception):  # exceptions 基类
    pass
class InputError(Error):# 输入错误引起的错误或异常
    """属性有:expression--发生错误的输入表达式;message--错误说明"""
    def__init__(self,expression,message):
        self.expression=expression;self.message=message
class TransitionError(Error):# 转换中引起的错误或异常
    """ 属性有:previous--转换前的状态;next--尝试的新状态;message--状态转换错误的说明 """
    def__init__(self,previous,next,message):
        self.previous=previous;self.next=next;self.message=message
```

大多数的异常名字都以"Error"结尾，就跟标准的异常命名一样。

8.2.4 定义清理异常

1. 定义清理行为 finally 子句

try 语句还有另外一个可选的子句，它定义了无论在任何情况下都会执行的清理行为。例如：

```
try:
    raise KeyboardInterrupt
finally:
    print('Goodbye,world!')
```

运行结果：

```
Goodbye,world!
KeyboardInterrupt
```

以上例子不管 try 子句里面有没有发生异常，finally 子句都会执行。

如果一个异常在 try 子句里（或者在 except 和 else 子句里）被抛出，而又没有任何的 except 把它截住，那么这个异常会在 finally 子句执行后再次被抛出。

下面是一个更加复杂的例子（在同一个 try 语句里包含 except 和 finally 子句）：

```
def divide(x,y):
    try:
        result=x/y
    except ZeroDivisionError:
        print("division by zero!")
    else:
        print("result is",result)
    finally:
        print("executing finally clause")
divide(2,1)   # 在 Python 中交互执行,前面已定义函数 divide(x,y)
result is 2.0
executing finally clause
divide(2,0)   # 在 Python 中交互执行
division by zero!
executing finally clause
divide("2","1")   # 在 Python 中交互执行
executing finally clause
Traceback (most recent call last):
  File "<stdin>",line 1,in <module>
  File "<stdin>",line 2,in divide
TypeError:unsupported operand type(s) for /:'str'and 'str'
```

2. 预定义的清理行为 with 语句

一些对象定义了标准的清理行为，无论系统是否成功使用了它，一旦不需要它，那么这个标准的清理行为就会执行。

下面这个例子展示了尝试打开一个文件，然后把内容输出到屏幕上：

```
for line in open("myfile.txt"): print(line,end="")
```

以上这段代码的问题是，当执行完毕后，文件会保持打开状态，并没有关闭。

关键词 with 语句可以保证诸如文件之类的对象在使用完之后一定会正确地执行它的清理方法：

```
with open("myfile.txt") as f:
    for line in f:print(line,end="")
```

以上这段代码执行完毕后，就算在处理过程中出问题了，文件 f 总是会关闭。

8.3 断言

断言（Assert）是一句等价于布尔真的判定，发生异常就意味着表达式为假。

assert 的应用情景就有点像汉语的意思一样，当程序运行到某个节点的时候，就断定某个变量的值，或者对象必然拥有某个属性等。**简单说就是断定是 A 必然是 A，如果不是 A，就抛出错误。**下面举例说明：

```
class Account(object):
    def __init__(self,number):
        self.number=number;self.balance=0
    def deposit(self,amount):
        assert amount>0
        self.balance+=amount
    def withdraw(self,amount):
        assert amount>0
        if amount<=self.balance:self.balance-=amount
        else:print("balance is not enough.")
```

上面的程序中，deposit()和 withdraw()方法的参数 amount 值必须是大于零的，这里就用断言，如果不满足条件就会报错。比如这样来运行：

```
if __name__=="__main__":
    a=Account(1000)
    a.deposit(-10)
```

输出结果：

```
$python e01.py
Traceback (most recent call last):
  File "e01.py",line 13,in <module>
    a.deposit(-10)
  File "e01.py",line 5,in deposit
    assert amount>0
AssertionError
```

这就是断言 assert 的使用。什么时候使用断言呢？如果没有特别的目的，断言应该用于如下情况：①防御性的编程；②运行时对程序逻辑的检测；③合约性检查（比如前置条件，后置条件）；④程序中常量的判断；⑤检查文档。

8.4 调试

调试程序是编写高级语言程序必有的步骤与技能。Python 提供了多种调试程序的方法与手段，下面分使用 IDLE 与 pdb 来介绍 Python 的调试技能。

8.4.1 使用 IDLE 调试

先在 Windows 系统下，在“开始”菜单，选择“所有程序”→“Python 3”→“IDLE（Python 3.6 32-bit）”程序项启动 IDLE，在“Python Shell”窗口中选择“Debug”菜单→“Debugger”命令，就可以启动 IDLE 的交互式调试器。这时，IDLE 会打开“Debug Control”窗口，在“Python Shell”窗口中输出“[DEBUG ON]”并后跟一个“>>>”提示符。这样，就可以使用“Python Shell”窗口了，只不过现在输入的任何命令都是允许在调试器下。用户可以在“Debug Control”窗口查看局部变量和全局变量等有关内容。如果要退出调试器，可以再次选择“Debug”菜单→“Debugger”命令，IDLE 会关闭“Debug Control”窗口，并在“Python Shell”窗口中输出“[DEBUG OFF]”。下面简单介绍 IDLE 调试。

1. 进入调试模式

单击 IDLE，进入“Python Shell”界面，如图 8-1 所示，这里单击“Debug”标签，单击 Debugger，弹出 Debug Control 对话框，如图 8-2 所示。

2. 运行要调试的代码文件

这里已经打开了一个将要调试的文件（选择“File”→“Open”命令，打开相应的文件，如图 8-3 所示），选择“Run”→“Run module”命令，可以看到调试窗口显示出了数据（如果没有数据，则关闭重新打开，先打开 IDLE，然后打开代码文件，再打开调试模式，最后运行代码）。调试情况如图 8-4 所示。

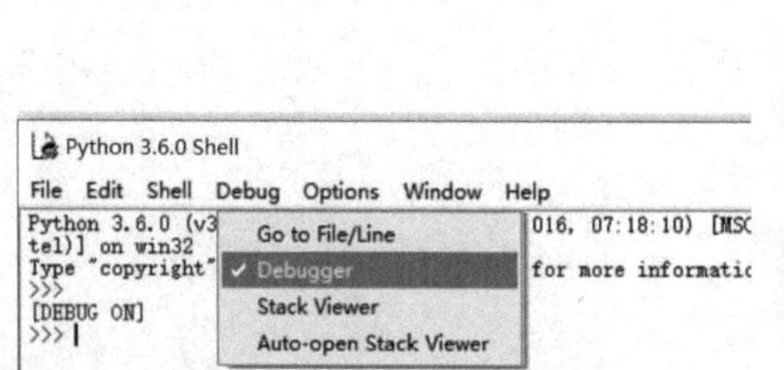

图 8-1　单击 Debugger 菜单项

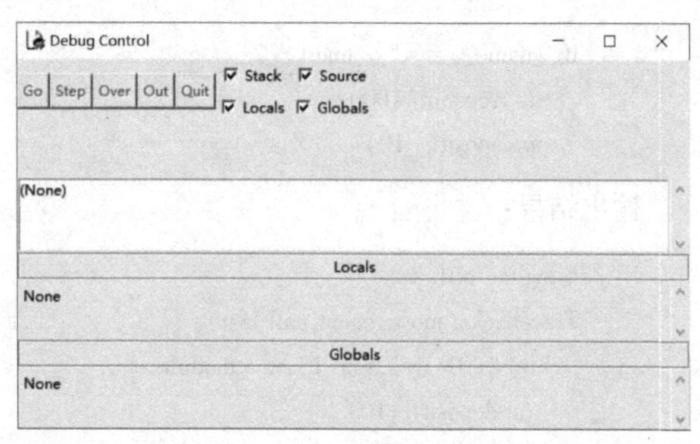

图 8-2　Python 调试窗口

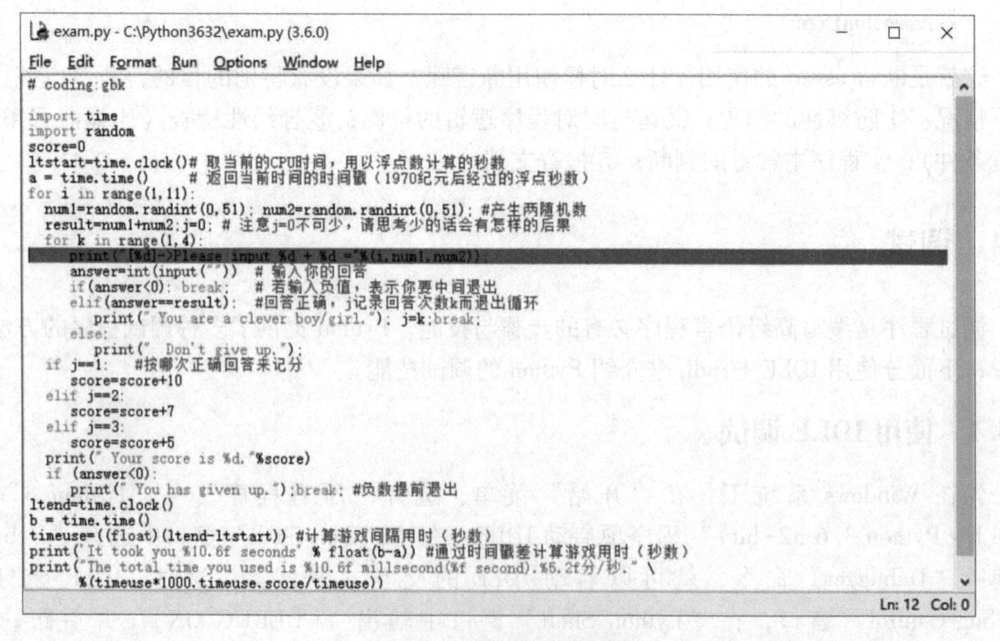

图 8-3　Python 被调试程序

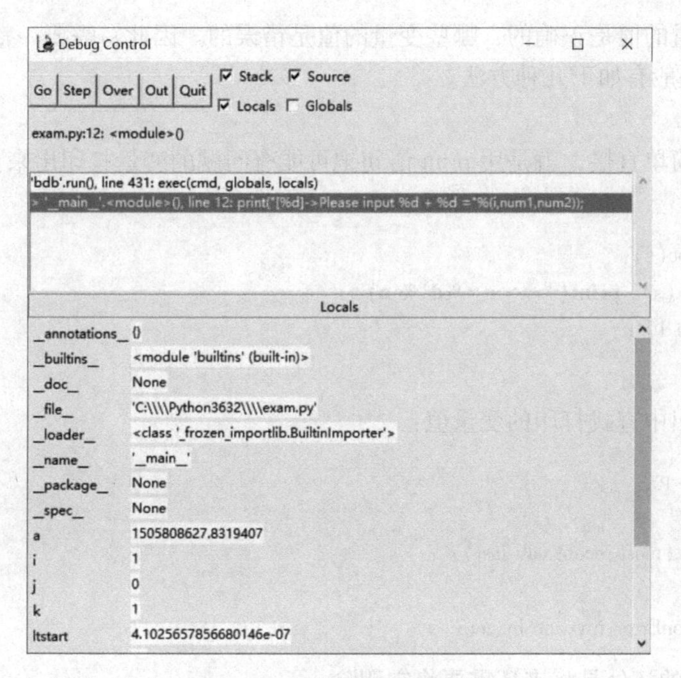

图 8-4 Python 调试进行中

这里的一些字段需要解释，如表 8-1 所示。

表 8-1 python shell 调试功能

字 段 名	说 明
Go	直接运行代码
Step	就是一步一步地进入代码
Over	就是一行一行地查看代码
Out	类似于 Go 的作用
Quit	退出调试，相当于直接结束整个调试过程
Stack	堆栈调用层次
Locals	查看局部变量
Source	跟进源代码
Globals	查看全局变量

3. 退出调试模式

退出调试模式的方法也很简单，按照第一步单击即可，这样就完成了 IDLE 的调试。

8.4.2 调试程序的方法

程序能一次写完并正常运行的概率很小，基本不超过 1%。总会有各种各样的错误（bug）需要修正。有的 bug 很简单，看看错误信息就知道，有的 bug 很复杂。为此需要知道出错时，哪些变量的值是正确的，哪些变量的值是错误的。因此，需要一整套调试程序的手段来修复 bug。一般有如下几种方法。

1. 直接放置

第一种方法简单直接，就是用 print 语句把可能有问题的变量打印出来分析：

```
# err. py
    def foo(s):
    n=int(s); print('>>> n=%d' % n)
    return 10/n
foo('0')
```

执行后在输出中查找打印的变量值：

```
python err. py
>>> n=0
Traceback (most recent call last):
…
ZeroDivisionError:division by zero
```

用 print 最大的坏处是将来还需要将它删除。

2. 断言

凡是用 print 来辅助查看的语句，都可以用断言来替代，例如：

```
def foo(s):  # err. py
    n=int(s)
    assert n!=0,'n is zero! '
    return 10/n
foo('0')
```

assert 的意思是，表达式 n!=0 应该是 True，否则，后面的代码就会出错。

如果断言失败，assert 语句本身就会抛出 AssertionError：

```
python err. py
Traceback (most recent call last):
…
AssertionError :n is zero!
```

程序中如果到处都有 assert，和 print 相比也有类似的不足。不过，启动 Python 解释器时可以用-O 参数来关闭 assert：

```
python -O err. py
```

关闭后，用户可以把所有的 assert 语句当成 pass 语句。

3. logging

把 print 替换为 logging 是第 3 种方式，和 assert 相比，logging 不会抛出错误，而且可以输出到文件：

```
import logging  # err. py
```

```
s='0';n=int(s)
logging.info('n=%d'% n)
print(10/n)
```

logging. info()可以输出一段文本。运行后发现除了 ZeroDivisionError，没有任何信息。这样，在 import logging 之后添加一行配置再试试：

```
logging.basicConfig(level=logging.INFO ,format='%(asctime)s %(filename)s[line:%(lineno)d] %(levelname)s %(message)s',datefmt='%a,%d %b %Y %H:%M:%S',filename='myapp.log',filemode='w')        # logging.basicConfig()参数含义略
python err.py        # 输出日志可查看 myapp.log 文件
Traceback (most recent call last):
  File "err.py",line 4,in <module>
    print(10/n)
ZeroDivisionError :division by zero
```

这就是 logging 的好处，它允许指定记录信息的级别，有 debug、info、warning、error 等几个级别，当指定 level=logging. INFO 时，logging. debug 就不起作用了。同理，指定 level=logging. WARNING 后，debug 和 info 就不起作用了。这样一来，就可以放心地输出不同级别的信息，也不用删除，最后统一控制输出哪个级别的信息。

logging 的另一个好处是通过简单的配置，一条语句可以同时输出到不同的地方，比如计算机屏幕和文件。

4. pdb

第 4 种方式是启动 Python 的调试器 pdb（具体功调试见表 8-2），让程序以单步方式运行，可以随时查看运行状态。下面先准备好程序（err. py）：

表 8-2　pdb 常用命令

命　令	说　明
break 或 b 设置断点	设置断点
continue 或 c	继续执行程序
list 或 l	查看当前行的代码段
step 或 s	进入函数
return 或 r	执行代码直到从当前函数返回
exit 或 q	中止并退出
next 或 n	执行下一行
print 或 p	打印变量的值
help	帮助

```
s='0'
n=int(s)
print(10/n)
```

然后启动：

```
$python -m pdb err.py
>c:\python3632\err.py(1)<module>()
->s='0'
```

以参数-m pdb 启动后，pdb 定位到下一步要执行的代码->s='0'。输入命令 l 来查看代码：

```
(Pdb) l
1->s='0'
2    n=int(s)
3    print(10/n)
[EOF]
```

输入命令 n 可以单步执行代码：

```
(Pdb) n
>c:\python3632\err.py(2)<module>()
->n=int(s)
(Pdb) n
>c:\python3632\err.py(3)<module>()
->print(10/n)
```

任何时候都可以输入命令 p 变量名来查看变量：

```
(Pdb) p s
'0'
(Pdb) p n
0
(Pdb) n
ZeroDivisionError:division by zero
>c:\python3632\err.py(3)<module>()
->print(10/n)
```

输入命令 q 结束调试，退出程序：

```
(Pdb) q
```

这种通过 pdb 在命令行调试的方法理论上是万能的，但实在是有点麻烦，如果有上千行代码，那一行一行调试很麻烦。还好，pdb 还有另一种调试方法：**pdb.set_trace()方法**。

这个方法也是用 pdb，但是不需要单步执行，只需要 import pdb，然后，在可能出错的地方放一个 pdb.set_trace()，就可以设置一个断点：

```
import pdb
s='0'
```

```
n=int(s)
pdb.set_trace() # 运行到这里会自动暂停
print(10/n)
```

运行代码，程序会自动在 pdb.set_trace()暂停并进入 pdb 调试环境，可以用命令 p 查看变量，或者用命令 c 继续运行：

```
python err.py
>c:\python3632\err.py(5)<module>()
->print(10/n)
(Pdb) p n
0
(Pdb) c
Traceback (most recent call last):
  File "err.py",line5,in <module>
    print(10/n)
ZeroDivisionError:division by zero
```

这个方式比直接启动 pdb 单步调试效率要高很多。

5. IDE

如果要比较便捷、快速地设置断点、单步执行，就需要一个支持调试功能的 IDE。前面“使用 IDLE 调试”是最基础的 IDE 调试方法。目前比较好的 Python IDE 有 PyCharm，其调试功能比较强大。另外，Eclipse 加上 pydev 插件也可以调试 Python 程序。

虽然用 IDE 调试起来比较方便，但是最后会发现，相比较而言 logging 还是相当好用的。

8.5 应用实例

【例 8-1】 处理多个异常的示例，异常发生时可以输出内置的异常错误提示。

分析：处理多个异常，并不是因为同时报出多个异常，只要遇到一个异常就会有反应，所以，每次捕获到的异常一定是一个。所谓处理多个异常的意思是可以容许捕获不同的异常，由不同的 except 子句处理。

```
while 1:  # 设程序文件名为 e01.py
  c=input("input 'c'continue,otherwise logout:")
  if c=='c':
    a=input("first number:");b=input("second number:")
    try:print(float(a)/float(b));
    except ZeroDivisionError:print("The second number can't be zero!")
    except ValueError:print("please input number.");
  else:break
```

python e01.py 命令运行测试如下：

```
input 'c'continue,otherwise logout:c
```

```
first number:3
second number:"hello"          # 输入了一个不是数字的东西
please input number.           # 对照上面的程序,捕获并处理了这个异常
input 'c'continue,otherwise logout:c
first number:4
second number:0                # 输入的除数为 0,也捕获并处理了这个异常
The second number can 't be zero!
```

如果有多个 except，在 try 里面发生一个异常，就转到相应的 except 子句，其他的忽略。如果 except 没有相应的异常，该异常也会抛出，不过这时程序就要中止了。

除了用多个 except 之外，还可以在一个 except 后面放多个异常参数，比如上面的程序，可以将 except 部分修改为（具体测试略）：

```
except (ZeroDivisionError,ValueError) as e:   # Python3.x 中表达方式
    print("please input rightly.")              # 或 print(e) # 输出内置的异常错误提示
```

注意：except 后面如果是多个参数，一定要用圆括号括起来。

以上程序中只处理了两个异常，还可能有更多的异常呢？此时可以使用 execpt:或者 except Exception as e:，后面什么参数也不写就可以了。

【例 8-2】“try…except…else…”使用示例。

分析：有了 try…except…，在一般情况下是够用的，但也有特殊情况，所以，就有了 else 子句。执行 try，若 except 被忽略，则 else 被执行；若 except 被引发，则 else 就不被执行。

```
while True:
    try:
        x=input("the first number:");y=input("the second number:")
        r=float(x)/float(y);print(r)
    except Exception as e:
        print(e);
    else:
        break
```

python e03.py 命令运行测试如下：

```
the first number:2
the second number:0        # 异常,执行 except
float division by zero
the first number:2
the second number:a        # 异常,执行 except
could not convert string to float:a
the first number:4
the second number:2        # 2.0# 正常执行 try 部分,然后执行 else:break,退出程序
```

说明：except Exception as e:，意思是不管何种类型的异常，这里都会捕获，并且传给

变量 e，然后用 print（e）把异常信息打印出来。

【例 8-3】“try…except… finally…”使用示例。

分析：finally 子句主要用来完成 try 语句的善后工作。如果有了 finally，不管前面执行的是 try，还是 except，finally 子句都要执行。比如：

```
x=10
try:x=1/0
except Exception as e:
    print(e)
finally:
    print("del x");del x
```

运行上面程序出现结果：

```
division by zero
del x
>>> x   # 再查看 x 时,就出错了(具体略)
```

8.6 习题

1. 程序错误分哪几种？分别是什么？
2. 异常处理有哪几种方法？
3. 如何调试程序？

第 9 章　数据结构与操作

数据结构就是用来将数据组织在一起的一种结构形式。换句话说，数据结构是用来存储一系列关联数据的一种类型。在 Python 中已有 4 种内建的数据结构，分别是 List、Tuple、Dict 与 Set。大部分的应用程序不需要其他类型的数据结构就可以实现。本章主要介绍一些传统数据结构（譬如栈、队列、链表等）的 Python 实现及其表达操作。

学习重点或难点

- 基本数据结构
- 常用操作

基本数据结构及其操作的 Python 语言实现是 Python 语言初步应用的体现。

9.1　数据结构

本章主要结合前面所学的知识点，来介绍 Python 对基本线性数据结构的进一步表达与操作。基本线性数据结构有数组、栈、队列、链表等。

9.1.1　数组

数组在使用前必须预先请求固定大小的内存空间，一般放同类型的若干数据。数组有以下特性：

1）请求空间后大小固定，不能再改变（否则会有数据溢出问题）。

2）在内存中有空间连续性的要求，数组内存空间是专用的。

3）在旧式编程语言（如 C 语言）中，程序不会对数组的操作进行下界判断，也就有潜在的越界操作风险。

因为简单数组强烈倚赖计算机硬件的内存，所以不适用于现代的程序设计。欲使用可变大小、硬件无关性的数据类型，Java 等程序设计语言均提供了更高级的数据结构：ArrayList、Vector 等动态数组。

从严格意义上来说：Python 中没有严格意义上的数组。但一般来说 List 就是 Python 的高级数据结构，就可以认为它是 Python 中的数组。List 作为数组的应用例子（如【例 4-1】、【例 5-12】等）前面已有介绍，这里就不重复了。

9.1.2　列表与堆栈

什么是堆栈（Stack）？堆栈也称为栈，在计算机科学中，栈是一种特殊的串列形式的数据结构，它的特殊之处在于只能允许在链接串列或阵列的一端（称为堆叠顶端指标 top）进行加入资料（push）和输出资料（pop）的运算。另外，堆叠也可以用一维阵列或链接串列的形式来完成。由于堆叠数据结构只允许在一端进行操作，因而按照后进先出（Last In First

Out，LIFO）的原理运作。

特点：先入后出，后入先出。除头尾节点之外，每个元素都有一个前驱，一个后继。

操作：从原理可知，对堆栈（栈）可以进行的操作有：①top( )——获取堆栈顶端对象；②push( )——向栈里添加一个对象；③pop( )——从栈里推出一个对象。

在 Python 中，可以借用列表来实现一个栈，能提供的接口如下：

```
s=[]                          # 创建一个栈
s.append(x)                   # 往栈内添加一个元素
s.pop()                       # 在栈内删除一个元素
not s                         # 判断是否为空栈
len(s)                        # 获取栈内元素的数量
s[-1]                         # 获取栈顶的元素
```

Python 中利用列表实现栈接口的使用实例如下：

```
s=[]                                  # 创建一个栈
s.append(1)                           # 往栈内添加一个元素
s            # [1]                    # 有一个元素
s.pop()      # 1                      # 删除栈内的一个元素
s            # []                     # 已空
not s        # True                   # 判断栈是否为空
s.append(1)                           # 往栈内添加一个元素
not s        # False                  # 判断栈是否为空
len(s)       # 1                      # 获取栈内元素的数量
s.append(2)                           # 往栈内添加一个元素
s.append(3)                           # 往栈内添加一个元素
s[-1]    # 3# 取栈顶的元素            # 现在栈里数据为:[1,2,3]
```

【例 9-1】括号匹配问题。假如表达式中允许包含 3 种括号( )、[ ]、{ }，其嵌套顺序是任意的，例如正确的格式：{( )[( )]}，[{({ })}]；错误的格式：[( ])，[( ))，(( )}。编写一个函数，判断一个表达式字符串的括号匹配是否正确。

解题思路：

1）创建一个空栈，用来存储尚未找到的左括号。

2）遍历字符串，遇到左括号则压栈，遇到右括号则出栈与一个左括号进行匹配。

3）在步骤 2）过程中，如果空栈情况下遇到右括号，说明缺少左括号，不匹配。

4）在步骤 2）遍历结束时，栈不为空，说明缺少右括号，不匹配。

解题代码如下：

```
LEFT={'(','[','{'};RIGHT={')',']','}'}  # 左括号、右括号
def match(expr):
  """ :param expr:传过来的字符串;:return:返回是否为正确的   """
  stack=[]                                      # 创建一个栈
  for brackets in expr:                         # 迭代传过来的所有字符串
    if brackets in LEFT:                        # 如果当前字符在左括号内
```

```
            stack.append(brackets)                                    # 把当前左括号入栈
        elif brackets in RIGHT:                                       # 如果是右括号
            if not stack or not(1<=ord(brackets)-ord(stack[-1]) and ord(brackets)-ord(stack[-1])<=2):
            # 如果当前栈为空,如果右括号减去左括号的值不是大于或等于 1 且小于或等于 2
                return False                                          # 返回 False
            stack.pop()                                               # 删除左括号
    return not stack                                                  # 如果栈内没有值则返回 True,否则返回 False
result=match('[(){()}]')
print(result)                                                         # True   #说明括号是匹配的
```

9.1.3 列表与队列

什么是队列？和堆栈类似，唯一的区别是队列只能在队头进行出队操作，所以队列是先进先出（First—In—First—Out，FIFO）的线性表。

特点：

1）先入者先出，后入者后出。

2）除尾节点外，每个节点有一个后继，除头节点外，每个节点有一个前驱。

操作：

1）push()：入队。

2）pop()：出队。

也可以把列表当作队列来使用，只是在队列里**第一个加入的元素，第一个取出来**；但是拿列表用作这样的目的效率不高。在列表的最后添加或者弹出元素速度快，然而在列表里插入或者从头部弹出速度却不快（因为所有其他的元素都需要一个一个地移动）。

```
>>> from collections import deque
>>> queue=deque(["Eric","John","Michael"])
>>> queue.append("Terry")                     # Terry 加入
>>> queue.append("Graham")                    # Graham 加入
>>> queue.popleft()   # 'Eric'                # 先取出第 1 加入的 Eric
>>> queue.popleft()   # 'John'                # 再取出第 2 加入的 John
>>> queue                                     # 队列中是按先后到达顺序输出的
deque(['Michael','Terry','Graham'])
```

9.1.4 推导式与嵌套解析

1. 列表推导式

列表推导式提供了从序列创建列表的简单途径。通常应用程序将一些操作应用于序列的每个元素，用其获得的结果作为生成新列表的元素，或者根据确定的判定条件创建子序列。

每个列表推导式都在 for 之后跟一个表达式，然后有零到多个 for 或 if 子句。返回结果是一个根据表达式从其后的 for 和 if 上下文环境中生成出来的列表。如果希望表达式推导出一个元组，就必须使用括号。

这里将列表中每个数值乘 3，获得一个新的列表：

```
>>> vec=[2,4,6]
>>> [3 * x for x in vec]   # [6,12,18]
```

现在来增加点复杂度：

```
>>> [[x,x * * 2] for x in vec]   # [[2,4],[4,16],[6,36]]
```

这里对序列里每一个元素逐个调用某方法：

```
>>> freshfruit=['  banana','  loganberry','passion fruit  ']
>>> [fruit. strip( ) for fruit in freshfruit]
['banana','loganberry','passion fruit']
```

可以用 if 子句作为过滤器：

```
>>> [3 * x for x in vec if x>3]   # [12,18]
>>> [3 * x for x in vec if x<2]   # []
```

以下是一些关于循环和其他技巧的演示：

```
>>> vec1=[2,4,6];vec2=[4,3,-9]
>>> [x * y for x in vec1 for y in vec2]
[8,6,-18,16,12,-36,24,18,-54]
>>> [x+y for x in vec1 for y in vec2]          # [6,5,-7,8,7,-5,10,9,-3]
>>> [vec1[i] * vec2[i] for i in range(len(vec1))]   # [8,12,-54]
```

列表推导式可以使用复杂表达式或嵌套函数：

```
>>> [str(round(355/113,i)) for i in range(1,6)]
['3. 1','3. 14','3. 142','3. 1416','3. 14159']
```

2. 嵌套列表解析

Python 的列表还可以嵌套。以下示例展示了 3×4 的矩阵列表：

```
>>> matrix=[
...    [1,2,3,4],
...    [5,6,7,8],
...    [9,10,11,12],]
```

以下示例将 3×4 的矩阵列表转换为 4×3 列表：

```
>>> [[row[i] for row in matrix] for i in range(4)]
[[1,5,9],[2,6,10],[3,7,11],[4,8,12]]
```

也可以使用以下方法来实现：

```
>>> transposed=[]
>>> for i in range(4):
...     transposed. append([row[i] for row in matrix])
>>> transposed   # [[1,5,9],[2,6,10],[3,7,11],[4,8,12]]
```

另外一种实现方法：

```
>>> transposed=[]
>>> for i in range(4):
...     transposed_row=[]
...     for row in matrix:
...         transposed_row.append(row[i])
...     transposed.append(transposed_row)
>>> transposed   # [[1,5,9],[2,6,10],[3,7,11],[4,8,12]]
```

9.1.5 遍历技巧

在字典中遍历时，关键字和对应的值可以使用 items()方法同时解读出来：

```
>>> knights={'gallahad':'the pure','robin':'the brave'}
>>> for k,v in knights.items():
...         print(k,v)   # 输出:gallahad the pure \n robin the brave
```

在序列中遍历时，索引位置和对应值可以使用 enumerate()函数同时得到：

```
>>> for i,v in enumerate(['tic','tac','toe']):
...         print(i,v)   # 输出:0 tic\n 1 tac\n 2 toe(\n 代表换行,下同)
```

同时遍历两个或更多的序列，可以使用 zip()组合：

```
>>> questions=['name','quest','favorite color']
>>> answers=['lancelot','the holy grail','blue']
>>> for q,a in zip(questions,answers):
...         print('What is your {0}?   It is {1}.'.format(q,a))
...
What is your name?   It is Lancelot.
What is your quest?   It is the Holy Grail.
What is your favorite color?   It is blue.
```

要反向遍历一个序列，首先指定这个序列，然后调用 reversesd()函数：

```
>>> for i in reversed(range(1,10,2)):
...         print(i,end='')   # 输出:9 7 5 3 1
```

要按顺序遍历一个序列，使用 sorted () 函数返回一个已排序的序列，并不修改原值：

```
>>> basket=['apple','orange','apple','pear','orange','banana']
>>> for f in sorted(set(basket)):
...         print(f,end='')   # 输出:apple banana orange pear
```

9.1.6 栈操作

栈（Stack），也称为堆栈，是一种容器，可存入数据元素、访问元素、删除元素，它的特点在于只能允许在容器的一端（称为栈顶，Top）进行加入数据（Push）和输出数据（Pop）的运算。没有了位置概念，保证任何时候访问、删除元素都是对此前最后存入的那个元素，确定了一种默认的访问顺序。由于栈数据结构只允许在一端进行操作，因而按照**后进先出（LIFO，Last In First Out）**的原理运作，如图 9-1 所示。

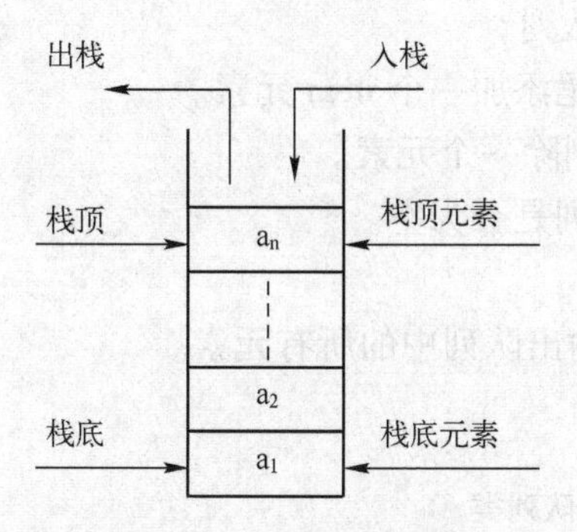

图 9-1　栈操作示意图

栈结构实现：栈可以用顺序表实现，也可以用链表实现。

栈的操作：

Stack( )：创建一个新的空栈。

push（item）：添加一个新的元素 item 到栈顶。

pop( )：弹出栈顶元素。

peek( )：返回栈顶元素。

is_empty( )：判断栈是否为空。

size( )：返回栈的元素个数。

栈的实现类：

```
class Stack(object):  # 栈的实现类
    def__init__(self):self. item=[]
    def is_empty(self):return self. item==[]
    def push(self,item):self. item. append(item)
    def pop(self):return self. item. pop()
    def peek(self):
        if self. is_empty():print('stack is empty')
        else:return self. item[len(self. item)-1]
    def size(self):return len(self. item)
```

9.1.7　队列操作

队列（Queue）是只允许在一端进行插入操作，而在另一端进行删除操作的线性表。

队列是一种**先进先出（First In First Out，FIFO）的线性表**。允许插入的一端为队尾，允许删除的一端为队头。队列不允许在中间部位进行操作。假设队列是 q=（a1，a2，…，an)，那么 a1 就是队头元素，而 an 是队尾元素。这样删除时总是从 a1 开始，而插入时总是在队列最后。这也比较符合日常生活中的习惯，排在第一个的优先出列，最后来的当然排在队伍最后。

队列的实现：同栈一样，队列也可以用顺序表或者链表实现。

队列操作：

queue( )：创建一个空的队列。

enqueue（item)：往队列尾添加一个 item 元素。

dequeue( )：从队列头部删除一个元素。

is_empty( )：判断一个队列是否为空。

size( )：返回队列的大小。

travel( )：从头到尾遍历输出队列中的所有元素。

如下是实现的队列类：

```
class Queue(object):  # 队列类
    def__init__(self):self.item=[]
    def is_empty(self):return self.item==[]
    def enqueue(self,item):self.item.append(item)
    def dequeue(self):
        if self.is_empty():print('Queue is empty')
        else:del self.item[0]
    def size(self):return len(self.item)
    def travel(self):
        for i in self.item:print(i,end='')
        print('')
```

9.1.8 链表操作

1. 什么是链表

链表（Linked list）是一种常见的基础数据结构，是一种线性表，但是并不会按线性的顺序存储数据，而是在每个节点里存有下一个节点的指针（Pointer）。由于不必须按顺序存储，链表在插入的时候可以达到 O(1)的复杂度，比另一种线性表顺序表快得多，但是查找一个节点或者访问特定编号的节点则需要 O(n)的时间，而顺序表相应的时间复杂度分别是 $O(\log_2^n)$和 O(1)。

特点：使用链表结构可以克服数组链表需要预先知道数据大小的缺点，链表结构可以充分利用计算机内存空间，实现灵活的内存动态管理。但是链表失去了数组随机读取的优点，同时链表由于增加了节点的指针域，空间开销比较大。

操作：

init( )：初始化。

insert( )：插入。

travel( )：遍历。

delete( )：删除。

find( )：查找。

在程序中，经常需要将一组（通常是同为某个类型的）数据元素作为整体管理和使用，用变量记录它们，传进传出函数等。一组数据中包含的元素个数可能发生变化（可以增加或删除元素）。

对于这种需求，最简单的解决方案便是将这样一组元素看成一个序列，用元素在序列中的位置和顺序，表示实际应用中的某种有意义的信息，或者表示数据之间的某种关系。

这样的一组序列元素的组织形式，可以将其抽象为线性表。一个线性表是某类元素的一个集合，还记录着元素之间的一种顺序关系。线性表是最基本的数据结构之一，在实际程序中应用非常广泛，它还经常被用作更复杂的数据结构的实现基础。

根据线性表的实际存储方式，分为两种实现模型。

1）顺序表，将元素顺序地存放在一块连续的存储区中，元素间的顺序关系由它们的存储顺序自然表示。

2）链表，将元素存放在通过链接构造起来的一系列存储块中。

顺序表的构建需要预先根据数据大小来申请连续的存储空间，而在进行扩充时又需要进行数据的搬迁，所以使用起来并不是很灵活。链表结构可以充分利用计算机内存空间，实现灵活的内存动态管理。

链表（Linked list）是一种常用的基础数据结构，是一种线性表，但是不像顺序表那样连续存储数据，而是在每个节点（数据存储单元）里存放一个节点的位置信息（即地址）。根据结构的不同，链表可分为单项链表（单链表）、单项循环链表、双向链表、双向循环链表等。这里简单介绍单项链表。

2. 链表的实现

链表由一系列不必在内存中相邻的结构（或节点）构成，这些对象按线性顺序排序。每个节点含有数据元素（数据域）和指向后继元素的指针（指针域），最后一个单元的指针指向 NULL，表示链表结束。为了方便链表的删除与插入操作，可以为链表添加一个表头。如图 9-2 所示，其中含有链表插入节点（通过两次节点调整）与删除节点（通过修改一个指针）操作示意，通过不断插入与删除节点来实现链表的操作。

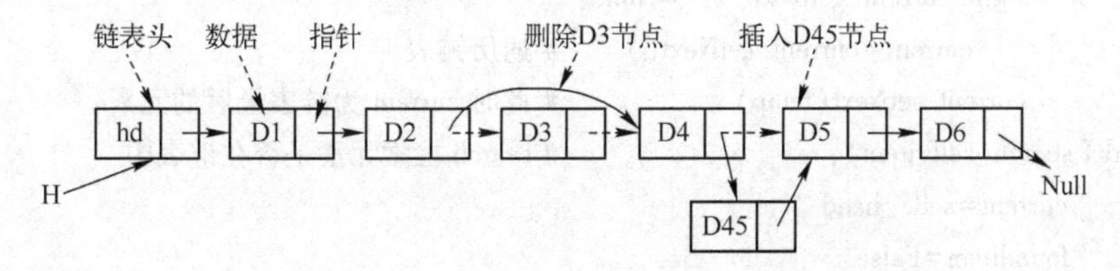

图 9-2　含链表头的链表及删除与插入操作示意

单链表的操作主要有：①isEmpty( )链表是否为空；②size( )链表长度；③travel( )遍历整个链表；④add（item）链表头部添加元素；⑤append（item）链表尾部添加元素；⑥insert（pos，item）指定位置添加元素；⑦remove（item）删除节点；⑧search（item）查找节点是否存在；⑨index（item）：查找索引元素在链表中的位置。

单向链表的实现

1）Node 实现：每个 Node 分为两部分。一部分含有链表的元素，可以称为数据域；另一部分为一指针，指向下一个 Node。

```
class Node( ):
    __slots__=['_item','_next']                # 限定 Node 实例的属性
```

```
    def__init__(self,item):
        self._item=item
        self._next=None                             # Node 的指针部分默认指向 None
    def getItem(self):return self._item
    def getNext(self):return self._next
    def setItem(self,newitem):self._item=newitem
    def setNext(self,newnext):self._next=newnext
```

2）SinglelinkedList 类的实现。

```
classSingleLinkedList():
    def__init__(self):
        self._head=None                             # 初始化链表为空表
        self._size=0
    def isEmpty(self):                              # 检测链表是否为空
        return self._head==None
    def add(self,item):                             # add 在链表前端添加元素
        temp=Node(item)
        temp.setNext(self._head)
        self._head=temp
    def append(self,item):                          # append 在链表尾部添加元素
        temp=Node(item)
        if self.isEmpty():
            self._head=temp                         # 若为空表,将添加的元素设为第一个元素
        else:
            current=self._head
            while current.getNext()!=None:
                current=current.getNext()           # 遍历链表
            current.setNext(temp)                   # 此时 current 为链表最后的元素
    def search(self,item):                          # search 检索元素是否在链表中
        current=self._head
        founditem=False
        while current!=None and not founditem:
            if current.getItem()==item:founditem=True
            else:current=current.getNext()
        return founditem
    def index(self,item):                           # index 索引元素在链表中的位置
        current=self._head;count=0;found=None
        while current!=None and not found:
            count+=1
            if current.getItem()==item:found=True
            else:current=current.getNext()
        if found:return count
        else:raiseValueError,'%s is not in linkedlist'%item
```

```
    def remove(self,item):                    # remove 删除链表中的某项元素
        current=self._head;pre=None
        while current!=None:
            if current.getItem()==item:
                if not pre:self._head=current.getNext()
                else:pre.setNext(current.getNext())
                break
            else:
                pre=current;current=current.getNext()
    def insert(self,pos,item):                # insert 链表中插入元素
        if pos>self.size():self.append(item)
        else:
          temp=Node(item);count=1;pre=None;
          current=self._head
          while count<pos:
              count+=1;pre=pre.next
          temp.next=pre.next                  # 将新节点 node 的 next 指向插入位置节点
          pre.next=temp                       # 将插入位置前一个节点的 next 指向新节点
    def size(self):
        current=self._head;count=0
        while current!=None:
          count+=1;current=current.getNext()
        return count
    def travel(self):
        current=self._head
        while current!=None:
          print(current.getItem(),end='')
          current=current.getNext()
```

9.1.9 堆结构

堆的定义：具有 n 个元素的序列($h_1,h_2,\ldots,h_n$)，当且仅当满足($h_i \geqslant h_{2i},h_i \geqslant h_{2i+1}$)或($h_i \leqslant h_{2i},h_i \leqslant h_{2i+1}$)($i=1,2,\ldots,n/2$)时称之为堆，这里只讨论满足前者条件的堆。由堆的定义可以看出，堆顶元素（即第一个元素）必为最大项（大顶堆）。完全二叉树可以很直观地表示堆的结构。堆顶为根，其他为左子树、右子树。

为此，堆是一种数据结构，可以将堆看作一棵完全二叉树，这棵二叉树满足，任何一个非叶节点的值都不大于（或不小于）其左、右子节点的值。关于二叉树的节点：

1）在二叉树的第 i 层上至多有 2^{i-1} 个节点。提示：可以用归纳法，假若第 i 层有至多 2^{i-1} 个节点，那么第 i+1 层至多就有 $2*2^{i-1}$ 即 $2^{(i+1)-1}$ 个节点。

2）深度为 k 的二叉树至多有 2^k-1 个节点。考虑满二叉树的情况，所有节点求和所得。

3）有 n 个节点的完全二叉树的高度 h 为 $\lfloor \log_2 n \rfloor+1$。结合 2)，$n<=2^h-1$。

4）完全二叉树节点编号如图 9-3 所示。

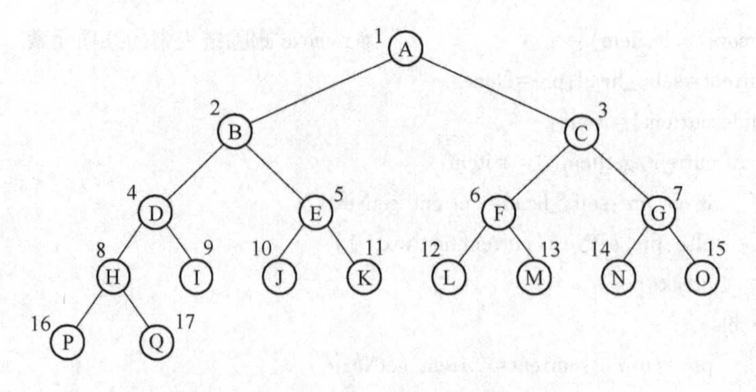

图 9-3　完全二叉树节点编号图

初始时可以把 n 个元素的序列看作是一棵顺序存储的二叉树（如图 9-3 所示，即 ABCDEFGHIJKLMNOPQ 顺序排列存储），调整它们的存储顺序，使之成为一个堆，这时堆的根节点的数是最大的。这样，按图 9-3 所示的节点编号顺序就可以用列表来表达完全二叉树（列表模拟完全二叉树），并对这样的列表来调整顺序，来建立堆。

设有[49,38,65,97,76,13,27,49]列表，为完全二叉树节点数据。建堆前为如图 9-4 所示的完全二叉树。

建堆程序如下：

```
# -*-coding:gbk-*-
# 这里需要说明元素的存储必须要从 1 开始,为此,如下列表第 1 个加了个 0
# 涉及左右节点的定位,和堆排序开始调整节点的定位
L=[0,49,38,65,97,76,13,27,49]
def element_exchange(numbers,low,high):
    temp=numbers[low]
    i=low;j=2*i   # j 是 low 的左孩子节点
    while j<=high:
        # 如果右节点较大,则把 j 指向右节点
        if j<high and numbers[j]<numbers[j+1]:j=j+1
        if temp<numbers[j]:
            numbers[i]=numbers[j] # 将 numbers[j]调整到双亲节点的位置上
            i=j;j=2*i
        else:break
    numbers[i]=temp  # 被调整节点放入最终位置
def big_heap_build(numbers):
    length=len(numbers)-1
'''指定第一个进行调整的元素的下标,它即该无序序列完全二叉树的第一个非叶子节点,它之前的元素均要进行调整'''
    first_exchange_element=length//2
    # 建立初始堆
    for x in range(first_exchange_element):
        element_exchange(numbers,first_exchange_element-x,length)
```

```
if__name__=='__main__':
   big_heap_build(L)
   for x in range(1,len(L)):
print(L[x],end='')
```

建堆后，列表数据调整为：[97 76 65 49 49 13 27 38]，表示的堆完全二叉树如图 9-5 所示。

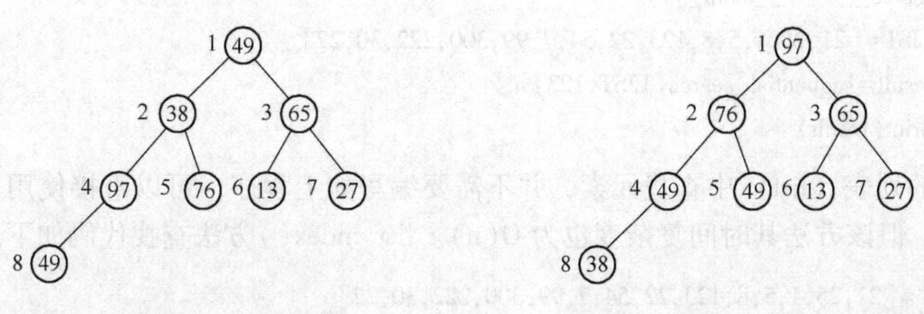

图 9-4　建堆前的完全二叉树　　　图 9-5　建堆后的完全二叉树

堆建好了，基于堆结构，可以有许多操作的，譬如：①堆尾部插入元素；②堆尾部删除元素；③取堆顶元素；④求堆里元素个数；⑤判断堆是否空；⑥堆向下调整；⑦堆向上调整；⑧替换堆顶元素等，这些操作的具体实现略。利用堆结构的主要应用如下。

1）优先级队列的实现：与普通的先进先出的队列不同的是，优先级队列每次都会取出队列中优先级最高的那一个。按优先级最高来建立大根堆，就可以实现优先级队列。

2）大数据的处理：N 个数据，此 N 个数很大，找出最大的前 K 个。先建立一个 K 大小的小根堆，建好堆后，每次将来的一个元素和堆顶的元素进行比较，如果大于堆顶的元素的话，那么就将此元素直接赋给堆顶的元素，然后进行向下调整。

3）堆排序的实现：如果是升序的话，要建大根堆，将第一个元素和最后一个元素进行交换，然后进行向下调整，再将第一个元素和倒数第二个元素进行交换，……，如此循环，直到堆里剩一个元素为止。

限于篇幅，下文会介绍堆排序，具体参见下节堆排序。

9.2　常用操作

对数据结构的常用操作已在前面介绍数组、堆栈、队列、链表、堆等数据结构时介绍了。这里主要对常用的数据查找与数据排序操作进行集中介绍。

9.2.1　查找

1. 无序表查找

无序表查找就是对数据不排序的线性表查找、遍历数据元素。

算法分析：最好情况是在第一个位置就找到了，时间复杂度为 O(1)；最坏情况在最后一个位置才找到，此为 O(n)；所以平均查找次数为(n+1)/2，最终时间复杂度为 O(n)。

例如：

```
def sequential_search(lis,key):
    length=len(lis)
    for i in range(length):
        if lis[i]==key:return i
    else:return False
if__name__=='__main__':
    LIST=[21,25,1,5,8,123,22,54,7,99,300,222,30,22]
    result=sequential_search(LIST,123)
    print(result)
```

Python 的列表（list）中查找元素，并不需要编写如上程序，可以直接使用 list. index( ) 方法来查找，但该方法其时间复杂度也为 O(n)。list. index( )方法查找代码如下。

```
LIST=[21,25,1,5,8,123,22,54,7,99,300,222,30,22]
LIST.index(123)
```

2. 有序表查找

有序表中的数据必须按某个主键进行排序，此时使用二分查找等方法效率更高。其基本原理如下。

1）从数组的中间元素开始，如果中间元素正好是要查找的元素，则搜索过程结束。

2）如果某一特定元素大于或者小于中间元素，则在数组大于或小于中间元素的那一半中查找，而且跟开始一样从中间元素开始比较。

3）如果在某一步骤数组为空，则代表找不到。二分查找也称为折半查找，算法每一次比较都使搜索范围缩小一半，其时间复杂度为 $O(\log_2 n)$。

【例 9-2】分别用递归和循环方法来实现二分查找。

```
def binary_search_recursion(lst,value,low,high):
    if high<low:return None
    mid=(low+high) // 2
    if lst[mid]>value:
        return binary_search_recursion(lst,value,low,mid-1)
    elif lst[mid]<value:
        return binary_search_recursion(lst,value,mid+1,high)
    else:return mid
def binary_search_loop(lst,value):
    low,high=0,len(lst)-1
    while low<=high:
        mid=(low+high) // 2
        if lst[mid]<value:low=mid+1
        elif lst[mid]>value:high=mid-1
        else:return mid
    return None
if__name__=="__main__":
```

```
import random
lst=[random.randint(0,10000) for _ in range(100000)]
lst.sort()
def test_recursion():
    binary_search_recursion(lst,999,0,len(lst)-1)
def test_loop():
    binary_search_loop(lst,999)
importtimeit
t1=timeit.Timer("test_recursion()",setup="from __main__ import test_recursion")
t2=timeit.Timer("test_loop()",setup="from __main__ import test_loop")
print("Recursion:",t1.timeit())
print("Loop:",t2.timeit())
```

执行结果：Recursion:43.856640896334625

Loop:31.039669917516328

可以看出循环方式比递归效率高。

Python 有一个 **bisect 模块**，用于维护有序列表。bisect 模块实现了一个算法：将元素插入有序列表。在一些情况下，这比反复排序列表或构造一个大的列表再排序的效率更高。bisect 是二分法的意思，这里使用二分法来排序，它会将一个元素插入一个有序列表的合适位置，不需要每次调用 sort 的方式维护有序列表。

下面是一个简单的使用示例：

```
import bisect
import random   # random.seed(1)设置随机数种子
print('New   Pos Contents');print('---   -----------');L=[]
for i in range(1,15):
    r=random.randint(1,100)
    position=bisect.bisect(L,r)
    bisect.insort(L,r)
    print('%3d   %3d '% (r,position),L)   # 结果略
```

bisect 模块提供的函数如下。

1） bisect_left(a,x,lo=0,hi=len(a))：查找在有序列表 a 中插入 x 的 index。lo 和 hi 用于指定列表的区间，默认是使用整个列表。如果 x 已经存在，在其左边插入。返回值为 index。

2） bisect_right(a,x,lo=0,hi=len(a))：同 bisect_left 类似。

3） bisect(a,x,lo=0,hi=len(a))：这两个函数和 bisect_left 类似，但如果 x 已经存在，在其右边插入。

4） insort_left(a,x,lo=0,hi=len(a))：在有序列表 a 中插入 x，和 a.insert(bisect.bisect_left(a,x,lo,hi),x)的效果相同。

5） insort_right(a,x,lo=0,hi=len(a))：同 insort_left 类似。

6） insort(a,x,lo=0,hi=len(a))：和 insort_left 类似，但如果 x 已经存在，在其右边插入。

bisect 模块提供的函数可以分两类：bisect* 只用于查找 index，不进行实际的插入；而 insort* 则用于实际插入。

【例 9-3】应用 bisect 模块计算分数等级。

```
def grade(score,breakpoints=[60,70,80,90],grades='FDCBA'):
    i=bisect.bisect(breakpoints,score)
    return grades[i]
print([grade(score) for score in [33,99,77,70,89,90,100]])
```

输出结果：['F','A','C','C','B','A','A']

同样，可以用 bisect 模块实现二分查找：

```
def binary_search_bisect(lst,x):
    from bisect import bisect_left
    i=bisect_left(lst,x)
    if i !=len(lst) and lst[i]==x:return i
    return None
```

再通过测试对比，发现它比递归和循环实现的二分查找的性能更好，其比循环实现略快，比递归实现差不多要快一倍。

Python 数据处理库 numpy 也有一个用于二分查找的函数 numpy.searchsorted，用法与 bisect 基本相同，只不过如果要右边插入时，需要设置参数 side='right'，例如：

```
>>> import numpy as np
>>> from bisect import bisect_left,bisect_right
>>> data=[2,4,7,9]
>>> bisect_left(data,4)                    # 1
>>> np.searchsorted(data,4)                # 1
>>> bisect_right(data,4)                   # 2
>>> np.searchsorted(data,4,side='right') # 2
```

那么，再来比较一下性能：

```
tt=timeit.Timer("bisect_left(data,99999)","data=[2,4,7,9];import bisect")
tt.timeit(100)   # 0.000529583173829451   # 运行 100 次
tt=timeit.Timer("np.searchsorted(data,99999)","data=[2,4,7,9];import numpy as np;")
tt.timeit(100)   # 0.0022685865219500556   # 运行 100 次
```

可以发现 numpy.searchsorted 效率是很低的，与 bisect 根本不在一个数量级上。因此 searchsorted 不适合用于搜索普通的数组，但是它用来搜索 numpy.ndarray（numpy 中的数组对象）是相当快的。另外，numpy.searchsorted 可以同时搜索多个值：

```
>>> np.searchsorted([1,2,3,4,5],3)              # 2
>>> np.searchsorted([1,2,3,4,5],3,side='right')     # 3
>>> np.searchsorted([1,2,3,4,5],[-10,10,2,3])   # array([0,5,1,2])
```

9.2.2 排序

常用的排序算法有 8 种，它们分别为选择排序、冒泡排序、插入排序、归并排序、快速排序、堆排序、基数排序、希尔排序。

1. 选择排序

基本思想：选择排序的思想非常直接，就是从所有序列中先找到最小（或最大）的，然后放到第一个位置。之后再看剩余元素中最小（或最大）的，放到第二个位置……以此类推，经过 n-1 趟选择排序得到有序结果（设 n 为元素个数，下同）。可以看到，选择排序是固定位置找元素。平均时间复杂度为 $O(n^2)$。

【例 9-4】 选择排序算法的实现。

```
import random
def get_andomNumber(num):                    # 随机生成 0~100 的数值,本函数后续共用
    lists=[];i=0
    while i<num:
        lists.append(random.randint(0,100));i+=1
    return lists
def select_sort(lists):                          # 选择排序
    count=len(lists)
    for i in range(0,count):
        min=i
        for j in range(i+1,count):
            if lists[min]>lists[j]:min=j
        lists[i],lists[min]=lists[min],lists[i]  # 交换
    return lists
a=get_andomNumber(10);print("排序之前:%s" %a)
b=select_sort(a);print("排序之后:%s" %b)
```

2. 冒泡排序

基本思想：它的思路是两两向后比较，重复地走访要排序的数列，一次比较两个元素，如果它们的顺序不符合排序要求就交换过来。走访数列一趟至少排定一个元素，重复进行直到没有再需要交换的，至多 n-1 趟。算法平均时间复杂度为 $O(n^2)$。

【例 9-5】 冒泡排序算法的实现。

```
def bubble_sort(lists):     # 冒泡排序函数,算法如图 9-6 所示
    count=len(lists)
    for i in range(0,count-1):
        for j in range(1,count-i):
            if lists[j-1]>lists[j]:
                lists[j-1],lists[j]=lists[j],lists[j-1]  # 交换
    return lists
a=get_andomNumber(10);print("排序之前:%s" %a)
b=bubble_sort(a);print("排序之后:%s" %b)
```

3. 插入排序

基本思想：插入排序的基本操作就是将一个数据插入到已经排好序的有序数据中，从而得到一个新的、个数加一的有序数据。此算法适用于少量数据的排序，时间复杂度为 $O(n^2)$。

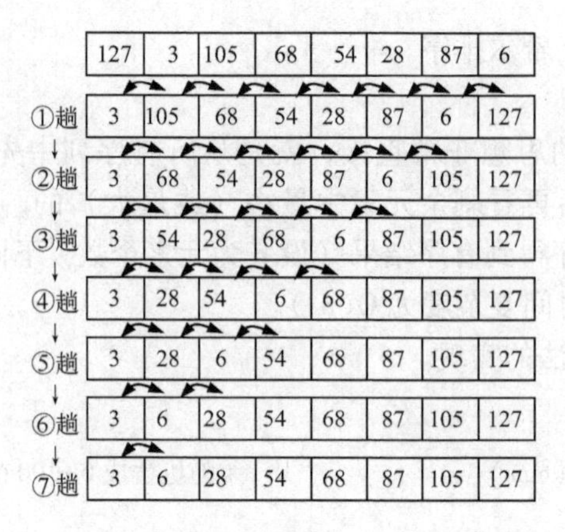

图 9-6　冒泡法排序数组内存变化示意

【例 9-6】 插入排序算法的实现。

```
import random
def insert_sort(lists):                # 插入排序函数
    count=len(lists)
    for i in range(1,count):           # 从第二个开始逐个向前插入,使前面已排序
        key=lists[i];j=i - 1
        while j>=0:                    # 从前部的最后元素往前逐个比较
            if lists[j]>key:           # 待插元素 key<lists[j]时,移动插入
                lists[j+1]=lists[j];lists[j]=key
            j -=1
    return lists
a=get_andomNumber(10);   print("排序之前:%s" %a)
b=insert_sort(a);   print("排序之后:%s" %b)
```

4. 归并排序

基本思想：归并（Merge）排序法是将两个（或两个以上）有序表合并成一个新的有序表，即把待排序序列分为若干个子序列，每个子序列是有序的。然后再把有序子序列合并为整体有序序列。

归并过程：比较 a[i]和 a[j]的大小，若 a[i]≤a[j]，则将第一个有序表中的元素 a[i]复制到 r[k]中，并令 i 和 k 分别加 1；否则将第二个有序表中的元素 a[j]复制到 r[k]中，并令 j 和 k 分别加 1，如此循环下去，直到其中一个有序表取完，然后再将另一个有序表中剩余的元素复制到 r 中从下标 k 到下标 t 的单元。归并排序的算法通常用递归实现，先把待排序区间[s,t]以中点二分，接着把左边子区间排序，再把右边子区间排序，最后把左区间和右区间用一次归并操作合并成有序的区间[s,t]。

【例 9-7】 归并排序算法的实现（归并排序的时间复杂度为 O(nlogn)）。

```
def merge(left,right):                 # 归并函数
    i,j=0,0; result=[]
    while i<len(left) and j<len(right):
        if left[i]<=right[j]:
```

```
            result.append(left[i]);i+=1
        else:
            result.append(right[j]);j+=1
    result+=left[i:];result+=right[j:]
    return result
def merge_sort(lists):                      # 归并排序函数
    if len(lists)<=1:return lists
    num=len(lists) // 2                     # Python3 整数除法/会变浮点值,改用//
    left=merge_sort(lists[:num])
    right=merge_sort(lists[num:])
    return merge(left,right)
a=get_andomNumber(10);print("排序之前:%s" %a)
b=merge_sort(a);print("排序之后:%s" %b)
```

5. 快速排序

基本思想：通过一趟排序将待排序记录分割成独立的两部分，其中一部分记录的关键字均比另一部分关键字小，则分别对这两部分继续进行排序，直到整个序列有序。

快速排序的时间复杂度：最理想为 $O(nlogn)$、最差为 $O(n^2)$。

【例 9-8】 快速排序算法的实现。

```
def quick_sort(lists,left,right):                         # 快速排序函数
    if left>=right:return lists
    key=lists[left];low=left;high=right
    while left<right:
        while left<right and lists[right]>=key:right -=1
        lists[left]=lists[right]
        while left<right and lists[left]<=key:left+=1
        lists[right]=lists[left]
    lists[right]=key                                       # 此时 left 等于 right
    quick_sort(lists,low,left-1);quick_sort(lists,left+1,high)
    return lists
a=get_andomNumber(10);print("排序之前:%s" %a)
b=quick_sort(a,0,len(a)-1);print("排序之后:%s" %b)
```

6. 堆排序

基本思想：将一个无序序列调整为一个堆，就可以找出这个序列的最大值（或最小值），然后将找出的这个值交换到序列的最后一个，这样有序序列元素就增加一个，无序序列元素就减少一个，对新的无序序列重复这样的操作，就实现了排序。时间复杂度为 $O(nlogn)$。在前面 9.1.9 节建堆基础上，使用下面函数来实现上面思想的堆排序。

【例 9-9】 堆排序算法的实现。

```
def big_heap_sort(numbers):  # 将根节点放到最终位置,剩余无序序列继续堆排序
    length=len(numbers)-1
    for y in range(length-1):  # length-1 次循环完成堆排序
```

```
            numbers[length-y],numbers[1]=numbers[1],numbers[length-y]
            element_exchange(numbers,1,length-y-1)      # 对剩余无序序列继续调整
    if __name__=='__main__':
        L=[0,49,38,65,97,76,13,27,49]
        big_heap_build(L)                  # 详见 9.1.9 节(包括 element_exchange()函数)
        for x in range(1,len(L)):print(L[x],end='')     # 输出建堆后的序列值
        big_heap_sort(L);print('');
        for x in range(1,len(L)):print(L[x],end='')     # 输出堆排序后的序列值
```

堆排序后序列值为：[13 27 38 49 49 65 76 97]。其对应的堆完全二叉树为如图 9-7 所示。

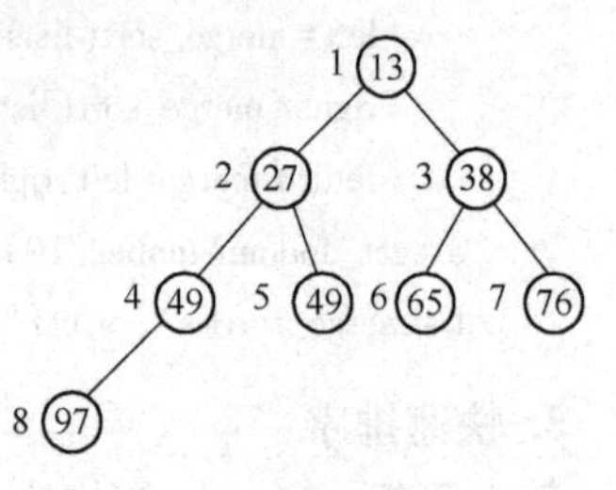

图 9-7 排序后的完全二叉树

7. 基数排序

基本思想：基数排序（Radix Sort）属于“分配式排序”（Distribution Sort），又称“桶子法”（Bucket Sort）。顾名思义，它是透过键值的部分信息，将要排序的元素分配至某些“桶”中，借以达到排序的作用，其时间复杂度为 O(nlog(r)m)，其中 r 为所采取的基数，而 m 为堆数。在某些时候，基数排序法的效率高于其他的稳定性排序法。

【例 9-10】 基数排序算法的实现。

```
import math# 头部需导入 import math
def radix_sort(lists,radix=10):
    k=int(math.ceil(math.log(max(lists),radix)))
    bucket=[[] for i in range(radix)]
    for i in range(1,k+1):
        for j in lists:bucket[int(j/(radix**(i-1))%(radix**i))].append(j)
        del lists[:]
        for z in bucket:
            lists+=z;del z[:]
    return lists
a=get_andomNumber(10);print("排序之前:%s" %a)
b=radix_sort(a);print("排序之后:%s" %b)
```

8. 希尔排序

希尔排序的实质就是分组插入排序，该方法又称缩小增量排序，因 DL. Shell 于 1959 年提出的。希尔排序也称递减增量排序算法，是插入排序的一种更高效的改进方法。

希尔排序是基于插入排序的以下两点性质而提出改进方法的：①插入排序在对几乎已经排好序的数据操作时，效率高，即可以达到线性排序的效率；②插入排序一般来说是低效的，因为插入排序每次只能将数据移动一位。希尔排序每次以一定步长进行排序。

算法平均时间复杂度为 O(nlogn)，最差为 $O(n^s)$，1<s<2。

【例 9-11】 希尔排序算法的实现。

```
def shellSort(nums):
```

```
    step=len(nums)//2  # 设定步长
    while step>0:
      for i in range(step,len(nums)):
        # 类似插入排序,当前值与指定步长之前的值比较,符合条件则交换位置
        while i>=step and nums[i-step]>nums[i]:
          nums[i],nums[i-step]=nums[i-step],nums[i];i-=step;
      step=step//2
    return nums
a=get_andomNumber(10);print("排序之前:%s" %a)
b=shellSort(a);print("排序之后:%s" %b)
```

9.3 应用实例

【例 9-12】利用数列产生并输出杨辉三角形。

分析: 可以采用二维或一维数列来存放杨辉三角形的每行，并根据上下行元素间的关系，利用 a[i][j]=a[i-1][j-1]+a[i-1][j]或一维时 a[j]=a[j-1]+a[j]来产生新行的非 1 元素。

方法 1——利用二维数组:

```
N=13;a=[];
for i in range(0,13):                # 设置两边为 1 其他为 None,每行利用 0-i 的下标元素
  a.append([None]*N);                # 在 a 中添加有 N 个元素(初始化为 None)的列表;
  a[i][0]=1;a[i][i]=1;               # 设置杨辉三角形各行两边为 1
for i in range(2,N):                 # 产生 3-N 行元素
  for j in range(1,i):
    a[i][j]=a[i-1][j-1]+a[i-1][j];     # i 行元素由上 i-1 行对应左右两元素之和
for i in range(0,N):                 # 输出杨辉三角形
  for j in range(0,42-2*i):          # 因为每个数占 4 列,所以下一行要少输出 2 个空格
    print(" ",end='');
  for j in range(0,i+1):print("%4d"%a[i][j],end='');      # 每元素占 4 位
  print("");
```

方法 2——利用一维数组:

```
N=13;a=[1,1];                         # 初始化 2 元素为 1
print("%46d"%a[0]);                   # 先输出三角形顶角元素 1
for i in range(1,N):
  for j in range(0,42-2*i):           # 因为每个数占 4 列,所以下一行要少输出 2 个空格
    print(" ",end='');                # 有规律输出每行数字前的空格
  for j in range(0,i+1):print("%4d"%a[j],end='');
  print("");                          # 输出一维数组当前 0-i 下标元素
  a.append(1);                        # 产生新一行的数组元素,先赋值新行最右边元素为 1
  for j in range(i,0,-1):
```

```
a[j]=a[j-1]+a[j];              # 从右到左产生新的 a[i]-a[1]数组元素
```

说明：方法 2 比方法 1 节省了存储空间，方法 1 则存储了整个杨辉三角形，而方法 2 只保留了最新最后的一行数据。

【例 9-13】输入一个数，要求按已有顺序（小到大）将它插入数组中。

```
l=[0,10,20,30,40,50]
print('The sorted list is:',l);cnt=len(l)
n=int(input('Input a number:'));l.append(n)
for i in range(cnt):
    if n<l[i]:
        for j in range(cnt,i,-1):l[j]=l[j-1]
        l[i]=n;break
print('The new sorted list is:',l)
```

9.4 习题

1. 从键盘输入 10 个数，用多种排序法将其按由大到小的顺序排序；然后在排好序的数列中插入一个数，使数列保持从大到小的顺序。

2. 从键盘输入两个矩阵 A、B 的值，求 C=A+B。

$$A=\begin{pmatrix}3 & 5 & 7\\ 12 & 13 & 6\end{pmatrix} \quad B=\begin{pmatrix}4 & 8 & 10\\ 6 & 13 & 16\end{pmatrix}$$

3. 输入 10 个学生的姓名和成绩构成的字典，按照成绩大到小排序输出。

4. 输入一段英文文章，求其总长度，并按字典顺序输出其包含的所有单词。

第10章　科学计算

Python是数据科学家最喜欢的语言之一。Python本身就是一门工程性语言，数据科学家用Python实现的算法可以直接用在产品中。Python的科学计算方面相关类库非常多，常用的有 **NumPy**、**SciPy**、**Matplotlib**、**Pandas**、StatsModels、Scikit-Learn、Keras、Gensim等。高性能的科学计算类库NumPy和SciPy，给其他高级算法打下非常好的基础，Matplotlib让Python画图变得像MATLAB一样简单。

学习重点或难点

- NumPy的基本使用
- SciPy的基本使用
- Matplotlib的基本使用

NumPy是一个定义了数值数组、矩阵类型和基本运算的扩展工具；SciPy是另一种使用NumPy来做高等数学、信号处理、优化、统计和许多其他科学任务的扩展工具；Matplotlib是一个帮助绘图的扩展工具。NumPy、SciPy、Matplotlib堪称为Python科学计算的“三剑客”。

10.1　扩展类库的安装

先安装Python与pip。

说明：pip是一个安装和管理Python包的工具，是easy_install的替代品。

安装pip的方法：Python 2.7.9及后续版本已经默认安装了pip，所以推荐使用最新版本的Python（Python 2或者Python 3）就不需要再安装pip了。在easy_install.exe的目录（在Python安装目录下，cd Scripts）下，执行easy_install.exe pip即可。

也可在PyPI网站下载pip-1.4.1.tar.gz后，再安装pip。具体过程：①解压pip-1.4.1.tar.gz；②运行CMD，进入命令行；③用CD命令进入pip解压目录；④输入"python setup.py install"；⑤添加环境变量，例如path=C:\Python27\Scripts。验证是否安装成功，运行cmd进入命令行，输入pip；如果出现pip的用法介绍，说明安装成功。进入命令行，输入“**pip install package**”，package为安装包名称，就可以随意安装了。

另外，setuptools也是容易下载、创建、安装、更新和删除Python包的工具。

（1）安装NumPy（numpy.org）

cmd管理员模式（启动命令窗口），输入：pip install numpy。numpy会自己开始下载安装，等待它提示成功即可。

（2）安装SciPy（scipy.org）

安装SciPy时，采用默认设置即可。

（3）安装MatPlotlib（matplotlib.org）

因为MatplotLib的使用需要Numpy的支持，所以应先安装NumPy再安装MatplotLib。

在管理员模式下，直接采用下面的命令即可安装 MatPlotlib。

```
python -m pip install -U pipsetuptools
python -m pip installmatplotlib
```

另外，NumPy、SciPy、Matplotlib 也都可以下载它们的 exe 文件来安装，下载地址略。

其中，NumPy 和 SciPy 没有 32 和 64 位的区别，MatPlotlib 需要根据自己的系统选择 32 位和 64 位的。再次提醒，这 3 个库一定都要下载对应版本的 exe 文件。下载完成后依次安装就可，它们会自动找到之前安装好的 Python 所在的路径的。

实际上，NumPy、SciPy、Matplotlib 的安装还可以下载安装包实现。譬如，下载相应的 NumPy 安装包（.whl 格式的）。安装时，先进入 whl 安装包的存放目录，再使用命令行安装：pip install numpy 文件名 .whl。

例如：pip install numpy-1.13.1-cp27-none-win_amd64.whl。

在 Linux 下安装 NumPy、SciPy、Matplotlib 一般通过如下命令实现：

```
apt install python-pip/python3-pip      # 安装 pip 或 pip3
pip/pip3 install numpy                  # 给 Python 2.x/Python 3.x 安装
pip/pip3 install scipy                  # 给 Python 2.x/Python 3.x 安装
pip/pip3 install matplotlib             # 给 Python 2.x/Python 3.x 安装
```

安装后，证明 NumPy、SciPy、Matplotlib 是否安装成功。分别用 import numpy、import scipy、import matplotlib 试着导入。如果没报错一般就安装好了，并可试着使用。

例如，使用 Numpy：

```
import numpy as np
print(np.random.rand(4,4))  # 输出一个随机的 4×4 矩阵
```

10.2 NumPy 基本应用

标准安装的 Python 中用列表（List）保存一组值，可以用来当作数组使用，不过由于列表的元素可以是任何对象，因此列表中所保存的是对象的指针。这样为了保存一个简单的[1,2,3]，需要有 3 个指针和 3 个整数对象。对于数值运算来说这种结构显然比较浪费内存和 CPU 计算时间。此外，Python 还提供了一个 array 模块，array 对象和列表不同，它直接保存数值，和 C 语言的一维数组比较类似。但是由于它不支持多维，也没有各种运算函数，因此也不适合进行数值运算。

NumPy 的诞生弥补了这些不足，NumPy 提供了两种基本的对象：ndarray（N-dimensional Array Object）和 ufunc（Universal Function Object）。ndarray（下文统一称之为数组）是存储单一数据类型的多维数组，而 ufunc 则是能够对数组进行处理的函数。

10.2.1 ndarray 对象

示例程序假设用"import numpy as np"方式导入 NumPy 函数库。

这样，在 Python 交互操作界面，dir(np)能列出 NumPy 模块里定义的所有模块、变量和

函数等的名称（具体略）。要获得某个名称的详细帮助信息，可以用 help 命令，如：

```
>>> help(np.array)   # 就能获得 array 函数的详细帮助信息，包括使用例子等
```

后续模块的学习使用都应该**参照这里 dir()与 help()函数的使用方法**。

1. 创建

首先需要创建数组才能对其进行其他操作。可以通过给 array 函数传递 Python 的序列对象创建数组，如果传递的是多层嵌套的序列，将创建多维数组（下例中的变量 c）：

```
>>> a=np.array([1,2,3,4])
>>> b=np.array((5,6,7,8))
>>> c=np.array([[1,2,3,4],[4,5,6,7],[7,8,9,10]])
>>> b   # array([5,6,7,8])
>>> c
array([[1, 2, 3, 4],
       [4, 5, 6, 7],
       [7, 8, 9, 10]])
>>> c.dtype   # dtype('int32')
```

数组的大小可以通过其 shape 属性获得：

```
>>> a.shape   # (4,)
>>> c.shape   # (3,4)
```

数组 a 的 shape 只有一个元素，因此它是一维数组。而数组 c 的 shape 有两个元素，因此它是二维数组，其中第 0 轴（即第 1 维）的长度为 3（即 3 行），第 1 轴（即第 2 维）的长度为 4（即 4 例）。还可以通过修改数组的 shape 属性，在保持数组元素个数不变的情况下，改变数组每个轴的长度。下面的例子将数组 c 的 shape 改为(4,3)，注意从(3,4)改为(4,3)并不是对数组进行转置，只是改变每个轴的大小，数组元素在内存中的位置并没有改变：

```
>>> c.shape=4,3
>>> c
array([[ 1,  2,  3],
       [ 4,  4,  5],
       [ 6,  7,  7],
       [ 8,  9, 10]])
```

当某个轴的元素为-1 时，将根据数组元素的个数自动计算此轴的长度，因此下面的程序将数组 c 的 shape 改为了(2,6)：

```
>>> c.shape=2,-1
>>> c
array([[ 1,  2,  3,  4,  4,  5],
       [ 6,  7,  7,  8,  9, 10]])
```

使用数组的 reshape 方法，可以创建一个改变了尺寸的新数组，原数组的 shape 保持

不变：

```
>>> d=a.reshape((2,2))
>>> d
array([[1,  2],
       [3,  4]])
>>> a  # array([1,2,3,4])
```

数组 a 和 d 其实共享数据存储内存区域，因此修改其中任意一个数组的元素都会同时修改另外一个数组的内容：

```
>>> a[1]=100           # 将数组 a 的第一个元素改为 100
>>> d                  # 注意数组 d 中的 2 也被改变了
array([[  1,100],
       [  3,  4]])
```

数组的元素类型可以通过 dtype 属性获得。上面例子中的参数序列的元素都是整数，因此所创建的数组的元素类型也是整数，并且是 32 位的长整型。可以通过 dtype 参数在创建时指定元素类型：

```
>>> np.array([[1,2,3,4],[4,5,6,7],[7,8,9,10]],dtype=np.float)
array([[  1.,   2.,   3.,   4.],
       [  4.,   5.,   6.,   7.],
       [  7.,   8.,   9.,  10.]])
>>> np.array([[1,2,3,4],[4,5,6,7],[7,8,9,10]],dtype=np.complex)
array([[  1.+0.j,   2.+0.j,   3.+0.j,   4.+0.j],
       [  4.+0.j,   5.+0.j,   6.+0.j,   7.+0.j],
       [  7.+0.j,   8.+0.j,   9.+0.j,  10.+0.j]])
```

上面的例子都是先创建一个 Python 序列，然后通过 array 函数将其转换为数组，这样做显然效率不高。因此 NumPy 提供了很多专门用来创建数组的函数。下面的每个函数都有一些关键字参数，具体用法请查看函数说明。

arange 函数类似于 Python 的 range 函数，通过指定开始值、终值和步长来创建一维数组，注意数组不包括终值：

```
>>> np.arange(0,1,0.1)
array([ 0.  ,0.1,0.2,0.3,0.4,0.5,0.6,0.7,0.8,0.9])
```

linspace 函数通过指定开始值、终值和元素个数来创建一维数组，可以通过 endpoint 关键字指定是否包括终值，默认设置是包括终值的：

```
>>> np.linspace(0,1,12)
array([ 0.0        ,0.09090909,0.18181818,0.27272727,0.36363636,
        0.45454545,0.54545455,0.63636364,0.72727273,0.81818182,
        0.90909091,1.0        ])
```

logspace 函数和 linspace 类似，不过它创建等比数列，下面的例子产生 1(10^0) ~

100(10^2)、有20个元素的等比数列：

```
>>> np.logspace(0,2,20)
array([   1.0        ,   1.27427499,   1.62377674,   2.06913808,
          2.6366509 ,   3.35981829,   4.2813324 ,   5.45559478,
          6.95192796,   8.8586679 ,  11.28837892,  14.38449888,
         18.32980711,  23.35721469,  29.76351442,  37.92690191,
         48.32930239,  61.58482111,  78.47599704, 100.0       ])
```

此外，使用frombuffer，fromstring，fromfile等函数可以从字节序列创建数组，下面以fromstring为例：

```
>>> s="abcdefgh"
```

Python的字符串实际上是字节序列，每个字符占1字节，因此如果从字符串s创建一个8 bit的整数数组的话，所得到的数组正好就是字符串中每个字符的ASCII编码：

```
>>> np.fromstring(s,dtype=np.int8)
array([ 97,  98,  99,100,101,102,103,104],dtype=int8)
```

如果从字符串s创建16位的整数数组，那么两个相邻的字节就表示一个整数，把'b'（ASCII码值98）和'a'（ASCII值97）当作一个16位的整数，它的值就是98×256+97=25185。可以看出内存中是以little endian（低位字节在前）方式保存数据的。

```
>>> np.fromstring(s,dtype=np.int16)
array([25185,25699,26213,26727],dtype=int16)
>>> 98*256+97   # 25185
```

如果把整个字符串转换为一个64位的双精度浮点数数组，那么它的值：

```
>>> np.fromstring(s,dtype=np.float)
array([ 8.54088322e+194])
```

可以写一个Python的函数，将数组下标转换为数组中对应的值，然后使用此函数创建数组：

```
>>> def func(i):return i%4+1
>>> np.fromfunction(func,(10,))
array([ 1.,2.,3.,4.,1.,2.,3.,4.,1.,2.])
```

fromfunction函数的第一个参数为计算每个数组元素的函数，第二个参数为数组的大小（shape），因为它支持多维数组，所以第二个参数必须是一个序列，本例中用(10,)创建一个包含10个元素的一维数组。

下面的例子创建一个二维数组表示九九乘法表，输出的数组a中的每个元素a[i,j]都等于func2(i,j)：

```
>>> def func2(i,j):return (i+1)*(j+1)
>>> a=np.fromfunction(func2,(9,9))
>>> a
```

```
array([[  1.,  2.,  3.,  4.,  5.,  6.,  7.,  8.,  9.],
       [  2.,  4.,  6.,  8., 10., 12., 14., 16., 18.],
       [  3.,  6.,  9., 12., 15., 18., 21., 24., 27.],
       [  4.,  8., 12., 16., 20., 24., 28., 32., 36.],
       [  5., 10., 15., 20., 25., 30., 35., 40., 45.],
       [  6., 12., 18., 24., 30., 36., 42., 48., 54.],
       [  7., 14., 21., 28., 35., 42., 49., 56., 63.],
       [  8., 16., 24., 32., 40., 48., 56., 64., 72.],
       [  9., 18., 27., 36., 45., 54., 63., 72., 81.]])
```

2. 存取元素

数组元素的存取方法和 Python 的标准方法相同：

```
>>> a=np.arange(10)
>>> a[5]  # 5           # 用整数作为下标可以获取数组中的某个元素
>>> a[3:5]              # 用范围作为下标获取数组的一个切片,包括 a[3]但不包括 a[5]
array([3,4])
>>> a[:5]  # array([0,1,2,3,4]) # 省略开始下标,表示从 a[0]开始
>>> a[:-1]                       # 下标可以使用负数,表示从数组后往前数
array([0,1,2,3,4,5,6,7,8])
>>> a[2:4]=100,101      # 下标还可以用来修改元素的值
>>> a  # array([  0,1,100,101,4,5,6,7,8,9])
>>> a[1:-1:2]           # 范围中的第三个参数表示步长,2 表示隔一个元素取一个元素
array([  1,101,  5,  7])
>>> a[::-1]             # 省略范围的开始下标和结束下标,步长为-1,整个数组头尾颠倒
array([  9,  8,  7,  6,5,  4,101,100,  1,  0])
>>> a[5:1:-2]           # 步长为负数时,开始下标必须大于结束下标
array([  5,101])
```

和 Python 的列表序列不同，通过下标范围获取的新的数组是原始数组的一个视图。它与原始数组共享同一块数据空间：

```
>>> b=a[3:7]      # 通过下标范围产生一个新的数组 b,b 和 a 共享同一块数据空间
>>> b             # array([101,  4,  5,  6])
>>> b[2]=-10      # 将 b 的第 2 个元素修改为-10
>>> b             # array([101,  4,-10,  6])
>>> a             # array([0,1,100,101,4,-10,6,7,8,9]) # a 的第 5 个元素也被修改为-10
```

除了使用下标范围存取元素之外，NumPy 还提供了两种存取元素的高级方法。

3. 使用整数序列

当使用整数序列对数组元素进行存取时，将使用整数序列中的每个元素作为下标，整数序列可以是列表或者数组。使用整数序列作为下标获得的数组不和原始数组共享数据空间。

```
>>> x=np.arange(10,1,-1)
>>> x  # array([10,9,8,7,6,5,4,3,2])
```

```
>>> x[[3,3,1,8]]       # 获取 x 中下标为 3,3,1,8 的 4 个元素,组成一个新数组
array([7,7,9,2])
>>> b=x[np.array([3,3,-3,8])]  # 下标可以是负数
>>> b[2]=100
>>> b                          # array([7,7,100,2])
>>> x                          # 由于 b 和 x 不共享数据空间,因此 x 中的值并没有改变
array([10,9,8,7,6,5,4,3,2])
>>> x[[3,5,1]]=-1,-2,-3        # 整数序列下标也可以用来修改元素的值
>>> x                          # array([10,-3,  8,-1,  6,-2,  4,  3,  2])
```

4. 使用布尔数组

当使用布尔数组 b 作为下标存取数组 x 中的元素时，将收集数组 x 中所有在数组 b 中对应下标为 True 的元素。使用布尔数组作为下标获得的数组不和原始数组共享数据空间，注意这种方式只对应于布尔数组，不能使用布尔列表。

```
>>> x=np.arange(5,0,-1)
>>> x  # array([5,4,3,2,1])
>>> x[np.array([True,False,True,False,False])]  # array([5,3]) # 布尔数组中下标为 0、2 的元
                                                 # 素为 True,因此获取 x 中下标为 0、2 的元素
>>> x[[True,False,True,False,False]]
>>> # 如果是布尔列表,则把 True 当作 1,False 当作 0,按照整数序列方式获取 x 中的元素,如:
    # x[[1,0,1,0,0]],则得:array([4,5,4,5,5])
>>> x[np.array([True,False,True,True,False])]
array([5,3,2])
>>> x[np.array([True,False,True,True,False])]=-1,-2,-3
>>> # 布尔数组下标也可以用来修改元素
>>> x  # array([-1,  4,-2,-3,  1])
```

布尔数组一般不是手工产生，而是使用布尔运算的 ufunc 函数产生的，关于 ufunc 函数请参照“10.2.2　ufunc 运算”一节。

```
>>> x=np.random.rand(10) # 产生一个长度为 10,元素值为 0~1 的随机数的数组
>>> x
array([ 0.72223939,0.921226  ,0.7770805 ,0.2055047 ,0.17567449,
        0.95799412,0.12015178,0.7627083 ,0.43260184,0.91379859])
>>> x>0.5
>>> # 数组 x 中的每个元素和 0.5 进行大小比较,得到一个布尔数组,True 表示 x 中对应的值
    # 大于 0.5:
array([True,True,True,False,False,True,False,True,False,True],dtype=bool)
>>> x[x>0.5]
>>> # 使用 x>0.5 返回的布尔数组收集 x 中的元素,因此得到的结果是 x 中所有大于 0.5 的元素
    # 的数组:
array([0.72223939,0.921226,0.7770805,0.95799412,0.7627083,0.91379859])
```

5. 多维数组

多维数组的存取和一维数组类似，因为多维数组有多个轴，因此它的下标需要用多个值

来表示，NumPy 采用元组（Tuple）作为数组的下标。如图 10-1 所示，a 为一个 6×6 的数组，图中给出了各个下标以及其对应的选择区域。

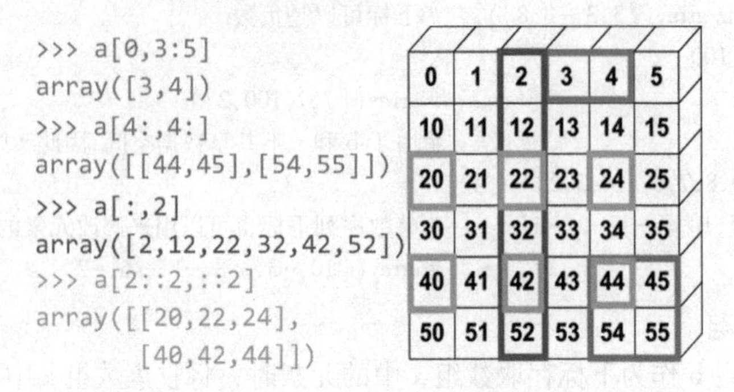

图 10-1　使用数组切片语法访问多维数组中的元素

元组不需要圆括号。虽然前面经常在 Python 中用圆括号将元组括起来，但是其实元组的语法定义只需要用逗号隔开即可，例如：x,y=y,x 就是用元组交换变量值的一个例子。

如何创建这个数组？读者也许会对如何创建 a 这样的数组感到好奇，数组 a 实际上是一个加法表，纵轴的值为 0,10,20,30,40,50；横轴的值为 0,1,2,3,4,5。纵轴的每个元素都和横轴的每个元素求和，就得到图中所示的数组 a。可以用下面的语句创建它。

```
>>> np.arange(0,60,10).reshape(-1,1)+np.arange(0,6)
array([[ 0,  1,  2,  3,  4,  5],
       [10, 11, 12, 13, 14, 15],
       [20, 21, 22, 23, 24, 25],
       [30, 31, 32, 33, 34, 35],
       [40, 41, 42, 43, 44, 45],
       [50, 51, 52, 53, 54, 55]])
```

多维数组同样也可以使用整数序列和布尔数组进行存取，如图 10-2 所示。

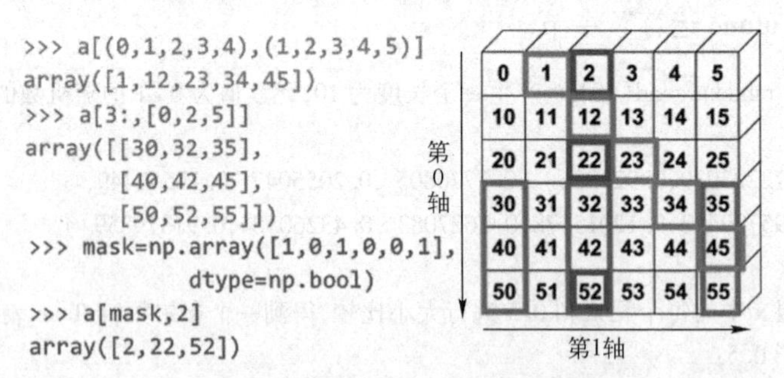

图 10-2　使用整数序列和布尔数组访问多维数组中的元素

a[(0,1,2,3,4),(1,2,3,4,5)]：用于存取数组的下标和仍然是一个有两个元素的组元，组元中的每个元素都是整数序列，分别对应数组的第 0 轴和第 1 轴。从两个序列的对应位置取出两个整数组成下标：a[0,1],a[1,2],...,a[4,5]。

a[3:,[0,2,5]]：下标中的第 0 轴是一个范围，它选取第 3 行之后的所有行；第 1 轴是整数序列，它选取第 0,2,5 三列。

a[mask,2]：下标的第 0 轴是一个布尔数组，它选取第 0，2，5 行；第 1 轴是一个整数，选取第 2 列。

10.2.2 ufunc 运算

ufunc 是一种能对数组的每个元素进行操作的函数。NumPy 内置的许多 ufunc 函数都是在 C 语言级别实现的，因此它们的计算速度非常快。

来看一个例子：

```
>>> x=np.linspace(0,2*np.pi,10)
# 对数组 x 中的每个元素进行正弦计算,返回一个同样大小的新数组
>>> y=np.sin(x)
>>> y
array([  0.00000000e+00,   6.42787610e-01,   9.84807753e-01,
         8.66025404e-01,   3.42020143e-01,  -3.42020143e-01,
        -8.66025404e-01,  -9.84807753e-01,  -6.42787610e-01,
        -2.44921271e-16])
```

先用 linspace 产生一个 0~2*PI 的等距离的 10 个数，然后将其传递给 sin 函数，由于 np.sin 是一个 ufunc 函数，因此它对 x 中的每个元素求正弦值，然后将结果返回并且赋值给 y。计算之后 x 中的值并没有改变，而是新创建了一个数组保存结果。如果希望将 sin 函数所计算的结果直接覆盖数组 x 的话，可以将要被覆盖的数组作为第二个参数传递给 ufunc 函数。例如：

```
>>> t=np.sin(x,x)
>>> x
array([  0.00000000e+00,   6.42787610e-01,   9.84807753e-01,
         8.66025404e-01,   3.42020143e-01,  -3.42020143e-01,
        -8.66025404e-01,  -9.84807753e-01,  -6.42787610e-01,
        -2.44921271e-16])
>>> id(t)==id(x)   # True
```

sin 函数的第二个参数也是 x，那么它所做的事情就是对 x 中的每个值求正弦值，并且把结果保存到 x 中的对应位置。此时函数的返回值仍然是整个计算的结果，只不过它就是 x，因此两个变量的 id 是相同的（变量 t 和变量 x 指向同一块内存区域）。

用下面这个小程序，比较一下 numpy.math 和 Python 标准库的 math.sin 的计算速度：

```
import time,math,numpy as np
x=[i*0.001 for i in xrange(1000000)]
start=time.clock()
for i,t in enumerate(x):x[i]=math.sin(t)
print("math.sin:",time.clock()-start) # math.sin:0.7796318693003
x=[i*0.001 for i in xrange(1000000)]
x=np.array(x)
start=time.clock()
```

```
np.sin(x,x)
print("numpy.sin:",time.clock()-start) # numpy.sin:0.07695225615118
```

在计算机上计算100万次正弦值，numpy.sin比math.sin快10倍多，这得益于.sin在C语言级别的循环计算。numpy.sin同样也支持对单个数值求正弦，例如：numpy.sin(0.5)。不过值得注意的是，对单个数的计算math.sin则比numpy.sin快得多，看下面这个测试程序：

```
x=[i*0.001 for i in xrange(1000000)]
start=time.clock()
for i,t in enumerate(x):x[i]=np.sin(t)
print("numpy.sin loop:",time.clock()-start)   # 输出:numpy.sin loop:3.598913162175055
```

请注意numpy.sin的计算速度只有math.sin的1/5。这是因为numpy.sin为了同时支持数组和单个值的计算，其C语言的内部实现要比math.sin复杂很多，如果同样在Python级别进行循环的话，就会看出其中的差别了。此外，numpy.sin返回的数类型和math.sin返回的数类型有所不同，math.sin返回的是Python的标准float类型，而numpy.sin则返回一个numpy.float64类型：

```
>>> type(math.sin(0.5))        # <type 'float'>
>>> type(np.sin(0.5))          # <type 'numpy.float64'>
```

通过上面的例子了解了如何最有效地使用math库和numpy库中的数学函数。因为它们各有长短，因此在导入时不建议使用*号全部载入，而是应该使用import numpy as np的方式载入，这样用户可以根据需要选择合适的函数。

NumPy中有众多的ufunc函数为用户提供各式各样的计算。除了sin这种单输入函数之外，还有许多多个输入函数，add函数就是一个最常用的例子。

```
>>> a=np.arange(0,4)
>>> a                     # array([0,1,2,3])
>>> b=np.arange(1,5)
>>> b                     # array([1,2,3,4])
>>> np.add(a,b)           # array([1,3,5,7])
>>> np.add(a,b,a)         # array([1,3,5,7])
>>> a                     # array([1,3,5,7])
```

add函数返回一个新的数组，此数组的每个元素都为两个参数数组的对应元素之和。它接受第3个参数指定计算结果所要写入的数组，如果指定的话，add函数就不再产生新的数组。

10.2.3 矩阵运算

NumPy和Matlab不一样，对于多维数组的运算，默认情况下并不使用矩阵运算，如果希望对数组进行矩阵运算的话，可以调用相应的函数。

（1）**matrix对象**

NumPy库提供了matrix类，使用matrix类创建的是矩阵对象，它们的加减乘除运算默认采用矩阵方式计算，因此用法和Matlab十分类似。但是由于NumPy中同时存在ndarray和

matrix 对象，因此用户很容易将两者弄混。这有违 Python 的“显式优于隐式”的原则，因此并不推荐在较复杂的程序中使用 matrix。下面是使用 matrix 的一个例子：

```
>>> a=np.matrix([[1,2,3],[5,5,6],[7,9,9]])
>>> a*a**-1
matrix([[  1.00000000e+00,   1.66533454e-16,  -8.32667268e-17],
        [ -2.77555756e-16,   1.00000000e+00,  -2.77555756e-17],
        [  1.66533454e-16,   5.55111512e-17,   1.00000000e+00]])
```

因为 a 是用 matrix 创建的矩阵对象，因此乘法和幂运算符都变成了矩阵运算，于是上面计算的是矩阵 a 和其逆矩阵的乘积，结果是一个单位矩阵。

矩阵的乘积可以使用 dot 函数进行计算。对于二维数组，它计算的是矩阵乘积，对于一维数组，它计算的是其点积（或内积，即两个一维数组对应元素的乘积之和）。当需要将一维数组当作列矢量或者行矢量进行矩阵运算时，推荐先使用 reshape 函数将一维数组转换为二维数组：

```
>>> a=array([1,2,3])
>>> a.reshape((-1,1))
array([[1],
       [2],
       [3]])
>>> a.reshape((1,-1))   # array([[1,2,3]])
```

除了 dot 计算乘积之外，NumPy 还提供了 inner 和 outer 等多种计算乘积的函数。这些函数计算乘积的方式不同，尤其是对于多维数组，更容易混淆。

（2）**dot**

对于两个一维数组，计算的是这两个数组对应下标元素的乘积和（数学上称之为内积）；对于二维数组，计算的是两个数组的矩阵乘积；对于多维数组，它的通用计算公式：即结果数组中的每个元素都是数组 a 的最后一维上的所有元素与数组 b 的倒数第二位上的所有元素的乘积和：

```
dot(a,b)[i,j,k,m]=sum(a[i,j,:]*b[k,:,m])
```

下面以两个三维数组的乘积演示一下 dot 乘积的计算结果。

首先创建两个三维数组，这两个数组的最后两维满足矩阵乘积的条件：

```
>>> a=np.arange(12).reshape(2,3,2)
>>> b=np.arange(12,24).reshape(2,2,3)
>>> c=np.dot(a,b)
```

dot 乘积的结果 c 可以看作是数组 a，b 的多个子矩阵的乘积：

```
>>> np.alltrue( c[0,:,0,:]==np.dot(a[0],b[0]) )   # True
>>> np.alltrue( c[1,:,0,:]==np.dot(a[1],b[0]) )   # True
>>> np.alltrue( c[0,:,1,:]==np.dot(a[0],b[1]) )   # True
>>> np.alltrue( c[1,:,1,:]==np.dot(a[1],b[1]) )   # True
```

(3) **inner**

和 dot 乘积一样，对于两个一维数组，计算的是这两个数组对应下标元素的乘积和；对于多维数组，它计算的结果数组中的每个元素都是数组 a 和 b 的最后一维的内积，因此数组 a 和 b 的最后一维的长度必须相同：

```
inner(a,b)[i,j,k,m]=sum(a[i,j,:]*b[k,m,:])
```

下面是 inner 乘积的演示：

```
>>> a=np.arange(12).reshape(2,3,2)
>>> b=np.arange(12,24).reshape(2,3,2)
>>> c=np.inner(a,b)
>>> c.shape   # (2,3,2,3)
>>> c[0,0,0,0]==np.inner(a[0,0],b[0,0])   # True
>>> c[0,1,1,0]==np.inner(a[0,1],b[1,0])   # True
>>> c[1,2,1,2]==np.inner(a[1,2],b[1,2])   # True
```

(4) **outer**

只按照一维数组进行计算，如果传入的参数是多维数组，则先将此数组展平为一维数组之后再进行运算。outer 乘积计算的列向量和行向量的矩阵乘积：

```
>>> np.outer([1,2,3],[4,5,6,7])
array([[ 4,  5,  6,  7],
       [ 8, 10, 12, 14],
       [12, 15, 18, 21]])
```

矩阵中更高级的一些运算可以在 NumPy 的线性代数子库 linalg 中找到。例如 inv 函数可计算逆矩阵，solve 函数可以求解多元一次方程组。下面是 solve 函数的一个例子：

```
>>> a=np.random.rand(10,10)
>>> b=np.random.rand(10)
>>> x=np.linalg.solve(a,b)
>>> np.sum(np.abs(np.dot(a,x)-b))   # 1.9428902930940239e-15
```

solve 函数有两个参数 a 和 b。a 是一个 N×N 的二维数组，而 b 是一个长度为 N 的一维数组，solve 函数找到一个长度为 N 的一维数组 x，使得 a 和 x 的矩阵乘积正好等于 b，数组 x 就是多元一次方程组的解。

10.2.4 文件存取

NumPy 提供了多种文件操作函数方便存取数组内容。**文件存取的格式分为两类：二进制格式和文本格式**。而二进制格式的文件又分为 NumPy 专用的格式化二进制类型和无格式类型。

使用数组的方法函数 tofile 可以方便地将数组中数据以二进制的格式写进文件。tofile 输出的数据没有格式，因此用 numpy.fromfile 读取时需要自己格式化数据：

```
>>> a=np.arange(0,12)
```

```
>>> a.shape=3,4
>>> a
array([[ 0,  1,  2,  3],
       [ 4,  5,  6,  7],
       [ 8,  9, 10, 11]])
>>> a.tofile("a.bin")
>>> b=np.fromfile("a.bin",dtype=np.float)   # 按照 float 类型读入数据
>>> b                                        # 读入的数据是错误的
array([  2.12199579e-314,   6.36598737e-314,   1.06099790e-313,
         1.48539705e-313,   1.90979621e-313,   2.33419537e-313])
>>> a.dtype                                  # dtype('int32') # 查看 a 的 dtype
>>> b=np.fromfile("a.bin",dtype=np.int32)   # 按照 int32 类型读入数据
>>> b                                        # 数据是一维的
array([ 0,  1,  2,  3,  4,  5,  6,  7,  8,  9,10,11])
>>> b.shape=3,4                              # 按照 a 的 shape 修改 b 的 shape
>>> b                                        # 这次终于正确了
array([[ 0,  1,  2,  3],
       [ 4,  5,  6,  7],
       [ 8,  9, 10, 11]])
```

从上面的例子可以看出，需要在读入时设置正确的 dtype 和 shape 才能保证数据一致。并且 tofile 函数不管数组的排列顺序是 C 语言格式的还是 Fortran 语言格式，都统一使用 C 语言格式输出。此外，如果 fromfile 和 tofile 函数调用时指定了 sep 关键字参数，则数组将以文本格式进行输入/输出。

numpy.load 和 numpy.save 函数以 NumPy 专用的二进制类型保存数据，这两个函数会自动处理元素类型和 shape 等信息，使用它们读写数组就方便多了，但是 numpy.save 输出的文件很难被其他语言编写的程序读入：

```
>>> np.save("a.npy",a)
>>> c=np.load("a.npy")
>>> c
array([[ 0,  1,  2,  3],
       [ 4,  5,  6,  7],
       [ 8,  9, 10, 11]])
```

如果要将多个数组保存到一个文件中，则可以使用 numpy.savez 函数。savez 函数的第一个参数是文件名，其后的参数都是需要保存的数组，也可以使用关键字参数为数组命名，非关键字参数传递的数组会自动命名为 arr_0，arr_1，…。savez 函数输出的是一个压缩文件（扩展名为 npz），其中每个文件都是一个 save 函数保存的 npy 文件，文件名对应数组名。load 函数自动识别 npz 文件，并且返回一个类似字典的对象，可以通过数组名作为关键字获取数组的内容：

```
>>> a=np.array([[1,2,3],[4,5,6]])
>>> b=np.arange(0,1.0,0.1)
```

```
>>> c=np.sin(b)
>>> np.savez("result.npz",a,b,sin_array=c)
>>> r=np.load("result.npz")
>>> r["arr_0"]                # 数组 a
array([[1, 2, 3],
       [4, 5, 6]])
>>> r["arr_1"]                # 数组 b
array([ 0. ,0.1,0.2,0.3,0.4,0.5,0.6,0.7,0.8,0.9])
>>> r["sin_array"]            # 数组 c
array([ 0.         ,0.09983342,0.19866933,0.29552021,0.38941834,
        0.47942554,0.56464247,0.64421769,0.71735609,0.78332691])
```

如果用解压软件打开 result.npz 文件，则会发现其中有 3 个文件：arr_0.npy，arr_1.npy，sin_array.npy，其中分别保存着数组 a，b，c 的内容。

使用 numpy.savetxt 和 numpy.loadtxt 可以读写一维和二维数组：

```
>>> a=np.arange(0,12,0.5).reshape(4,-1)
>>> np.savetxt("a.txt",a) # 默认按照'%.18e'格式保存数据,以空格分隔
>>> np.loadtxt("a.txt")
array([[  0. ,   0.5,   1. ,   1.5,   2. ,   2.5],
       [  3. ,   3.5,   4. ,   4.5,   5. ,   5.5],
       [  6. ,   6.5,   7. ,   7.5,   8. ,   8.5],
       [  9. ,   9.5,  10. ,  10.5,  11. ,  11.5]])
>>> np.savetxt("a.txt",a,fmt="%d",delimiter=",")    # 保存为整数以逗号分隔
>>> np.loadtxt("a.txt",delimiter=",")               # 读入的时候也需要指定逗号分隔
array([[  0.,   0.,   1.,   1.,   2.,   2.],
       [  3.,   3.,   4.,   4.,   5.,   5.],
       [  6.,   6.,   7.,   7.,   8.,   8.],
       [  9.,   9.,  10.,  10.,  11.,  11.]])
```

前面所举的例子都是传递的文件名，也可以传递已经打开的文件对象，例如对于 load 和 save 函数来说，如果使用文件对象，则可以将多个数组保存到一个 npy 文件中：

```
>>> a=np.arange(8)
>>> b=np.add.accumulate(a)
>>> c=a+b
>>> f=file("result.npy","wb")
>>> np.save(f,a)                  # 顺序将 a,b,c 保存进文件对象 f
>>> np.save(f,b);np.save(f,c)
>>> f.close()
>>> f=file("result.npy","rb")
>>> np.load(f)                    # 顺序从文件对象 f 中读取内容
array([0,1,2,3,4,5,6,7])
>>> np.load(f)                    # array([ 0,  1,  3,  6,10,15,21,28])
>>> np.load(f)                    # array([ 0,  2,  5,  9,14,20,27,35])
```

10.3 SciPy 基本应用

SciPy 函数库在 NumPy 库的基础上增加了众多的数学、科学以及工程计算中常用的库函数，例如线性代数、常微分方程数值求解、信号处理、图像处理、稀疏矩阵等。

10.3.1 常数与特殊函数

1. SciPy 常数

SciPy 有 scipy. constants 常数模块，其中的常数如下：

```
>>> from scipy import constants as C
>>> C.pi             # 3.141592653589793       # π值
>>> C.golden         # 1.618033988749895       # 黄金比例
>>> C.c              # 299792458.0             # 真空中的光速
>>> C.h              # 6.62606957e-34          # 普朗克常数
```

在字典 physical_constants 中，以物理常量名为键，对应的值是一个含有 3 个元素的元组，分别为常数值、单位及误差。例如下面的程序可以查看电子质量：

```
>>> C.physical_constants["electron mass"]
(9.1093825999999998e-31,'kg',1.5999999999999999e-37)
>>> C.mile # 1609.3439999999998          # 1 英里等于多少米
>>> C.inch                               # 0.0254   # 1 英寸等于多少米
>>> C.gram                               # 0.001    # 1 克等于多少千克
>>> C.pound                              # 0.45359236999999997 # 1 磅等于多少千克
```

2. SciPy 特殊函数

scipy. special 是特殊函数模块。special 模块是一个非常完整的函数库，其中包含了基本数学函数、特殊数学函数以及 NumPy 中出现的所有函数。常用特殊函数如下。

（1）gamma（伽码）函数

gamma 函数是阶乘函数在实数和复数范围上的扩展。伽玛函数值计算：

```
>>> import scipy.special as S
>>> S.gamma(0.5)    # 1.772453850905159
>>> S.gamma(1+1j) # gamma 函数支持复数
(0.49801566811835629-0.15494982836181106j)
>>> S.gamma(1000) # inf # inf 是无穷大
```

（2）gammaln(x)函数

S. gammaln(x)计算 ln(|gamma(x)|)的值，它使用特殊的算法，直接计算 gamma 函数的对数值，因此可以表示更大的范围。

```
>>> S.gammaln(1000)    # 5905.2204232091817
```

（3）log1p(x)

log1p(x)计算 log(1+x)的值，当 x 非常小时，log1p(x)≈x。当使用 log1p()时，则可以很精确地计算。

```
>>> S. log1p(1e-20)  # 9.9999999999999995e-21
```

10.3.2 SciPy 简单应用

1. 最小二乘拟合

假设有一组实验数据（x[i],y[i]），其函数关系为 y=f(x)，通过这些已知信息，需要确定函数中的一些参数项。例如，如果 f 是一个线型函数 f(x)= k * x+b，那么参数 k 和 b 就是需要确定的值。如果将这些参数用 p 表示，则要找到一组 p 值使得如下公式中的 S 函数最小：

$$S(p) = \sum_{i=1}^{m} [y_i - f(x_i, p)]^2$$

这种算法称之为最小二乘拟合（Least-square fitting）。

SciPy 中的子函数库 optimize 已经提供了实现最小二乘拟合算法的函数 leastsq。

【例 10-1】用 leastsq 进行数据拟合示例。

```
import numpy as np,pylab as pl
from scipy. optimize import leastsq
def func(x,p): # 数据拟合所用的函数:A * sin(2 * pi * k * x+ theta)
    A,k,theta=p
    return A * np. sin(2 * np. pi * k * x+theta)
def residuals(p,y,x):
    """ 实验数据 x,y 和拟合函数之间的差,p 为拟合需要找到的系数 """
    return y -func(x,p)
x=np. linspace(0,-2 * np. pi,100)
A,k,theta=10,0. 34,np. pi/6                   # 真实数据的函数参数
y0=func(x,[A,k,theta])                        # 真实数据
y1=y0+ 2 * np. random. randn(len(x))          # 加入噪声之后的实验数据
p0=[7,0. 2,0]                                 # 第一次猜测的函数拟合参数
# 调用 leastsq 进行数据拟合,residuals 为计算误差的函数,p0 为拟合参数的初始值,args 为需要
# 拟合的实验数据
plsq=leastsq(residuals,p0,args=(y1,x))
print(u"真实参数:",[A,k,theta])
print(u"拟合参数",plsq[0])                     # 实验数据拟合后的参数
pl. plot(x,y0,label=u"真实数据")
pl. plot(x,y1,label=u"带噪声的实验数据")
pl. plot(x,func(x,plsq[0]),label=u"拟合数据")
pl. legend();pl. show()
```

这个例子中要拟合的函数是一个正弦波函数，它有 3 个参数 A、k、theta，分别对应振幅、频率、相角。假设实验数据是一组包含噪声的数据 x、y1，其中 y1 是在真实数据 y0 的

基础上加入噪声得到的。

通过 leastsq 函数对带噪声的实验数据 x、y1 进行数据拟合，可以找到 x 和真实数据 y0 之间的正弦关系的 3 个参数：A、k、theta。下面是程序的输出结果：

```
>>> 真实参数：[10,0.34000000000000002,0.52359877559829882]
>>> 拟合参数 [-9.84152775  0.33829767 -2.68899335]
```

此时拟合参数虽然和真实参数完全不同，但是由于正弦函数具有周期性，实际上拟合参数得到的函数和真实参数对应的函数是一致的。拟合效果如图 10-3 所示。

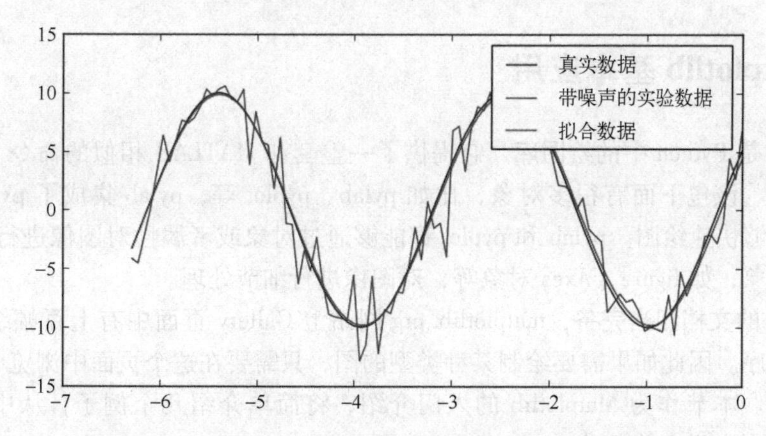

图 10-3　调用 leastsq 函数对噪声正弦波数据进行曲线拟合

2. 非线性方程组求解

optimize 库中的 fsolve 函数可以用来对非线性方程组进行求解。它的基本调用形式：fsolve(func,x0)。func(x)是计算方程组误差的函数，它的参数 x 是一个矢量，表示方程组的各个未知数的一组可能解，func 返回将 x 代入方程组之后得到的误差；x0 为未知数矢量的初始值。如果要对如下方程组进行求解的话：

f1(u1,u2,u3)=0;f2(u1,u2,u3)=0;f3(u1,u2,u3)=0

那么 func 可以如下定义：

```
def func(x):
    u1,u2,u3=x
    return [f1(u1,u2,u3),f2(u1,u2,u3),f3(u1,u2,u3)]
```

【例 10-2】 非线性方程组求解示例，求解如下方程组的解：

$$\begin{cases}5*x1+3=0\\4*x0*x0-2*\sin(x1*x2)=0\\x1*x2-1.5=0\end{cases}$$

程序如下：

```
from scipy.optimize import fsolve
from math import sin,cos
def f(x):
```

```
    x0=float(x[0]);x1=float(x[1]);x2=float(x[2])
    return [ 5*x1+3,4*x0*x0 - 2*sin(x1*x2),x1*x2 - 1.5 ]
result=fsolve(f,[1,1,1])
print(result)          # [-0.70622057, -0.6, -2.5 ]
print(f(result))       # [0.0,-9.126033262418787e-14,5.329070518200751e-15]
```

由于 fsolve 函数在调用函数 f 时，传递的参数为数组，因此如果直接使用数组中的元素计算的话，计算速度将会有所降低，因此这里先用 float 函数将数组中的元素转换为 Python 中的标准浮点数，然后调用标准 math 库中的函数进行运算。

10.4 Matplotlib 基本应用

Matplotlib 是 Python 中的绘图库，它提供了一整套和 MATLAB 相似的命令 API，十分适合交互式绘图。该包下面有很多对象，比如 pylab、pyplot 等，pylab 集成了 pyplot 和 numpy 两个模块，能够快速绘图。pylab 和 pyplot 都能够通过对象或者属性对图像进行操作。pyplot 下也有很多对象，如 figure、Axes 对象等，对图像进行细节处理。

Matplotlib 的文档相当完备，matplotlib.org 网站上 Gallery 页面中有上百幅缩略图，打开之后都有源程序。因此如果需要绘制某种类型的图，只需要在这个页面中浏览/复制/粘贴基本上都能搞定。本节作为 Matplotlib 的入门介绍，将简单介绍几个例子，从中理解和学习 Matplotlib 绘图的一些基本概念。

10.4.1 绘制散点图与曲线图

Matplotlib.pyplot 包中包含了简单绘图功能，使用 show 函数显示绘制的图形。

【例 10-3】调用 pyplot.scatter 函数画散点图。

```
import numpy as np,matplotlib.pyplot as plt
x=np.arange(0,20,2);y=np.linspace(0,20,10)
plt.figure();plt.scatter(x,y,c='r',marker='*')
plt.xlabel('X');plt.ylabel('Y')
plt.title('$ X*Y $')
plt.show()  # 说明:plt.scatter 函数也可以画不同大小点的散点图
又如:n=1024;X=np.random.normal(0,1,n);Y=np.random.normal(0,1,n)
plt.scatter(X,Y);plt.show()  # 绘制结果如图 10-4 所示
```

【例 10-4】通过 plot 函数画多种曲线（见图 10-5）。

```
import numpy as np;import matplotlib.pyplot as plt
a=plt.subplot(1,1,1)
x=np.arange(0.,3.,0.1)
# 这里 b 表示 blue,g 表示 green,r 表示 red,-表示连接线,--表示虚线链接
a1=a.plot(x,x,'bx-',label='line 1')
a2=a.plot(x,x**2,'g^-',label='line2')
a3=a.plot(x,x**3,'gv-',label='line3')
```

```
a4=a.plot(x,3*x,'ro-',label='line4')
a5=a.plot(x,2*x,'r*-',label='line5')
a6=a.plot(x,2*x+1,'ro--',label='line6')
plt.title("My matplotlib learning") # 标记图的题目、x 和 y 轴
plt.xlabel("X");plt.ylabel("Y")
handles,labels=a.get_legend_handles_labels()# 显示图例
a.legend(handles[::-1],labels[::-1])
plt.show()
```

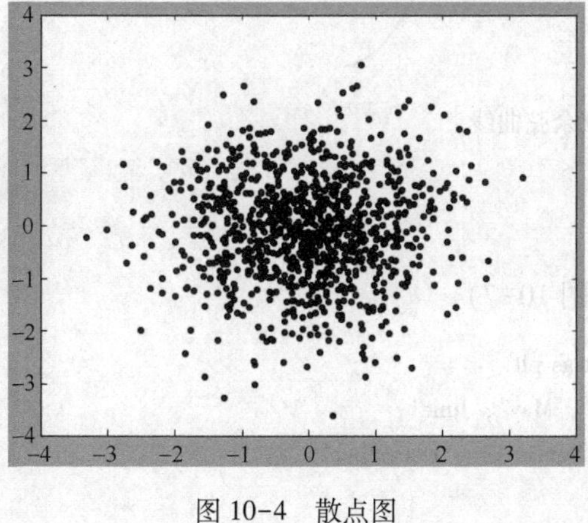

图 10-4　散点图

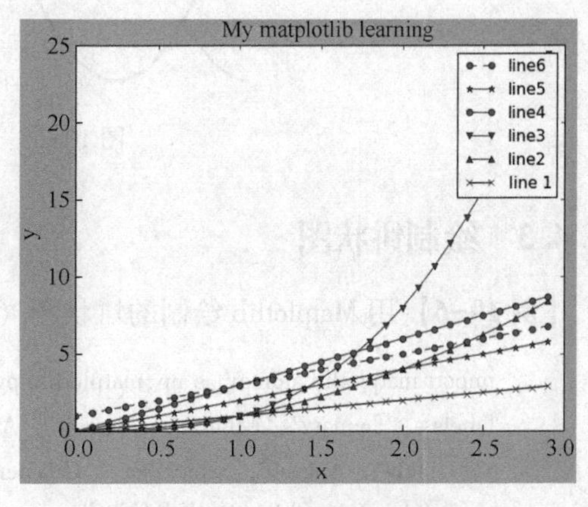

图 10-5　6 条曲线图

10.4.2　绘制正弦余弦曲线

【例 10-5】用 Matplotlib 绘制的正弦余弦曲线（见图 10-6）。

```
import numpy as np,matplotlib,matplotlib.pyplot as plt
X=np.linspace(-np.pi,+np.pi,256);Y=np.sin(X);Y2=np.cos(X)
fig=plt.figure(figsize=(8,6),dpi=72,facecolor="white")
axes=plt.subplot(111)
axes.plot(X,Y,color='blue',linewidth=2,linestyle="-")
axes.set_xlim(X.min(),X.max())
axes.set_ylim(1.01*Y.min(),1.01*Y.max())
axes.plot(X,Y2,color='red',linewidth=2,linestyle="-")
axes.set_xlim(X.min(),X.max())
axes.set_ylim(1.01*Y2.min(),1.01*Y2.max())
axes.spines['right'].set_color('none')
axes.spines['top'].set_color('none')
axes.xaxis.set_ticks_position('bottom')
axes.spines['bottom'].set_position(('data',0))
axes.yaxis.set_ticks_position('left')
axes.spines['left'].set_position(('data',0))
plt.show()
```

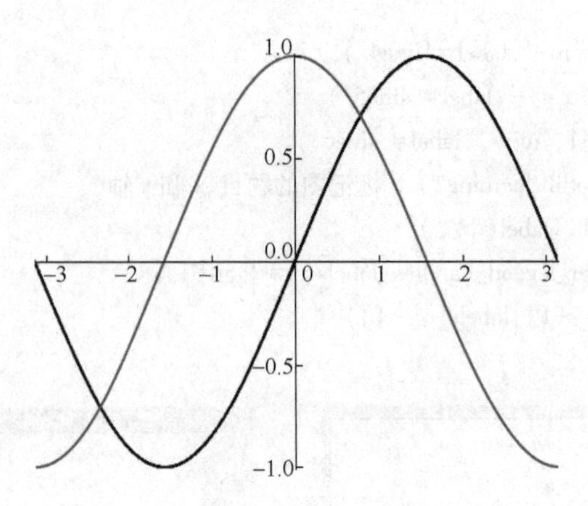

图 10-6　正弦余弦曲线

10.4.3　绘制饼状图

【**例 10-6**】用 Matplotlib 绘制的饼状图（见图 10-7）。

```
import matplotlib,numpy as np,matplotlib. pyplot as plt
labels=['January','Feburary','March','April','May','June',
    'July','August','September','October','November','December']
n=len(labels)   # labels 代表的数据
data=np. random. uniform(0,1,n)
# 图形方块和背景颜色与轴颜色一样为白色
fig=plt. figure(figsize=(8,6),facecolor='white')
axes=plt. subplot(111,polar=True,axisbelow=True)          # 做一个新极坐标轴
T=np. arange(np. pi/n,2 * np. pi,2 * np. pi/n)            # 标签在外面
R=np. ones(n) * 10;width=2 * np. pi/n                     # 如下为背景相关设置
bars=axes. bar(T,R,width=width,bottom=9,linewidth=2,facecolor='0. 9',edgecolor='1. 00')
for i in range(T. size):                                  # 设置标签
    theta=T[n-1-i]+np. pi/n+ np. pi/2
plt. text(theta,9. 5,labels[i],rotation=180 * theta/np. pi-90,family='Helvetica Neue',size=7,hori-
zontalalignment="center",verticalalignment="center")
R=1+ data * 6                                             # 数据
bars=axes. bar(T,R,width=width,bottom=2,
            linewidth=1,facecolor='0. 75',edgecolor='1. 00')
for i,bar in enumerate(bars):bar. set_facecolor(plt. cm. hot(R[i]/10))
plt. text(1 * np. pi/2,0. 05,"2017",size=16,family='Helvetica Neue Light',horizontalalignment="
center",verticalalignment="bottom")                       # 中心文本
plt. text(3 * np. pi/2,0. 05,"some levels",color="0. 50",size=8,family=
'HelveticaNeue Light',horizontalalignment="center",verticalalignment="top")
# 设置记号、刻度标记和网格等
plt. ylim(0,10);plt. xticks(T);plt. yticks(np. arange(2,9))
axes. grid(which='major',axis='y',linestyle='-',color='0. 75')
axes. grid(which='major',axis='x',linestyle='-',color='1. 00')
```

```
for theta in T:axes.plot([theta,theta],[4,9],color='w',zorder=2,lw=1)
axes.set_xticklabels([]);axes.set_yticklabels([])
plt.show()
```

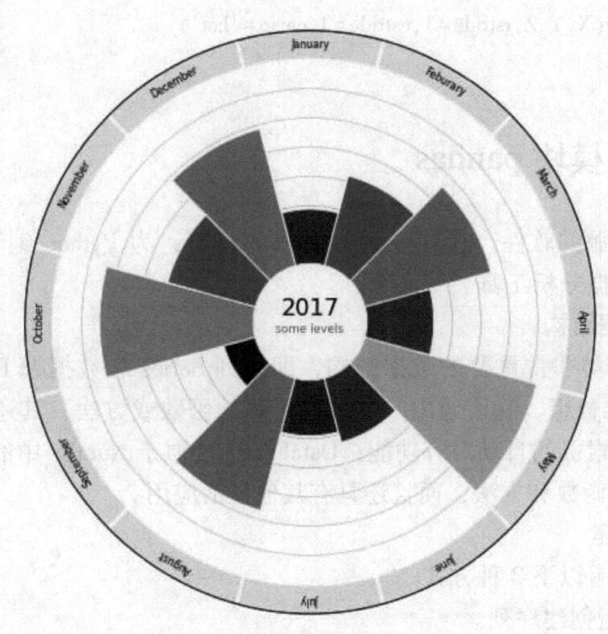

图 10-7　饼状图

10.4.4　绘制三维图形

【例 10-7】用 pyplot 绘制的三维图形（见图 10-8）。

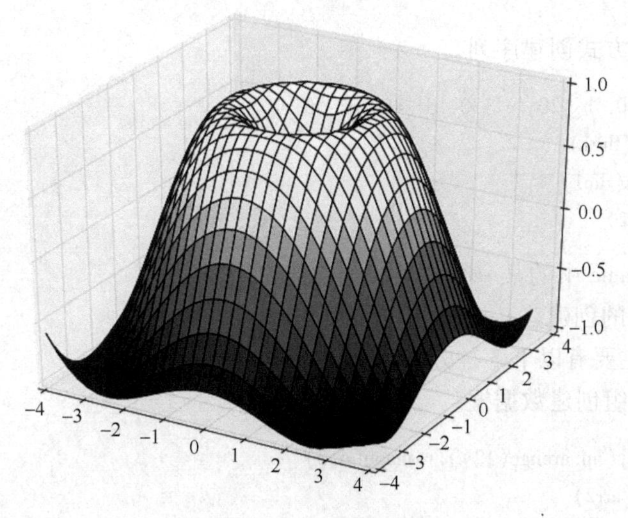

图 10-8　三维图形

```
import numpy as np,matplotlib.pyplot as plt
from mpl_toolkits.mplot3d import Axes3D
fig=plt.figure();ax=Axes3D(fig)
```

```
X=np.arange(-4,4,0.25);Y=np.arange(-4,4,0.25)
X,Y=np.meshgrid(X,Y)
R=np.sqrt(X**2+Y**2);Z=np.sin(R)
ax.plot_surface(X,Y,Z,rstride=1,cstride=1,cmap='hot')
plt.show()
```

10.5 数据分析模块 pandas

pandas 是一个开源的软件，它具有 BSD 的开源许可，为 Python 编程语言提供高性能、易用的数据结构和数据分析工具。

1. pandas 的数据结构

在 pandas 中有两类非常重要的数据结构，即序列 Series 和数据框 DataFrame。Series 类似于 NumPy 中的一维数组，除了通用一维数组可用的函数或方法，其还可通过索引标签的方式获取数据，具有索引的自动对齐功能；DataFrame 类似于 NumPy 中的二维数组，同样可以通用 numpy 数组的函数和方法，而且还具有其他灵活应用。

（1）Series 的创建

序列的创建主要有以下 3 种方式。

1）通过一维数组创建序列。

```
import numpy as np,pandas as pd
arr1=np.arange(10)
arr1   # type(arr1)
s1=pd.Series(arr1)
s1    # type(s1)
```

2）通过字典的方式创建序列。

```
dic1={'a':10,'b':20,'c':30,'d':40,'e':50}
dic1   # type(dic1)
s2=pd.Series(dic1)
s2   # type(s2)
```

3）通过 DataFrame 中的某一行或某一列创建序列。

（2）DataFrame 的创建

数据框的创建主要有以下 3 种方式。

1）通过二维数组创建数据框。

```
arr2=np.array(np.arange(12)).reshape(4,3)
arr2   # type(arr2)
df1=pd.DataFrame(arr2)
df1   # type(df1)
```

2）通过字典方式创建数据框。

以下用两种字典方式来创建数据框，一个是列表式字典，一个是嵌套字典。

```
dic2={'a':[1,2,3,4],'b':[5,6,7,8],'c':[9,10,11,12],'d':[13,14,15,16]} #列表式字典
dic2  # type(dic2)
df2=pd.DataFrame(dic2)
df2  # type(df2)
dic3={'one':{'a':1,'b':2,'c':3,'d':4},'two':{'a':5,'b':6,'c':7,'d':8},'three':{'a':9,'b':10,'c':11,'d':12}}   #嵌套字典
dic3  # type(dic3)
df3=pd.DataFrame(dic3)
df3  # type(df3)
```

3）通过数据框的方式创建数据框。

```
df4=df3[['one','three']]
df4  # type(df4)
s3=df3['one']
s3  # type(s3)
```

2. 数据索引 index

不论是序列也好，还是数据框也好，对象的最左边总有一个非原始数据对象，即索引。

一般来说序列或数据框的索引有两大用处，一个是通过索引值或索引标签获取目标数据，另一个是通过索引可以使序列或数据框的计算、操作实现自动化对齐。

（1）通过索引值或索引标签获取数据

```
s4=pd.Series(np.array([1,1,2,3,5,8]))
```

如果不为序列指定一个索引值，则序列自动生成一个从0开始的自增索引。用户可以通过 index 查看序列的索引：

```
s4.index
```

现在为序列设定一个自定义的索引值：

```
s4.index=['a','b','c','d','e','f']
```

序列有了索引，就可以通过索引值或索引标签进行数据的获取：

```
s4[3];s4['e'];s4[[1,3,5]];s4[['a','b','d','f']];s4[:4];s4['c':];
s4['b':'e'];
```

注意：如果通过索引标签获取数据，则末端标签所对应的值是可以返回的。在一维数组中，无法通过索引标签获取数据，这也是序列不同于一维数组的一个方面。

（2）自动化对齐

如果有两个序列，需要对这两个序列进行算术运算，这时索引的存在就体现了它的价值——自动化对齐。

```
s5=pd.Series(np.array([10,15,20,30,55,80]),index=['a','b','c','d','e','f']);s5;
s6=pd.Series(np.array([12,11,13,15,14,16]),index=['a','c','g','b','d','f']);s6;s5+ s6;
s5/s6
```

由于 s5 中没有对应的 g 索引，s6 中没有对应的 e 索引，所以数据的运算会产生两个缺失值 NaN。注意，这里的算术结果就实现了两个序列索引的自动对齐，而非简单地将两个序列加总或相除。对于数据框的对齐，不仅仅是行索引的自动对齐，同时也会自动对齐列索引（变量名）。

数据框中同样有索引，而且数据框是二维数组的推广，所以其不仅有行索引，而且还存在列索引，关于数据框中的索引相比于序列的应用要强大得多。

3. 利用 pandas 查询数据

通过布尔索引可以有针对地选取原数据的子集、指定行、指定列等。下面先导入一个 student 数据集：

```
student=pd.io.parsers.read_csv('C:\\Users\\admin\\Desktop\\student.csv')
```

查询数据的前 5 行或末尾 5 行：student.head();student.tail()

查询指定的行：student.ix[[0,2,4,5,7]] # 这里的 ix 索引标签函数必须是中括号 []

查询指定的列：student[['Name','Height','Weight']].head() # 如果多个列的话，必须使用双重中括号。

也可以通过 ix 索引标签查询指定的列：

```
student.ix[:,['Name','Height','Weight']].head()
```

查询指定的行和列：student.ix[[0,2,4,5,7],['Name','Height','Weight']].head()

以上是从行或列的角度查询数据的子集，现在来看看如何通过布尔索引实现数据的子集查询。

查询所有女生的信息：student[student['Sex']=='F']

查询所有 12 岁以上的女生信息：student[(student['Sex']=='F') & (student['Age']>12)]

查询所有 12 岁以上的女生姓名、身高和体重：

```
student[(student['Sex']=='F') & (student['Age']>12)][['Name','Height','Weight']]
```

上面的查询逻辑其实非常的简单，需要注意的是，如果是多个条件的查询，必须在 &（且）或者 |（或）的两端条件用括号括起来。

4. 统计分析

pandas 模块提供了非常多的描述性统计分析的指标函数，如总和、均值、最小值、最大值等。

首先随机生成 3 组数据：

```
np.random.seed(1234)
d1=pd.Series(2*np.random.normal(size=100)+3)
d2=np.random.f(2,4,size=100)
d3=np.random.randint(1,100,size=100)
d1.count()                      # 非空元素计算
d1.min();d1.max()               # 最小值 # 最大值
d1.idxmin()                     # 最小值的位置,类似于 R 中的 which.min 函数
```

```
d1.idxmax()                          # 最大值的位置,类似于 R 中的 which.max 函数
d1.quantile(0.1)                     # 10%分位数
d1.sum();d1.mean();d1.median();d1.mode();  # 求和;均值;中位数;众数
d1.var();d1.std()                    # 方差;标准差
d1.mad();d1.skew();d1.kurt()         # 平均绝对偏差;偏度;峰度
d1.describe()                        # 一次性输出多个描述性统计指标
```

必须注意的是，descirbe 方法只能针对序列或数据框，一维数组是没有这个方法的。这里自定义一个函数，将这些统计描述指标全部汇总到一起：

```
def stats(x):
    return pd.Series([x.count(),x.min(),x.idxmin(),\
    x.quantile(.25),x.median(),x.quantile(.75),x.mean(),\
    x.max(),x.idxmax(),x.mad(),x.var(),x.std(),x.skew(),x.kurt()],\
    index=['Count','Min','Whicn_Min','Q1','Median','Q3','Mean',\
    'Max','Which_Max','Mad','Var','Std','Skew','Kurt'])
stats(d1)
```

在实际的工作中，可能需要处理的是一系列的数值型数据框，如何将这个函数应用到数据框中的每一列呢？可以使用 apply 函数。将之前创建的 d1，d2，d3 数据构建数据框：

```
df=pd.DataFrame(np.array([d1,d2,d3]).T,columns=['x1','x2','x3'])
df.head();df.apply(stats)
```

这样很简单地创建了数值型数据的统计性描述。如果是离散型数据呢？就不能用这个统计口径了，需要统计离散变量的观测数、唯一值个数、众数水平及个数。只需要使用 describe 方法就可以实现这样的统计。

例如：student['Sex'].describe()

除以上的简单描述性统计之外，还提供了连续变量的相关系数（corr）和协方差矩阵（cov）的求解。

例如：df.corr()，关于相关系数的计算可以调用 pearson 方法、kendell 方法或 spearman 方法，默认使用 pearson 方法。

例如：df.corr('spearman')，如果只想关注某一个变量与其余变量相关系数的话，可以使用 corrwith，如只关心 x1 与其余变量的相关系数：df.corrwith(df['x1'])。

数值型变量间的协方差矩阵：df.cov()。

10.6 习题

1. 通过 plot 函数画出［-2π，2π］区段 $y=\sin(x)$的函数曲线。
2. 随机产生两个 10×10 的矩阵 A 与 B，使用 NumPy 库实现求解 C=A×B。
3. 利用 matplotlib.pyplot 绘制曲线图、柱状图、圆饼图、散点图等。

第11章 数据库应用

一般高级语言都支持数据库操作，Python对多种数据库操作提供了很好的支持。Python语言标准数据库接口为**Python DB-API**，它为开发人员提供了一致的数据库应用编程接口。本章主要内容包括：数据库基本知识、Python数据库编程技术、多种数据库操作模块的介绍与基本使用等内容。

学习重点或难点

- 关系数据库与SQL语言
- Python数据库编程简介
- 通过DB-API访问数据库
- Python数据库编程实例

学习本章后，读者将能利用Python数据库访问技术来编写数据库应用程序，实现对信息的高级管理功能。

11.1 关系数据库概述

从知识的完整性角度考虑，本节简单介绍关系数据库的基本知识，主要是关系数据库的定义及关系数据库的国际标准SQL语言。

11.1.1 关系数据库

数据库（Database）是指长期存储在计算机内的、有组织的、可共享的数据集合。数据以记录（Record）和字段（Field）的形式存储在数据表（Table）中，由若干个相关联的数据表构成一个数据库。数据库国际标准操作语言——SQL语言的操作对象主要是数据表或视图。SQL语言可分为：数据定义语言DDL、数据操纵语言DML、数据查询语言DQL和数据控制语言DCL四大类。

11.1.2 SQL语言

1. 创建数据表

CREATE TABLE 表名(字段名1 数据类型［列级约束条件］,字段名2 数据类型［列级约束条件］,…,字段名n 数据类型［列级约束条件］［,表级完整性约束］)

例如，创建学生信息表student：

create table student(sno char(10) primary key, sname char(20), sage integer, sdept char(10))

2. 修改数据表

ALTER TABLE 表名 ADD 字段名 数据类型［约束条件］

在学生表 student 中添加一个性别字段 ssex 的 SQL 语句：

ALTER TABLE student add ssex char(2) not null

删除字段使用的格式：**ALTER TABLE 表名 DROP 字段名**

在学生信息表 student 中删除一个字段性别 ssex 的 SQL 语句：

ALTER TABLE student DROP ssex

3. 删除数据表

在 SQL 语言中使用 DROP TABLE 语句删除某个表格及表格中的所有记录，其命令格式：**DROP TABLE 表名**

在 test 数据库中删除学生表 student 的 SQL 语句：DROP TABLE student

4. 向数据表中插入数据

INSERT 语句实现向数据库表格中插入或增加新的数据行，其格式如下：

INSERT INTO 表名(字段名 1,…,字段名 n) VALUES(值 1,…,值 n)

例如：在学生表 student 中插入一条记录，其 SQL 语句：

insert into student(sno,sname,sage,sdept) values("20160305","董华",19,"cs")

5. 数据更新语句

UPDATE 语句实现更新或修改满足规定条件的现有记录，其格式如下：

UPDATE 表名 SET 字段名 1=新值 1 [,字段名 2=新值 2…] WHERE 条件表达式

例如：学生表 student 中的 sage 加 1 岁，其 SQL 语句：

Update student set sage=sage+1

6. 删除记录语句

DELETE 语句删除数据库表格中的行或记录，其格式如下：

DELETE FROM 表名 WHERE 条件表达式

例如：删除学生表 student 中的 sage 字段的值超过 24 的记录，其语句：

DELETE FROM student where sage>24

7. 数据查询语言

最基本的 SELECT 查询语句格式：

SELECT [DISTINCT] 字段名 1[,字段名 2,…] FROM 表名 [WHERE 条件表达式]

例如，查询出学生表 student 中的所有姓王的学生信息，其语句：

Select * from student where sname like "王%"

11.2 Python 数据库编程概述

关系型数据库拥有共同的规范 Python Database API Specification V2.0(Python DB-API)，MySQL、Oracle 等都实现了此规范，然后增加自己的扩展。为了增强自己数据库操作的性能与效率等，不同数据库还会提供操作自己数据库的专门接口模块。

sqlite3：sqlite3 模块提供了 SQLite 数据库访问的接口。SQLite 数据库是以一个文件或内存的形式存在的自包含的关系型数据库。

DBM-style 数据库模块：Python 提供了多个 modules 来支持 UNIX DBM-style 数据库文件。dbm 模块用来读取标准的 UNIX-dbm 数据库文件；gdbm 用来读取 GNU dbm 数据库文件；dbhash 用来读取 Berkeley DB 数据库文件。所有的这些模块提供了一个对象实现了基于字符串的持久化的字典，它与字典 dict 非常相似，但是它的 keys 和 values 都必须是字符串。

这里主要介绍 Python 标准数据库接口（Python DB-API）。Python DB-API 为开发人员提供了数据库应用编程接口。DB-API 是一个规范，它定义了一系列必需的对象和数据库存取方式，以便为各种各样的底层数据库系统和多种多样的数据库接口程序提供一致的访问接口。

Python 数据库接口支持非常多的数据库，可以选择适合项目的数据库：GadFly、mSQL、MySQL、PostgreSQL、Microsoft SQL Server、Informix、Interbase、Oracle、Sybase 等，也可以访问 Python 数据库接口及 API 查看详细的支持数据库列表。

不同的数据库需要下载不同的 DB-API 模块，例如需要访问 Oracle 数据库和 MySQL 数据库，需要下载 Oracle 和 MySQL 数据库 DB-API 模块。Python 的 DB-API 为大多数的数据库实现了接口，使用它连接各数据库后，就可以用相同的方式操作各种数据库。

Python DB-API 使用流程：①引入 DB-API 模块；②获取与数据库的连接；③执行 SQL 语句和存储过程；④关闭数据库连接。

11.3 Python 与 ODBC

pyodbc 封装了 ODBC API，通过它可以访问各种有 ODBC 驱动的数据库。

Pyodbc 提供的相关对象方法说明如下。

1. connection 对象方法

close()：关闭数据库。

commit()：提交当前事务。

rollback()：取消当前事务。

cursor()：获取当前连接的游标。

errorhandler()：作为已给游标的句柄。

2. cursor 游标对象和方法

arrysize()：使用 fetchmany()方法时一次取出的记录数，默认为 1。

connection()：创建此游标的连接。

discription()：返回游标的活动状态，包括 7 要素(name,type_code,display_size,internal_size,precision,scale,null_ok)，其中 name,type_code 是必须的。

lastrowid()：返回最后更新行的 id，如果数据库不支持，返回 none。

rowcount()：最后一次 execute()返回或者影响的行数。

callproc()：调用一个存储过程。

close()：关闭游标。

execute()：执行 SQL 语句或者数据库命令。

executemany()：一次执行多条 SQL 语句。

fetchone()：匹配结果的下一行。

fetchall()：匹配所有剩余结果。

fetchmany（size-cursor，arraysize）：匹配结果的下几行。

__iter__()：创建迭代对象（可选，参考 next()）。

messages()：游标执行好数据库返回的信息列表（元组集合）。

next()：使用迭代对象得到结果的下一行。

nextset()：移动到下一个结果集。

rownumber()：当前结果集中游标的索引（从 0 行开始）。

setinput-size(sizes)：设置输入的最大值。

setoutput-size(sizes[,col])：设置列输出的缓冲值。

【例 11-1】查询某个 ODBC 数据源的某个表。

```
# encoding=gbk
import pyodbc,sys
# conn=pyodbc.connect("DSN=mysqldsn;UID=root;PWD=root")  # 连接 MySQL
# conn=pyodbc.connect('DRIVER={MySQL ODBC 5.3 ANSI Driver};SERVER=localhost;PORT=
3306;DATABASE=Jxgl;USER=root;PASSWORD=root')
# conn=pyodbc.connect('DRIVER={MySQL ODBC 5.3 Unicode Driver};SERVER=localhost;PORT
=3306;DATABASE=Jxgl;USER=root;PASSWORD=root')
conn=pyodbc.connect('DRIVER={SQL Server};DATABASE=%s;SERVER=%s;UID=%s;PWD
=%s'%("Jxgl","127.0.0.1","sa","sasasasa"))  # 连接 SQL Server
cursor=conn.cursor()
cursor.execute('SELECT * FROM student')
while True:
    row=cursor.fetchone()
    if not row:break
print(row)
cursor.close()
conn.close()
```

11.4 Python 与 SQLite3

SQLite3 是一个很优秀的轻量级数据库，SQLite3 从 Python 2.5 版本开始加入到标准库中。通过它，可以很方便地操作 SQLite 数据库。操作 SQLite 数据库的方法或语句与上面操作 ODBC 数据源数据的基本相同。下面直接举例说明。

【例 11-2】创建一个内存数据库，建表并插入记录后，再显示出来。

```
import sqlite3
conn=sqlite3.connect(':memory:')
cursor=conn.cursor()
cursor.execute('CREATE TABLE person(name text,age int)')
cursor.execute('''INSERT INTO person VALUES('TOM',20)''')
cursor.execute('''INSERT INTO person VALUES('Jhon',22)''')
conn.commit()
cursor.execute('SELECT * FROM person')
```

```
while True:
    row=cursor.fetchone()
    if not row:break
print(row)
cursor.close();conn.close()
```

11.5 Python 与 MySQL

Python 和 MySQL 交互的模块有 MySQLdb 和 PyMySQL(pymysql)等。Python 操作 MySQL 数据库的方法首先可选 MySQL for Python，即 MySQLdb，原因是这个是 C 语言写的，速度快。MySQLdb 是用于 Python 连接 MySQL 数据库的接口，它实现了 Python 数据库 API 规范 V2.0，是基于 MySQL C API 上建立的，但 Python 3 不再支持 MySQLdb。若想在 Linux 和 Windows 中能够同时运行，恐怕更得考虑采用 PyMySQL。

PyMySQL 是一个全 Python 写的 Python 操作 MySQL 数据库的第三方库。使用时可以把它放入代码工程中调用，当然也可以在系统里先安装后使用。PyMySQL 的性能和 MySQLdb 几乎相当，如果对性能要求不是特别的强，使用 PyMySQL 将更加方便。

PyMySQL 的使用方法和 MySQLdb 几乎一样，如果以前使用过 MySQLdb，只需要将 import MySQLdb 修改为 import PyMySQL 就可以了。

11.5.1 MySQLdb 的安装

1. Windows 系统下 MySQLdb 的安装

检查 MySQLdb 模块是否安装，可在 DOS 命令行（Windows 系统中，单击“开始”菜单，在输入框中输入“cmd”，则启动 DOS 命令窗口）下输入：

```
C:\>Python
>>>import MySQLdb
```

如果没有报错，则说明已经安装，否则会报类似以下错误：

```
Traceback(most recent call last):
  File "<stdin>",line 1,in<module>
ModuleNotFoundError:No module named MySQLdb   # 表示没有 MySQLdb
```

试着使用 pip install MySQLdb 来安装，完成后 C:\Python27\Lib\site-packages 路径文件夹下会有 MySQLdb，这时再在 DOS 命令窗口中运行 import MySQLdb 即可。

2. Linux 系统下 MySQLdb 的安装

若判断是否已安装了 MySQLdb，同样先试着执行 pip 命令，如：pip install MySQLdb。

安装 MySQLdb 也可以访问其下载网站来获得帮助，从而可选择适合自己平台的安装包，分为预编译的二进制文件和源代码安装包。

如果选择二进制文件发行版本，安装过程按安装提示即可完成。在 Linux 下如果从源代码进行安装的话，则需要切换到 MySQLdb 发行版本的顶级目录，并输入下列命令：

```
$gunzip MySQL-Python-1.2.2.tar.gz
$tar-xvf MySQL-Python-1.2.2.tar
```

```
$cd MySQL-Python-1.2.2
$python setup.py build
$python setup.py install
```

注意：请确保在 Linux 系统有 root 权限来安装上述模块。

11.5.2 使用 MySQLdb 操作 MySQL

1. 数据库连接

连接数据库前，请先确认以下事项：①已经创建了数据库，如 Company；②在 Company 数据库中已经创建了表 EMPLOYEE。EMPLOYEE 表字段有：FIRST_NAME,LAST_NAME,AGE,SEX 和 INCOME；③连接数据库 Company 使用的用户名为 "testuser"，密码为 "test123"，也可自己设定或者直接使用 root 用户名及其密码，MySQL 数据库用户授权请使用 Grant 命令；④在机器上已经安装了 Python MySQLdb 模块。

【例 11-3】 连接 MySQL 的 Company 数据库，并显示 MySQL 数据库版本。

```
import MySQLdb
db=MySQLdb.connect("localhost","root","root","Company")   # 打开连接
cursor=db.cursor()                                         # 使用 cursor()方法获取操作游标
cursor.execute("SELECT VERSION()")                         # 使用 execute 方法执行 SQL 语句
data=cursor.fetchone()                                     # 使用 fetchone()方法获取一条数据库
print("Database version:%s "% data)
db.close()                                                 # 关闭数据库连接
```

输出结果：Database version：5.6.23

2. 创建数据库表

如果数据库连接存在，可以使用 execute()方法来为数据库创建表。

【例 11-4】 创建表 EMPLOYEE。

```
import MySQLdb
db=MySQLdb.connect("localhost","root","root","Company")
cursor=db.cursor()   # 使用 cursor()方法获取操作游标
# 如果数据表已经存在,使用 execute()方法删除表
cursor.execute("DROP TABLE IF EXISTS EMPLOYEE")
# 创建数据表 SQL 语句
sql="""CREATE TABLE EMPLOYEE(FIRST_NAME CHAR(20)NOT NULL,
    LAST_NAME   CHAR(20),AGE INT,SEX CHAR(1),INCOME FLOAT)"""
cursor.execute(sql)
db.close()              # 关闭数据库连接
```

3. 数据库插入操作

以下例题使用执行 SQL INSERT 语句向表 EMPLOYEE 插入记录。

【例 11-5】 在 EMPLOYEE 表中添加记录。

```
import MySQLdb
db=MySQLdb.connect("localhost","root","root","Company")
```

```
cursor=db.cursor()
sql="""INSERT INTO EMPLOYEE(FIRST_NAME,LAST_NAME,AGE,SEX,INCOME)
        VALUES('Mac','Mohan',20,'M',2000)"""  # SQL 插入语句
try:
    cursor.execute(sql)                                    # 执行 SQL 语句
    db.commit()                                            # 提交到数据库执行
except:
    db.rollback()                                          # 执行中遇到错误则返回到前面已做的操作
db.close()
```

以上例子中的 SQL 语句也可以写成如下形式：

```
sql="INSERT INTO EMPLOYEE(FIRST_NAME,LAST_NAME,AGE,SEX,INCOME)\
        VALUES('%s','%s','%d','%c','%d')"%\
        ('Mac','Mohan',20,'M',2000)  # SQL 插入语句
```

以下代码使用变量向 SQL 语句中传递参数：

```
user_id="root";password="root"
con.execute('insert into Login values("%s","%s")'%(user_id,password))
```

4. 数据库查询操作

Python 查询 MySQL 使用 fetchone()方法获取单条数据，使用 fetchall()方法获取多条数据。

说明：

1）fetchone()：该方法获取下一个查询结果集，结果集是一个对象。

2）fetchall()：接收全部的返回结果行。

3）rowcount：这是一个只读属性，并返回执行 execute()方法后影响的行数。

【例 11-6】 查询 EMPLOYEE 表中 salary（工资）字段大于 1000 的所有数据。

```
import MySQLdb
db=MySQLdb.connect("localhost","root","root","Company")  # 打开连接
cursor=db.cursor()                                     # 使用 cursor()方法获取操作游标
sql="SELECT * FROM EMPLOYEE WHERE INCOME>'%d'"%(1000)
try:
    cursor.execute(sql)
    results=cursor.fetchall()                          # 获取所有记录列表
    for row in results:
        fname=row[0];lname=row[1];
        age=row[2];sex=row[3];income=row[4]
        print("fname=%s,lname=%s,age=%d,sex=%s,income=%d"%\
            (fname,lname,age,sex,income))  # 打印结果
except:print("错误:不能获取到数据。")
db.close()
```

输出结果：

fname=Mac,lname=Mohan,age=20,sex=M,income=2000

5. 数据库更新操作

更新操作用于更新数据表的的数据。

【例 11-7】将 EMPLOYEE 表中所有记录的 SEX 字段改为'M'，AGE 字段递增 1。

```
import MySQLdb
db=MySQLdb.connect("localhost","root","root","Company")
cursor=db.cursor()
sql="UPDATE EMPLOYEE SET AGE=AGE+1 WHERE SEX='%c'"%('M')
try:
    cursor.execute(sql);db.commit()
except:db.rollback() # 发生错误时回滚
db.close()
```

6. 执行事务

事务机制可以确保数据一致性。事务应该具有 4 个属性：原子性、一致性、隔离性、持久性。这 4 个属性通常称为 ACID 特性。

- 原子性（Atomicity）：一个事务是一个不可分割的工作单位，事务中包括的操作要么都做，要么都不做。
- 一致性（Consistency）：事务必须是使数据库从一个一致性状态变到另一个一致性状态。一致性与原子性是密切相关的。
- 隔离性（Isolation）：一个事务的执行不能被其他事务干扰。即一个事务内部的操作及使用的数据对并发的其他事务是隔离的，并发执行的各个事务之间不能互相干扰。
- 持久性（Durability）：持续性也称永久性（Permanence），指一个事务一旦提交，它对数据库中数据的改变就应该是永久性的。接下来的其他操作或故障不应该对其有任何影响。Python DB API 2.0 的事务提供了两个方法 commit 或 rollback。

【例 11-8】基于事务机制实现记录删除的程序段。

```
sql="DELETE FROM EMPLOYEE WHERE AGE>'%d'"%(20)    # SQL 删除语句
try:
    cursor.execute(sql)                            # 执行 SQL 语句
    db.commit()                                    # 向数据库提交
except:
    db.rollback()                                  # 发生错误时回滚
```

对于支持事务的数据库，在 Python 数据库编程中，当游标建立之时，就自动开始了一个隐形的数据库事务。commit()方法提交当前游标的所有更新操作，rollback()方法回滚当前游标的所有操作。每一个方法都开始了一个新的事务。

7. 错误处理

DB API 中定义了一些数据库操作的错误及异常，表 11-1 列出了常见错误和异常。

表 11-1　DB API 常见错误及异常

名　称	说　明
Warning	当有严重警告时触发，例如插入数据是被截断等。必须是 StandardError 的子类
Error	警告以外所有其他错误类。必须是 StandardError 的子类
InterfaceError	当有数据库接口模块本身的错误（而不是数据库的错误）发生时触发。必须是 Error 的子类
DatabaseError	和数据库有关的错误发生时触发。必须是 Error 的子类
DataError	当有数据处理时的错误发生时触发，例如：除零错误，数据超范围等等。必须是 DatabaseError 的子类
OperationalError	指非用户控制的，而是操作数据库时发生的错误。例如：连接意外断开、数据库名未找到、事务处理失败、内存分配错误等等操作数据库是发生的错误。必须是 DatabaseError 的子类
IntegrityError	完整性相关的错误，例如外键检查失败等。必须是 DatabaseError 子类
InternalError	数据库的内部错误，例如游标（cursor）失效、事务同步失败等。必须是 DatabaseError 子类
ProgrammingError	程序错误，例如数据表（table）没找到或已存在、SQL 语句语法错误、参数数量错误等。必须是 DatabaseError 的子类
NotSupportedError	不支持错误，指使用了数据库不支持的函数或 API 等。例如在连接对象上使用 .rollback( ) 函数，然而数据库并不支持事务或者事务已关闭。必须是 DatabaseError 的子类

11.5.3　PyMySQL 的安装

1. 关于 PyMySQL

PyMySQL(pymysql)是一个纯 Python 写的 MySQL 客户端，它的目标是最终替代 MySQLdb，可以在 CPython、PyPy、IronPython 和 Jython 环境下运行，PyMySQL 在 MIT 许可下发布。在开发基于 Python 语言的项目中，为了以后系统能兼容 Python 3，建议使用 PyMySQL 替换 MySQLdb。

2. 安装情况

（1）安装要求

1）Python 版本的要求：选用 C 语言版 Python（CPython）2.6 及以上版或 3.3 及以上版本；或选用即时编译型 Python(PyPy)4.0 及以上版本；或选用 .NET 版 Python(IronPython) 2.7 及以上版本。

2）MySQL Server 版本的要求：选用 MySQL 4.1 及以上版本；或选用 MariaDB（MySQL 的一个分支系统）5.1 及以上版本。

（2）安装

一般使用：pip install PyMySQL 命令。也可试着下载后手动安装。

PyMySQL 用法和 MySQLdb 相差无几，核心用法一致。这样使用 PyMySQL 替换 MySQLdb 的成本极小。

11.5.4　使用 PyMySQL 操作 MySQL

通过如下例子来说明使用 PyMySQL 操作 MySQL。

【例 11-9】对 student 表插入一条记录。

```
from pymysql import connect,cursors
from pymysql.err import OperationalError
```

```
import os,configparser as cparser
from time importstrftime,gmtime
class DB:#========封装 mysql 基本操作============
  def __init__(self):
    try:# 连接数据库
      self.conn=connect(host=host,user=user,port=int(port),
        password=password,db=db,charset='gbk',
        cursorclass=cursors.DictCursor)  # charset='utf8mb4'
    except OperationalError as e:
      print("mysql Error %d:%s"%(e.args[0],e.args[1]))
  def clear(self,table_name):                # 清除数据库
    real_sql="truncate table "+table_name+";"
    # real_sql="delete from "+table_name+";"
    with self.conn.cursor()as cursor:
      cursor.execute("SET FOREIGN_KEY_CHECKS=0;")  # MySQL 中如果表和表之间建立
                        # 的外键约束,则无法删除表及修改表结构,语句作用就是取消外键约束
      cursor.execute(real_sql)               # 执行语句
    self.conn.commit()                       # 如果不用 commit,则数据就不会保存在数据库中
  def insert(self,table_name,table_data):    # 插入数据
    for key in table_data:
      table_data[key]="'"+str(table_data[key])+"'"
    key=','.join(table_data.keys())
    value=','.join(table_data.values())
    real_sql="INSERT INTO "+table_name+"("+key+")VALUES("+value+")"
    with self.conn.cursor()as cursor:
      cursor.execute(real_sql)
    self.conn.commit()
  def close(self):                           # 关闭数据库的连接
    self.conn.close()
#===读取 db_config.ini 文件设置====
base_dir=str(os.path.dirname(os.path.abspath(__file__)))  # 返回绝对路径
# str.replace(old,new[,max])用新的字符串替换旧的字符串
base_dir=base_dir.replace('\\','/')          # print(base_dir)
file_path=base_dir+"/db_config.ini"
cf=cparser.ConfigParser()                    # ConfigParser 是读配置文件的包,使用前先实例化
cf.read(file_path)
port=cf.get("mysqlconf","port")
db=cf.get("mysqlconf","db_name")
user=cf.get("mysqlconf","user")
password=cf.get("mysqlconf","password")
host=cf.get("mysqlconf","host")              # print("host:",host)
db=DB()
db.insert('student',{"sno":95113,"sname":"张 a","ssex":"M",
```

```
"sage":20,"sdept":"cs"})
db_config.ini 配置文件内容:
[mysqlconf]
host=    localhost
port=3306
db_name=Jxgl
user=root
password=root
```

11.5.5 MySQL-connector 安装与使用

Python 与 MySQL 服务器通信，还可以使用 MySQL-connector-python，一个 Python 模块 MySQL/Connector。试着使用 pip 安装，若不行可手动下载，譬如下载 unzip mysql-connector-python-2.1.3.zip 后，解压到 mysql-connector-python-2.1.3 目录，进入该目录后，利用 “sudo python setup.py install” 来安装。

安装成功后，就可以在 Python 程序中正常使用 “import mysql.connector as mysql” 导入 MySQL 的 connector 模块了，使用也很简单。

【例 11-10】 一个简单查询一个数据表数据的实例。

```
import mysql.connector;
try:
    conn=mysql.connector.connect(host='127.0.0.1',port='3306',
            user='root',password='root',database='Jxgl');
    cursor=conn.cursor();
    cursor.execute('select * from student');
    list=cursor.fetchall();       #取回的是列表,列表中包含元组
    print(list);
    for record in list:print("Record %d is %s!"%(0,record));
except mysql.connector.Error as e:
    print('Error:{}'.format(e));
finally:
    cursor.close;conn.close;print('Connection closed in finally');
```

11.5.6 中文乱码问题处理

通过 Python 查询数据库中数据时，数据会呈现乱码，只需要在连接字符串中指定数据编码，如 “utf8” “GBK” 等就可以。注意：Python 3.x 版本才支持 Unicode 编码。

```
# -*-coding:gbk-*-
import pymysql
db=pymysql.connect(host="localhost",user="root",password="root",
                            database="Jxgl",charset="gbk")
cursor=db.cursor();sqlstr="SELECT * FROM course;"
try:
```

```
    cursor.execute(sqlstr);courses=cursor.fetchall()
except:print(u"数据读取错误")
else:print(courses)
db.close()
```

11.6 Python 与 SQL Server

Python 连接 SQL Server 数据库的第三方模块为 pymssql。pymssql 是基于_mssql 模块做的封装，是为了遵守 Python 的 DB-API 规范接口。

pymssql 的安装可以通过：pip install pymssql 或 pip3 install pymssql。

另外，pymssql 2.1.3 安装包也容易从网上搜索下载。获得的安装包解压释放后，尝试通过命令：python setup.py install 来安装；也可以对下载的相应“文件名.whl”安装文件，使用“pip install 文件名.whl”来安装。

下面直接通过 Python 操作 SQL Server 数据库数据来说明。

1）基本使用方法：使用 pymssql 连接 SQL Server 数据库并实现数据库基本操作。

```
# coding:gbk
import pymssql
server="172.18.130.132"                                          # 连接服务器地址
user="sa";password="911126"                                      # 连接账号与连接密码
conn=pymssql.connect(server,user,password,"company")             # 获取连接
cursor=conn.cursor()                                             # 获取光标
cursor.execute("""                                               # 创建表
IF OBJECT_ID('persons','U')IS NOT NULL
    DROP TABLE persons
CREATE TABLE persons(id INT NOT NULL,name VARCHAR(100),
   salesrep VARCHAR(100),PRIMARY KEY(id))   """)
# 插入多行数据,高版本 SQL Server 才支持一次插入多条记录
cursor.executemany("INSERT INTO persons VALUES(%d,%s,%s)",
    [(1,'John Smith','John Doe'),(2,'Jane Doe','Joe Dog'),(3,'Mike T.','Sarah H.')])
# 必须调用 commit()来保持数据的提交,如果没有将自动提交设置为 true
conn.commit()
# 查询数据
cursor.execute('SELECT * FROM persons WHERE salesrep like %s','J%')
# 遍历数据(存放到元组中)方式 1
row=cursor.fetchone()
while row:
    print("ID=%d,Name=%s"%(row[0],row[1]))                 # ID=1,Name=John Smith
    row=cursor.fetchone()                                   # ID=2,Name=Jane Doe
# 遍历数据(存放到元组中)方式 2
# for row in cursor:print('row=%r'%(row,))
# 遍历数据(存放到字典中)方式 3
```

```
# cursor=conn.cursor(as_dict=True)
# cursor.execute('SELECT * FROM persons WHEREsalesrep=%s','John Doe')
# for row in cursor:print("ID=%d,Name=%s"%(row['id'],row['name']))
conn.close()                                                    # 关闭连接
```

注意：在任何时候一个连接下一次正在执行的数据库操作只会出现一个 cursor 对象。

2）可以使用另一种语法：with 来避免手动关闭 cursors 和 connection 连接。

```
import pymssql
server="187.32.43.13"                          # 连接服务器地址
user="root"                                    # 连接账号
password="1234"                                # 连接密码
with pymssql.connect(server,user,password,"默认数据库名称")as conn:
  with conn.cursor(as_dict=True)as cursor:     # 数据存放到字典中
    cursor.execute('SELECT * FROM persons WHEREsalesrep=%s','John Doe')
    for row in cursor:print("ID=%d,Name=%s"%(row['id'],row['name']))
```

3）调用存储过程。

```
with pymssql.connect(server,user,password,"tempdb")as conn:
  with conn.cursor(as_dict=True)as cursor:
    cursor.execute(""" CREATE PROCEDURE FindPerson @name VARCHAR(100)
      AS BEGIN SELECT * FROM persons WHERE name=@name END """)
    cursor.callproc('FindPerson',('Jane Doe',))
    for row in cursor:print("ID=%d,Name=%s"%(row['id'],row['name']))
```

11.7 习题

1. 什么是关系数据库？简述常用的关系数据库系统。
2. SQL 语句有哪几类？各有哪些？分别实现什么数据库操作功能？
3. 简述 Python 语言是如何操作数据库数据的。
4. 编写程序实现对 MySQL、SQLite3 或 SQL Server 等数据库数据的基本操作。

第12章　网络与爬虫

网络编程的目的是直接或间接地通过网络协议与其他计算机进行通信。本章将介绍Python 网络通信基础及其网络应用，主要介绍 Python 网络应用相关的主要模块、类及其使用方法。Python 支持 TCP 和 UDP 协议族。TCP 用于网络中可靠的流式输入/输出，UDP 支持更简单的、快速的、点对点的数据报模式。

学习重点或难点

- 网络通信基础
- Socket 编程
- 电子邮件收发
- 网络爬虫

学习本章后，读者将能了解到 QQ、收发邮件等 Internet 应用软件的实现原理，并有能力自己编写有类似功能的网络应用软件。

12.1　网络基础知识

计算机网络是指通过各种通信设备连接起来的、支持特定网络通信协议的、许许多多的计算机或计算机系统的集合。

12.1.1　网络通信基本概念

网络通信是指网络中的计算机通过网络互相传递信息。通信协议是网络通信的基础。通信协议是网络中计算机之间进行通信时共同遵守的规则。不同的通信协议用不同的方法解决不同类型的通信问题。常用的通信协议有 HTTP、FTP、TCP/IP 等。为了实现网络上不同机器之间的通信，需要知道 IP 地址、域名地址或端口号。

1. IP 地址

IP 地址是计算机网络中任意一台计算机地址的唯一标识。知道了网络中某一台计算机的 IP 地址，就可以定位这台计算机。通过这种地址标识，网络中的计算机可以互相定位和通信。目前，IP 地址有两种格式，即 **IPV4 格式和 IPV6 格式**。**IPV4** 由 4 字节组成，中间以小数点分隔，譬如：192.168.1.1；**IPV6** 由 16 字节组成，中间以冒号分隔，譬如：AD80:0000:0000:0000:ABAA:0000:00C2:0002 是一个合法的 IPv6 地址。

2. 域名地址

域名地址是计算机网络中一台主机的标识名，也可以看作是 IP 地址的助记名。

在 Internet 上，一个域名地址可以有多个 IP 地址与之对应，一个 IP 地址也可以对应多个域名。通过主机名到 IP 地址的解析，可以由主机名得到对应的 IP 地址。在访问网络资源时，一般只需记住服务器的主机名就可以了。因为网络中的域名解析服务器可以根据主机名查出对应的 IP 地址。有了服务器的 IP 地址，就可以访问这个网站了。

3. 端口号

一台主机上允许有多个进程，这些进程都可以和网络上的其他计算机进行通信。更准确地说，网络通信的主体不是主机，而是主机中运行的进程。端口就是为了在一台主机上标识多个进程而采取的一种手段。主机名（或 IP 地址）和端口的组合能唯一确定网络通信的主体——进程。端口（Port）是网络通信时同一主机上的不同进程的标识。

12.1.2 TCP 和 UDP

网络编程是指编写运行在多个设备（计算机）的程序，这些设备都通过网络连接起来。

网络连接中要使用到的网络协议如下。

（1）传输控制协议（Transfer Control Protocol，TCP）是一种面向连接的、可以提供可靠传输的协议。使用 TCP 传输数据，接收端得到的是一个和发送端发出的完全一样的数据流。TCP 通常用于互联网协议，称为 TCP/IP。

（2）用户数据报协议（User Datagram Protocol，UDP）是一种无连接的协议，它传输的是一种独立的数据报（Datagram）。每个数据报都是一个独立的信息，包括完整的源地址或目的地址。

两种协议的比较：

1）使用 UDP 时，每个数据报中都给出了完整的地址信息，因此无须建立发送方和接收方的连接。使用 TCP 时，在套接字（Socket）之间进行数据传输之前必然要建立连接。

2）使用 UDP 传输数据是有大小限制的，每个被传输的数据报必须限定在 64 KB 之内。而 TCP 没有这方面的限制，一旦连接建立起来，双方的 Socket 就可以按统一的格式传输大量的数据。

3）UDP 是一个不可靠的协议，发送方所发送的数据报并不一定以相同的次序到达接收方，有可能会丢失。而 TCP 是一个可靠的协议，它确保接收方完全正确地获取发送方所发送的全部数据。

12.1.3 网络程序设计技术

1）URL 编程技术：URL 表示了 Internet 上某个资源的地址。通过 URL 标识，可以直接使用各种通信协议获取远端计算机上的资源信息，方便快捷地开发 Internet 应用程序。

2）TCP 编程技术：TCP 是可靠的连接通信技术，主要使用 Socket 机制。TCP 通信是使用 TCP/IP、建立在稳定连接基础上的以流传输数据的通信方式。

3）UDP 编程技术：UDP 是无连接的快速通信技术，数据报通信不需要建立连接，通信时所传输的数据报能否到达目的地、到达的时间、到达的次序都不能准确知道。

12.2 Socket 编程

Socket 是操作系统内核中的一个数据结构，它是网络中的节点进行通信的门户，是网络进程的 ID。网络通信，归根到底还是进程间的通信（不同计算机上的进程间通信，IP 进行的主要是端到端通信）。Socket 编程即是网络中节点间基于某种协议的多进程间的交互操作编程。

12.2.1 Socket 的概念

在网络中，每一个节点（计算机或路由）都有一个网络地址，也就是 IP 地址。两个进程通信时，首先要确定各自所在的网络节点的网络地址。但是，网络地址只能确定进程所在的计算机，而一台计算机上很可能同时运行着多个进程，所以仅凭网络地址还不能确定到底是和网络中的哪一个进程进行通信，因此套接字中还需要包括其他的信息，也就是端口号（PORT）。在一台计算机中，一个端口号一次只能分配给一个进程，也就是说，在一台计算机中，端口号和进程之间是一一对应关系。所以，使用端口号和网络地址的组合可以唯一确定整个网络中的一个网络进程。

端口号的范围是 0~65535，一类是由互联网指派名字和号码公司 ICANN 负责分配给一些常用的应用程序固定使用的"周知的端口"，其值一般为 0~1023，用户自定义端口号一般大于或等于 1024。

每一个 Socket 都用一个半相关描述｛协议、本地地址、本地端口｝来表示；一个完整的 Socket 则用一个相关描述｛协议、本地地址、本地端口、远程地址、远程端口｝来表示。Socket 也有一个类似于打开文件的函数调用，该函数返回一个整型的 Socket 描述符，随后的连接建立、数据传输等操作都是通过 Socket 来实现的。

12.2.2 Socket 类型

Socket 类型都定义在 Socket 模块中，调用方式：socket.SOCK_XXXX。

（1）流式 Socket（SOCK_STREAM）用于 TCP 通信

流式 Socket（SOCK_STREAM）提供可靠的、面向连接的通信流；它使用 TCP，从而保证了数据传输的正确性和顺序性。

（2）数据报 Socket（SOCK_DGRAM）用于 UDP 通信

数据报 Socket（SOCK_DGRAM）定义了一种无连接的服务，数据通过相互独立的报文进行传输，是无序的，并且不保证是可靠、无差错的。它使用数据报协议 UDP。

（3）原始 Socket（SOCK_RAW）

原始 Socket（SOCK_RAW）用于新的网络协议（ICMP、IGMP、IPv4 报文等）的实现等。

12.2.3 基于 TCP 的 Socket 程序

套接字的两个基本功能：建立连接、收发数据，在写代码之前还需要一个 C/S（客户端与服务端）模型，在网络编程中，就是客户端和服务端。客户端向服务端发送请求，服务端响应客户端的请求。

【例 12-1】基于 TCP 的 Socket，实现 C/S 通信。

```
import socket,os,json                          # 服务端程序
# 客户端请求服务端的文件,服务端确认后将文件发送给客户端
sock=socket.socket(socket.AF_INET,socket.SOCK_STREAM)
sock.bind(("127.0.0.1",9999))
sock.listen(1)
def pack_msg_header(header,header_size):     # 制作文件头部
```

```
        bytes_header=bytes(json.dumps(header),encoding="utf-8")
        if len(bytes_header)<header_size:                # 需要补充0
            header['fill'].zfill(header_size-len(bytes_header))
            bytes_header=bytes(json.dumps(header),encoding="utf-8")
        return bytes_header
while True:
    conn,addr=sock.accept()                          # 等待、阻塞
    print("got a new customer",conn,addr)
    while True:
        raw_cmd=conn.recv(1024)                      # get test.log
        cmd,filename=raw_cmd.decode("utf-8").split()
        if cmd=="get":
            msg_header={"fill":''}
            if os.path.isfile(filename):
                msg_header["size"]=os.path.getsize(filename)
                msg_header["filename"]=filename
                msg_header["ctime"]=os.stat(filename).st_ctime
                bytes_header=pack_msg_header(msg_header,300)  # 规定头文件长度
                conn.send(bytes_header)
                f=open(filename,"rb")
                for line in f:conn.send(line)
                else:print("file send done....")
                f.close()
            else:
                msg_header['error']="file %s on server does not exist "% filename
                bytes_header=pack_msg_header(msg_header,300)
                conn.send(bytes_header)
sock.close()
# 客户端程序
import socket,json
sock=socket.socket(socket.AF_INET,socket.SOCK_STREAM)
sock.connect(('127.0.0.1',9999))
while True:
cmd=input(">>>:").strip()
    if notcmd:continue
    sock.send(cmd.encode("utf-8"))
    msg_header=sock.recv(300)                        # 规定头文件的长度为300
    print("received:",msg_header.decode("gbk"))
    header=json.loads(msg_header.decode("utf-8"))
    if header.get("error"):print(header.get("error"))
    else:
        filename=header['filename'];file_size=header['size']
        f=open(filename,"wb")
        received_size=0
        while received_size<file_size:
            if file_size-received_size<8192:         # 循环接收的最后一次
```

```
            data=sock.recv(file_size-received_size)
        else:data=sock.recv(8192)
        received_size+=len(data)
        f.write(data)
    else:
        print("file receive done....",filename,file_size);f.close()
sock.close()
```

Python 的网络编程封装了许多底层实现细节，方便程序员使用。

12.2.4 基于 UDP 的 Socket 程序

【例 12-2】基于 UDP 的 Socket，实现 C/S 通信。

```
import socket          # 服务端程序
udp_sever=socket.socket(socket.AF_INET,socket.SOCK_DGRAM)
udp_sever.bind(('127.0.0.1',8080))
while True:
    msg,addr=udp_sever.recvfrom(1024)
    print(msg,addr)
    udp_sever.sendto(msg.upper(),addr)
# 客户端程序
import socket
ip_port=('127.0.0.1',8080)
udp_client=socket.socket(socket.AF_INET,socket.SOCK_DGRAM)
while True:
    msg=input('>>>>>>:').strip()
    if not msg:continue
    udp_client.sendto(msg.encode('utf-8'),ip_port)
    back_msg,addr=udp_client.recvfrom(1024)
    print(back_msg.decode('utf-8'),addr)
```

UDP 不需要建立连接，所以可以实现与多个客户端同时建立连接。但是与 TCP 相比，UDP 是不可靠传输，但是速度快。可以把 TCP 理解为打电话，双方必须建立连接，然后说一句回一句。UDP 就像是发短信，客户端只关心消息有没有发出去就行了，不用关心对方是否收到。

在代码方面的区别，TCP 的 recv 就相当于 UDP 的 recvfrom，TCP 的 send 就相当于 UDP 的 sendto，另外因为 UDP 不建立连接，所以发送消息时需要指定 IP 和端口号。

12.3 电子邮件

为了更好地理解邮件发送功能的实现，要先了解邮件发送系统的大致流程。首先，电子邮件之间的相互发送接收就像邮局邮件发送一样，从一个站点（邮件发送服务器）到目的地站点（邮件接收服务器），然后，目的地站点处理收到的邮件，并发送给接收人。每个邮件服务器即担任发送也担任接收邮件，并且每个服务器地址、端口号、配置等也不同。

其实发送邮件的流程就两部分。

1）写邮件：①写好发送方，接收方；②写好主题；③写好正文（包括附件，图片等）；④把信件整理在一起。

2）发送邮件：①连接发送邮件服务器；②登录邮箱；③发送邮件；④退出邮箱。

12.3.1 SMTP 发送邮件

1. 使用 SMTP 发送邮件

简单邮件传输协议（Simple Mail Transfer Protocol，SMTP）是一组用于由源地址到目的地址传送邮件的规则，从而来控制信件的中转方式。

Python 的 smtplib 提供了一种很方便的途径发送电子邮件。它对 SMTP 进行了简单的封装。Python 创建 SMTP 对象语法如下：

import smtplib

smtpObj=smtplib. SMTP([host [,port [,local_hostname]]])

参数说明：①host：SMTP 服务器主机。可以指定主机的 IP 地址或者域名如：ziqiangxuetang. com，这个是可选参数；②port：如果提供了 host 参数，需要指定 SMTP 服务使用的端口号，一般端口号为 25；③local_hostname：如果 SMTP 在本机上，只需要指定服务器地址为 localhost 即可。

Python SMTP 对象使用 sendmail 方法发送邮件，语法如下：

SMTP. sendmail(from_addr, to_addrs, msg[, mail_options, rcpt_options]

参数说明：①from_addr：邮件发送者地址；②to_addrs：字符串列表，邮件发送地址；③msg：发送消息。

这里要注意第 3 个参数 msg 是字符串，表示邮件。邮件一般由标题、发信人、收件人、邮件内容、附件等构成，要注意 msg 的格式，这个格式就是 SMTP 中定义的格式。

【例 12-3】使用 Python 发送邮件简单示例。

```
import smtplib
from email. mime. text import MIMEText
from email. header import Header
sender='qxzvb@163. com';receiver='qxzvb@163. com'          # 这里可以改为读者自己的邮箱
subject='python email test';smtpserver='smtp. 163. com'
username='qxzvb@163. com';password='*******'    # 邮箱的秘密码
msg=MIMEText('aaaaaaaaaadbbbbbbbbbb6666666','text','utf-8')
msg['Subject']=Header(subject,'utf-8');msg['To']=receiver
smtp=smtplib. SMTP(smtpserver,25)
smtp. set_debuglevel(1);smtp. helo(smtpserver);smtp. ehlo(smtpserver)
smtp. login(username,password)
smtp. sendmail(sender,receiver,msg. as_string())
smtp. quit()
```

2. 使用 Python 发送 HTML 格式的邮件

【例 12-4】使用 Python 发送 HTML 格式邮件的示例。

发送 HTML 格式的邮件不同之处就是将 MIMEText 中_subtype 设置为 html。

```
import smtplib
from email. mime. text import MIMEText
mailto_list=["YYY@ YYY. com"]                          # YYY、XXX 处应改写实际邮件相关信息
mail_host="smtp. XXX. com"                             # 设置服务器
mail_user="XXX"                                        # 用户名
mail_pass="XXX"                                        # 口令
mail_postfix="XXX. com"                                # 发件箱的后缀
def send_mail(to_list,sub,content):                    # to_list:收件人;sub:主题;content:邮件内容
  me="hello"+"<"+mail_user+"@"+mail_postfix+">"  # 这里的 hello 可以任意设置
  msg=MIMEText(content,_subtype='html',_charset='gb2312')  # 设置为 html 格式邮件
  msg['Subject']=sub                                   # 设置主题
  msg['From']=me
  msg['To']=";".join(to_list)
  try:
    s=smtplib.SMTP()
    s.connect(mail_host)                               # 连接 smtp 服务器
    s.login(mail_user,mail_pass)                       # 登录服务器
    s.sendmail(me,to_list,msg.as_string())             # 发送邮件
    s.close();return True
  except Exception as e:
    print(str(e));return False
if __name__=='__main__':
  if send_mail(mailto_list,"hello","<a href='http://www.cnblogs.com/xxxxxx'>什么</a>"):
    print("发送成功")
  else:print("发送失败")
```

或者也可以在消息体中指定 Content-type 为 text/html，如下示例：

```
import smtplib
message="""From:From Person<from@ fromdomain. com>
To:To Person<to@ todomain. com>
MIME-Version:1.0
Content-type:text/html
Subject:SMTP HTML e-mail test
This is an e-mail message to be sent in HTML format
<b>This is HTML message. </b><h1>This is headline. </h1>"""
try:
  smtpObj=smtplib.SMTP('localhost')
  smtpObj.sendmail(sender,receivers,message)
  print("Successfully sent email")
except SMTPException:print("Error:unable to send email")
```

3. Python 发送带附件的邮件

【例 12-5】 使用 Python 发送带附件的邮件。

```
import smtplib
from email. mime. text import MIMEText
from email. mime. multipart import MIMEMultipart
from email. mime. image import MIMEImage
```

```
from email. header import Header
mail_host="smtp. 163. com";mail_user="qxzvb@ 163. com"   # mail_user 处的邮箱请改为读者自己
                                                          # 的邮箱
mail_pass="xxxxxx";mail_postfix="163. com"                # 设置邮箱密码
mailer=u"qxzvb";to=['qxzvb@ 163. com']
class Mail:
  def __init__(self,mailUser=mail_user):
    self. s=smtplib. SMTP();self. s. connect(mail_host);self. s. set_debuglevel(1)
    self. s. helo('smtp. 163. com');self. s. ehlo('smtp. 163. com')
    self. s. login(mailUser,mail_pass)
  def send_mail(self, to, title, content, mail_user = mail_user, subType = 'plain', charset = 'utf-8'): #
subType plain|html
    me=mailer+"<"+mail_user+">"                           # +"@"+mail_postfix+">"
    msg=MIMEMultipart();part1=MIMEText(content,subType,charset)
    msg. attach(part1)                                    # test. png 文件在当前目录存在
    fp=open('test. png','rb');msgImage=MIMEImage(fp. read(),'octet-stream');fp. close()
    msgImage. add_header('Content-ID','<image1>')
    msg. attach(msgImage)
    msg['Subject']=title; msg['From']=me
    if type(to)==list:msg['To']=";". join(to)
    else:msg['To']=to
    try:self. s. sendmail(me,to,msg. as_string());return True
    except Exception as e:print(str(e));return False
ml=Mail();ml. send_mail(to,"title","""content xcvxcvxcvxcvxcvxcvk. xcv,xcvx,cv
""",mail_user,'plain','utf-8')
```

12.3.2 POP3 收取邮件

Python 内制了一个 poplib 模块（实现 POP3）可以直接用来收邮件。

POP3 全名为“Post Office Protocol-Version 3”，是收取邮件最常用的协议，因为目前版本号是 3，所以叫它 POP3。

要把 POP3 收取的文本变成可以阅读的邮件，还需要用 email 模块提供的各种类来解析原始文本，变成可阅读的邮件对象。

所以，收取邮件分两步：①用 poplib 把邮件的原始文本下载到本地；②用 email 解析原始文本，还原为邮件对象。

【例 12-6】Python POP3 收取邮件。

```
impor tpoplib
emailServer=poplib. POP3('pop3. 163. com')
emailServer. user('qxzvb@ 163. com');emailServer. pass_('xxxxxxx')  # 设置密码
emailServer. set_debuglevel(1)                # 设置为 1 可查看向 pop3 服务器提交了什么命令
serverWelcome=emailServer. getwelcome()  # 获取欢迎消息
print(serverWelcome)
emailMsgNum,emailSize=emailServer. stat() # 获取一些统计信息
print('email number is %d and size is %d'%(emailMsgNum,emailSize))
for i in range(emailMsgNum):                  # 遍历邮件,并打印出每封邮件的标题
```

```
        for piece in emailServer.retr(i+1)[1]:
            if piece.startswith('Subject'):
                print('\t'+str(piece));break
    emailServer.quit()                              # 若出现:你没有权限使用 pop3 功能。说明没开放此功能
```

【例 12-7】通过 POP3 下载邮件，来获取最新的一封邮件内容。

```
import poplib
email=input('Email:')                               # 输入邮件地址,口令和 POP3 服务器地址
password=input('Password:');pop3_server=input('POP3 server:')
server=poplib.POP3(pop3_server)                     # 连接到 POP3 服务器
# server.set_debuglevel(1)                          # 可以打开或关闭调试信息
print(server.getwelcome())                          # 可选打印 POP3 服务器的欢迎文字
server.user(email);server.pass_(password)           # 身份认证
print('Messages:%s. Size:%s'%server.stat())         # stat()返回邮件数量和占用空间
resp,mails,octets=server.list()                     # list()返回所有邮件的编号
# 可以查看返回的列表类似['1 82923','2 2184',...]
print(mails);index=len(mails)                       # 获取最新一封邮件,注意索引号从 1 开始
resp,lines,octets=server.retr(index);
# lines 存储了邮件的原始文本的每一行,可以获得整个邮件的原始文本
print(lines);msg_content='\r\n'.join(str(lines))
msg=Parser().parsestr(msg_content)                  # 稍后解析出邮件,Parser()功能需要自己补充
# 可以根据邮件索引号直接从服务器删除邮件:server.dele(index)
server.quit()                                       # 关闭连接
```

用 POP3 获取邮件其实很简单，要获取所有邮件，只需要循环使用 retr()把每一封邮件内容拿到即可。真正麻烦的是把邮件的原始内容解析为可以阅读的邮件对象。

12.4 urllib 爬虫模块

1. 爬虫的概念

所谓爬虫即网页抓取，是请求网站并且提取自己所需数据的一个过程。此过程类似于使用 IE 浏览器，把 URL 作为 HTTP 请求的内容发送到服务器端，然后读取服务器端的响应资源。通过 Python 程序可以向服务器发送请求，然后进行批量、大量的数据的下载并保存。

2. 爬虫的基本流程

1）发起请求：通过 url 向服务器发起 request 请求，请求可以包含额外的 header 信息。

2）获取响应内容：如果服务器正常响应，将会收到一个 response，response 即为所请求的网页内容，或许包含 HTML、Json 字符串或者二进制的数据（视频、图片）等。

3）解析内容：如果是 HTML 代码，则可以使用网页解析器进行解析；如果是 Json 数据，则可以转换成 Json 对象进行解析；如果是二进制的数据，则可以保存到文件进行进一步处理。

4）保存数据：可以保存到本地文件，也可以保存到数据库（MySQL、Redis、Mongodb 等）。

3. urllib 和 urllib2 模块

urllib 和 urllib2 是 Python 标准库中最强的网络工作库。在 Python 中，可以使用 urllib 或

urllib2 组件来抓取网页。但请注意 Python 3. x 版本，urllib 和 urllib2 模块已集合成了一个 urllib 包。

12.4.1 urllib 抓取网页

1. 用 urllib 或 urllib2 模块简单抓取网页

【例 12-8】 在Python 2. x 用 urllib2 抓取指定页面示例 1。

```
import urllib2          # 文件名为:urllib2_test01. py
response=urllib2. urlopen('http://www. baidu. com/')
html=response. read();print(html)
```

可以打开百度主页，右击浏览器选择查看源代码，会发现也是一样的内容。也就是说上面这段代码将访问百度时浏览器收到的代码全部打印了出来。

这就是一个最简单的 urllib2 的例子。除了"http:"，URL 同样可以使用"ftp:""file:"等来替代。HTTP 是基于请求和应答机制的：客户端提出请求，服务端提供应答。

urllib2 用一个 Request 对象来映射提出的 HTTP 请求。在它最简单的使用形式中将要请求的地址创建一个 Request 对象。通过调用 urlopen 并传入 Request 对象，将返回一个相关请求 response 对象，这个应答对象如同一个文件对象，所以可以在 Response 中调用 read()读取方法。

【例 12-9】 在Python 2. x 用 urllib2 抓取指定页面示例 2。

```
import urllib2                                  # 文件名为:urllib2_test02. py
req=urllib2. Request('http://www. baidu. com')   # 调用 Request()函数
response=urllib2. urlopen(req)
the_page=response. read();print(the_page)
```

可以看到输出的内容和【例 12-8】中 urllib2_test01. py 输出内容是一样的。

urllib2 使用相同的接口处理所有的 URL 头。例如，可以像下面那样创建一个 ftp 请求：req=urllib2. Request('ftp://ftp. sjtu. edu. cn/')。

【例 12-10】 在Python 3. x 用 urllib. request 抓取指定页面示例。

使用的编辑器是 Idle，在源程序文件中输入程序后，按〈F5〉键就能运行并显示结果。运行结果如图 12-1 所示。

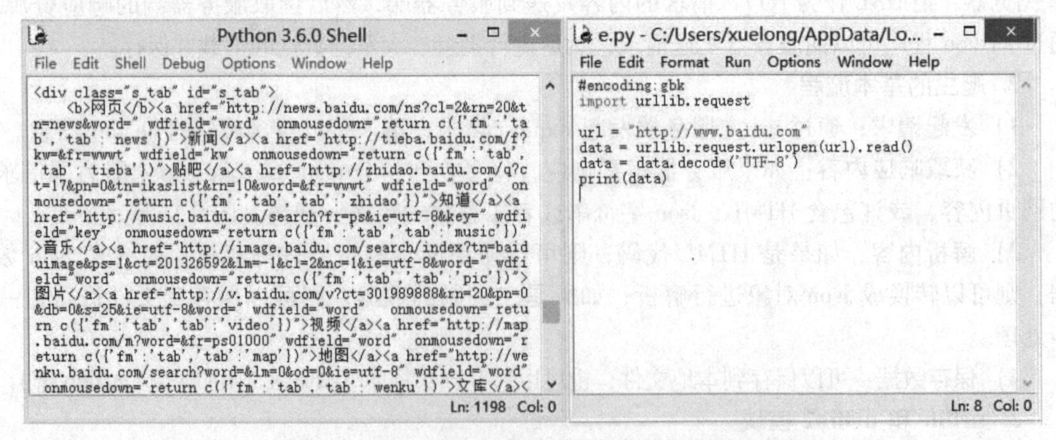

图 12-1 Python 抓取指定页面的程序与抓取到的内容

```
# encoding:gbk
import urllib. request
url="http://www. baidu. com";data=urllib. request. urlopen(url). read()
data=data. decode('UTF-8');print(data)
```

urllib. request 是一个隶属 urllib 的库，代码中用到它的 urlopen()函数。

urllib. request. urlopen(url,data=None,[timeout,]*,cafile=None,capath=None,cadefault=False)这个函数返回一个 http. client. HTTPResponse 对象，这个对象又有多种方法，比如 read()方法，这些方法都可以在控制台试运行。

```
>>> full_url='http://www. baidu. com/s? word=Python'
>>> response=urllib. request. urlopen(full_url)
>>> type(response)            # <class 'http. client. HTTPResponse'>
>>> response. geturl()        # 'http://www. baidu. com/s? word=Python'
>>> response. info()          # <http. client. HTTPMessage object at 0x03272250>
>>> response. getcode()       # 200 表示 http 状态正常
```

2. 发送 data 表单数据并抓取网页

这个内容相信做过 Web 端的都不会陌生，有时候希望发送一些数据到 URL（通常 URL 与 CGI［通用网关接口］脚本或其他 Web 应用程序挂接）。在 HTTP 请求时，允许 POST 或 Get 方法传送数据。在 HTTP 中，经常使用熟知的 POST 请求发送。这个通常在提交一个 HTML 表单时由浏览器来完成，当然并不是所有的 POST 都来源于表单，能够使用 POST 提交任意的数据到自己的程序。一般的 HTML 表单，data 需要编码成标准形式，然后作为 data 参数传到 Request 对象。编码工作使用 urllib 的函数而非 urllib2。

【例 12-11】 在Python 2. x 用 urllib2 抓取指定页面示例 3（POST 传送数据）。

```
import urllib,urllib2                                   # 文件名为 urllib2_test03. py
url='https://cgifederal. secure. force. com/SiteRegister'
values={'country':'China','language':'zh_CN'}
data=urllib. urlencode(values)                          # 编码工作
req=urllib2. Request(url,data)                          # 发送请求同时传 data 表单
response=urllib2. urlopen(req)                          # 接收反馈的信息
the_page=response. read();print(the_page)               # 读取反馈的内容并输出
```

如果没有传送 data 参数，urllib2 使用 Get 方式的请求。

【例 12-12】 在Python 2. x 用 urllib2 抓取指定页面示例 4（Get 传送数据）。

Data 同样可以通过在 Get 请求的 URL 本身上面编码来传送。

```
import urllib2,urllib
data={};data['tn']='98741884_hao_pg';url_values=urllib. urlencode(data)
url='https://www. hao123. com/';full_url=url+'? '+url_values
data=urllib2. urlopen(full_url)
the_page=data. read();print(the_page)        # 读取反馈的内容并输出
```

这样就实现了 Data 数据的 Get 传送。

【例 12-13】 在Python 3. x 用 urllib 抓取指定页面示例（Get 传送数据）。

用 Python 简单处理 URL，抓取百度上面搜索关键词为 Python Notes 的网页：

```
import urllib,urllib. request
data={};data['word']='Python Notes';
url_values=urllib. parse. urlencode(data);
url='http://www. baidu. com/s?';full_url=url+url_values
data=urllib. request. urlopen(full_url). read()
data=data. decode('UTF-8');print(data)
```

data 是一个字典，然后通过 urllib. parse. urlencode()将 data 转换为 'word = Python+Notes' 的字符串，最后和 url 合并为 full_url。urlencode()语法格式如下：

```
urllib. parse. urlencode ( query, doseq = False, safe ='', encoding = None, errors = None);
urllib. parse. quote_plus(string,safe='',encoding=None,errors=None)
```

urlencode()是把普通字符串转化为 url 格式字符串的函数。

3. 设置 Headers 到 http 请求

有一些站点不喜欢被程序（非人为访问）访问，或者不喜欢发送不同版本的内容到不同的浏览器。默认的 urllib2 把自己作为“Python-urllib/x. y”（x 和 y 是 Python 主版本和次版本号，例如 Python-urllib/2. 7）。

浏览器确认自己身份是通过 User-Agent 头，当用户创建了一个请求对象，可以给它一个包含头数据的字典。

【例 12-14】 在Python 2. x 用 urllib2 抓取指定页面示例 5（把自身模拟成 Internet Explorer）。

```
import urllib,urllib2
url='https://www. hao123. com/'
user_agent='Mozilla/4. 0(compatible;MSIE 5. 5;Windows NT)'
headers={'User-Agent':user_agent}
values={'tn':'98741884_hao_pg'};data=urllib. urlencode(values)
req=urllib2. Request(url,data,headers)
response=urllib2. urlopen(req)
the_page=response. read();print(the_page)      # 读取反馈的内容并输出
```

4. 对网页内容做简单处理

【例 12-15】 在Python 3. x 中抓取指定页面，并对网页 HTML 代码进行简单处理。

```
import urllib. request,re      # 抓取指定页面
def gethtml(url):
    page=urllib. request. urlopen(url);html=page. read();return html
def getimg(html):
    reg=r'src="(. +? \. jpg)"pic_ext'
imgre=re. compile(reg);html=html. decode('utf-8')
imglist=re. findall(imgre,html)
    return imglist
html=gethtml("http://tieba. baidu. com/p/2460150866");print(getimg(html))
```

上面代码找到参数 HTML 页面中所有图片的 URL，并且分别保存在列表中，然后返回

整个列表。程序执行结果如下：

```
['https://imgsa.baidu.com/forum/w%3D580/sign=294db374d462853592e0d229a0ee76f2/e-732c895d143ad4b630e8f4683025aafa40f0611.jpg','https://imgsa.baidu.com/forum/w%3D580/sign=941c6a9596dda144da096cba82b6d009/e889d43f8794a4c2e5d529ad0ff41bd5ac6e3947.jpg',
.........................................,'https://imgsa.baidu.com/forum/w%3D580/sign=b9458a86b03533faf5b6932698d2fdca/b5d5b31c8701a18b274b11c79f2f07082938fe93.jpg']
```

除了程序中所用到 urllib 请求抓取网页这些基本的方式，还有更强大的 Python 爬虫工具包 Scrapy。Scrapy 是基于 Python 的网络爬虫框架，它能从网络中收集需要的信息，是 data 获取的一个好方式。

12.4.2 爬虫模块实例

Python 网络爬虫模块有 urllib、urllib2、urlparse、BeautifulSoup、mechanize、cookielib、scrapy 等。下面是利用 urllib、urllib.request 等模块的完整实例。

【例 12-16】 爬虫获取中国天气预报信息。

从中国天气预报网站（如图 12-2 所示）上，获取 7 天天气预报信息，主要取日期、天气状况、最高气温、最低气温等信息，再输出结果到显示屏幕与 Excel 表中。运行结果情况如图 12-3 和图 12-4 所示。

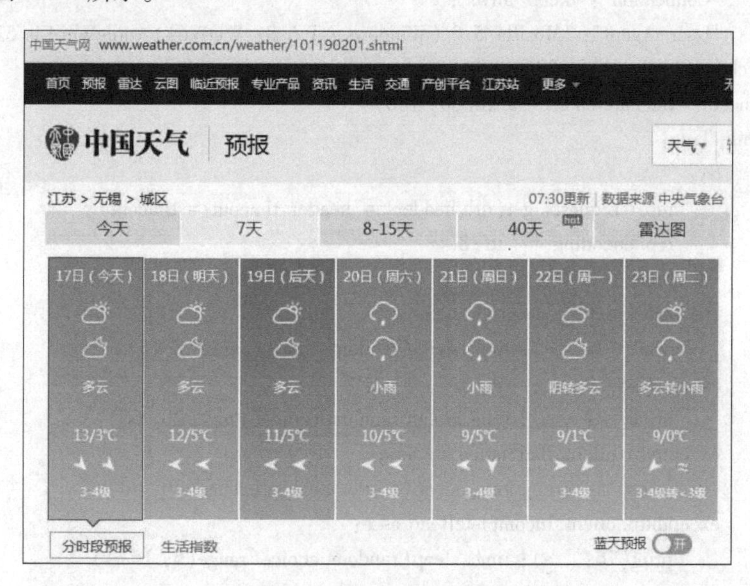

图 12-2 中国天气预报网站

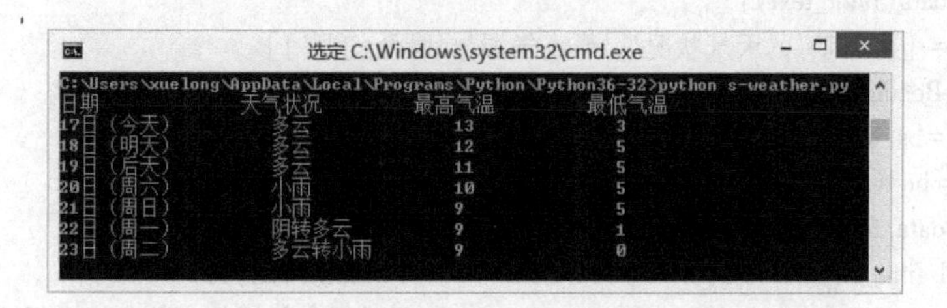

图 12-3 从中国天气预报网站抓取内容的屏幕显示图

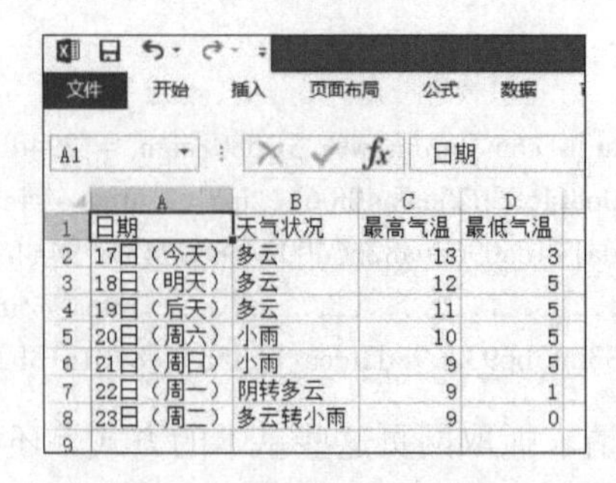

	A	B	C	D
1	日期	天气状况	最高气温	最低气温
2	17日（今天）	多云	13	3
3	18日（明天）	多云	12	5
4	19日（后天）	多云	11	5
5	20日（周六）	小雨	10	5
6	21日（周日）	小雨	9	5
7	22日（周一）	阴转多云	9	1
8	23日（周二）	多云转小雨	9	0

图 12-4　从中国天气预报网站抓取内容输出到 Excel 的情况

```
# coding:utf-8
importrequests,csv,random,time,socket
importhttp. client
importurllib. request
from bs4 importBeautifulSoup
def get_content( url , data = None):
    header={
        'Accept':'text/html,application/xhtml+xml,application/xml;q=0.9,image/webp,*/*;q=0.8',
        'Accept-Encoding': 'gzip, deflate, sdch', 'Accept-Language': 'zh-CN,zh;q=0.8',
        'Connection': 'keep-alive',
        'User-Agent': 'Mozilla/5.0 (Windows NT 6.3; WOW64) AppleWebKit/537.36 (KHTML,
like Gecko) Chrome/43.0.235'}
    timeout =random. choice( range(80, 180))
    while True:
        try:
            rep =requests. get( url,headers = header,timeout = timeout)
            rep. encoding = 'utf-8'
            break
        exceptsocket. timeout as e:
            print( '3:', e); time. sleep( random. choice( range(8,15)))
        exceptsocket. error as e:
            print( '4:', e); time. sleep( random. choice( range(20, 60)))
        excepthttp. client. BadStatusLine as e:
            print( '5:', e); time. sleep( random. choice( range(30, 80)))
        excepthttp. client. IncompleteRead as e:
            print( '6:', e); time. sleep( random. choice( range(5, 15)))
    returnrep. text
def get_data( html_text):
    final = [['日期','天气状况','最高气温','最低气温']]
    bs = BeautifulSoup( html_text, "html. parser") # 创建 BeautifulSoup 对象
    body =bs. body                                # 获取 body 部分
    data =body. find( 'div', {'id': '7d'})        # 找到 id 为 7d 的 div
    ul = data. find( 'ul')                        # 获取 ul 部分
    li =ul. find_all( 'li')                       # 获取所有的 li
    for day in li:                                # 对每个 li 标签中的内容进行遍历
        temp = []
```

```
        date =day.find('h1').string                    # 找到日期
        temp.append(date)                              # 添加到 temp 中
        inf = day.find_all('p')                        # 找到 li 中的所有 p 标签
        temp.append(inf[0].string,)                    # 第一个 p 标签中的内容(天气状况)加到 temp 中
        ifinf[1].find('span') is None:
          temperature_highest = None                   # 天气预报可能没有当天的最高气温(晚上时段)
        else:
          temperature_highest = inf[1].find('span').string        # 找到最高温
          temperature_highest = temperature_highest.replace('℃','') # 到了晚上温度后有个℃
          temperature_lowest = inf[1].find('i').string            # 找到最低温
          temperature_lowest = temperature_lowest.replace('℃','')  # 去掉最低温度后的℃
          temp.append(temperature_highest)   # 将最高温添加到 temp 中
          temp.append(temperature_lowest)    # 将最低温添加到 temp 中
          final.append(temp)                 # 将 temp 加到 final 中
    for x in final:                          # 格式化输出结果
      for y in x:
          if not(y is None)and(len(y)==5 or len(y)==4):
              print("%-12s" %y,end='')
          else:print("%-15s" % y,end='')
      print(" ")
    return final
def write_data(data, name):                  # 爬取结果输出到 Excel 文件
    file_name = name
    with open(file_name,'a',errors='ignore',newline='') as f:
      f_csv = csv.writer(f)
      f_csv.writerows(data)
if __name__ == '__main__':
    url ='http://www.weather.com.cn/weather/101190201.shtml'
    html =get_content(url)
    result =get_data(html)
    write_data(result, 'weather.csv')
```

12.5 习题

1. 什么是 Socket 编程？Socket 编程分为哪两大类？
2. 实践基于 TCP 的 Socket 编程。
3. 实践基于 UDP 的 Socket 编程。
4. 编程实现邮件发送与接收的基本操作。
5. 尝试利用网络爬虫技术收集网络中关于 Python 教材的信息。

参 考 文 献

[1] Y Daniel Liang. Python 语言程序设计 [M]. 李娜，译. 北京：机械工业出版社，2016.
[2] 董付国. Python 程序设计 [M]. 2 版. 北京：清华大学出版社，2016.
[3] Vamei. 从 Python 开始学编程 [M]. 北京：电子工业出版社，2016.
[4] Gopi Subramanian. Python 数据科学指南 [M]. 方延风，刘丹，译. 北京：人民邮电出版社，2016.
[5] 周元哲. Python 程序设计基础 [M]. 北京：清华大学出版社，2015.
[6] 沙行勉. 计算机科学导论——以 Python 为舟 [M]. 北京：清华大学出版社，2014.
[7] Python 中文社区 [EB/OL]. http://python. cn/.
[8] Python 官方网站 [EB/OL]. http://www. python. org/.
[9] runoob. com 网站 [EB/OL]. http://www. runoob. com/python/python-tutorial. html.
[10] 用 Python 做科学计算 [EB/OL]. http://old. sebug. NET/paper/books/scipydoc/index. html.
[11] 钱雪忠，李荣，沈佳宁，陈国庆. 新编 Java 语言程序设计 [M]. 北京：清华大学出版社，2017.
[12] 钱雪忠，王月海，等. 数据库原理及应用 [M]. 4 版. 北京：北京邮电大学出版社，2015.
[13] 钱雪忠，陈国俊，周頔，等. 数据库原理及应用实验指导 [M]. 3 版. 北京：北京邮电大学出版社，2015.
[14] 钱雪忠，宋威，吴秦，赵芝璞. 新编 C 语言程序设计 [M]. 北京：清华大学出版社，2014.
[15] 钱雪忠，赵芝璞，宋威，吴秦. 新编 C 语言程序设计实验与学习辅导 [M]. 北京：清华大学出版社，2014.
[16] 钱雪忠，吕莹楠，高婷婷，等. 新编 C 语言程序设计教程 [M]. 北京：机械工业出版社，2013.
[17] 钱雪忠，王燕玲，林挺，等. 数据库原理及技术 [M]. 北京：清华大学出版社，2011.
[18] 钱雪忠，周黎，钱瑛，周阳花. 新编 Visual Basic 程序设计教程 [M]. 北京：机械工业出版社，2007.